iHuman

成
为
更
好
的
人

复仇女神号

铁甲战舰与亚洲近代史的开端

[英] 安德里安·G. 马歇尔◎著

Adrian G. Marshall

彭金玲◎译

GUANGXI NORMAL UNIVERSITY PRESS
广西师范大学出版社
·桂林·

Copyright © Adrian G. Marshall
First published in English by NUS Press, Singapore
著作权合同登记号桂图登字：20-2016-120

图书在版编目（CIP）数据

复仇女神号：铁甲战舰与亚洲近代史的开端 /（英）安德里安·G. 马歇尔（Adrian G. Marshall）著；彭金玲译. —桂林：广西师范大学出版社，2020.8
书名原文: Nemesis: The First Iron Warship and Her World
ISBN 978-7-5598-1554-5

Ⅰ.①复… Ⅱ.①安…②彭… Ⅲ.①战舰－军事史－英国－19世纪 Ⅳ.①E925.6

中国版本图书馆 CIP 数据核字（2018）第 297384 号

广西师范大学出版社出版发行
（广西桂林市五里店路9号　邮政编码：541004）
（网址：http://www.bbtpress.com）
出版人：黄轩庄
全国新华书店经销
湛江南华印务有限公司印刷
（广东省湛江市霞山区绿塘路61号　邮政编码：524002）
开本：890 mm × 1 240 mm　1/32
印张：11.25　　字数：255千字
2020年8月第1版　2020年8月第1次印刷
定价：72.00元

如发现印装质量问题，影响阅读，请与出版社发行部门联系调换。

复仇女神号

我们迎来了第一艘绕过好望角的铁壳蒸汽船。这艘辉煌的船由船长威廉·赫奇恩·霍尔（W. H. Hall）指挥，在同类船只中体积最大，长168英尺，宽29英尺，630吨位。发动机有120马力，由利物浦最有名的发动机制造商福里斯特公司生产，当然，造得极好。这艘船装载着可供燃烧20天的煤炭；安装有中等大小、可以发射32磅炮弹的两门大炮，一门在船尾，另一门在船头；还有10门旋转炮。船上有50名海员……总而言之，这艘美丽的船要归功于它的建造者——利物浦伯肯黑德的约翰·莱尔德（John Laird）先生。

——《科伦坡观察报》，1840年10月10日（星期六）
（摘自《新加坡自由西报》，1840年11月5日）

前言

> 我知道,在这历史中,你能找到一切你想要的乐子。
>
> 如果有什么美中不足,我认为都是那混蛋作者的过错,决不是题材的毛病。
>
> ——塞万提斯《堂吉诃德》

本书是关于世界上第一艘铁壳战船——第一艘真正采用水密舱壁,第一艘驶入南半球、绕过好望角、到达东亚海域的铁壳蒸汽船——复仇女神号(Nemesis)的故事。同时,本书也介绍了这艘铁壳战船在英国向东方扩张过程中扮演的角色,以及它在19世纪最强大的海军——英国皇家战队引入钢铁装备中的作用。复仇女神号建造于工业革命末期的英国,代表了工业革命的本质——铁、煤、蒸汽是如何为人类,尤其是交通运输服务的,在此我还要补充一点——如何为帝国服务。通过对复仇女神号的研究,我们可以窥见维多利亚女王漫长执政生涯的初期、大英帝国在东方殖民地的活动,以及船上人员(几乎没有女性)的故事。确实,关于这艘船,正如伯纳德(William Dallas Bernard)早些年在他的初版书前言中提到的:"除了它自身的有趣故事,复仇女神号还为建构一个更宏大的历史提供了有价值的基础。"

当然,这个更宏大的历史本质上是盎格鲁中心主义(以英国为中心)的,但是,复仇女神号效忠的正是这样一个将英国视为世界中心的政府，它正是来自那个帝国世界。更可悲的是，我们知道的所有关于复仇女神号的描述皆来自那个世界的统治者——船长、海军上将、报纸编辑。而船上的大多数员工——船员和士兵、英国人和印度人、非洲人与中国人，他们的生活都被挤到甲板下，真实的生活只能靠后人猜想。

同样，我们难以真正得知复仇女神号所到之处，其统治者和被统治者——中国人、马来群岛居民、暹罗人、缅甸人和印度人——是如何看待这艘船的。复仇女神号为英帝国主义和英国政府服务，和之前的其他船只一样，去亚洲的目的只是为了攫取他们所需要的东西。当然，这种强取豪夺是需要借口掩护的——大英帝国是为了高尚的道德目的：他们带去了安全、宗教、教育、卫生，以及通过自由贸易获得的财富。或者如维多利亚女王所言："保护穷人、推进文明。"一些群体确实从中捞到了好处，例如沙捞越拉者布鲁克[1]；而其他，如中国人，在与英国的接触中受益微小，却遭受了诸多苦难。

在这些地方，英国人人数少，为了寻求安全，他们建立社会、文化壁垒而非实际的壁垒来保护自己。这些壁垒都建立在自我优越的基本信念上，这也是任何成功的帝国企业的基本信念。这种信念虽然不正确，却能让普通人取得非凡的成就。如果说，历史带来的一个挑战是试图像历史中的人去观察同时代的人物和事件，那么，历史带来的一项乐趣就在于，从今天的角度看待当时那些令人为之惊叹的事。我发现，这艘船上就充满了诸多令人惊叹的故事。

---

[1] 拉者布鲁克（Rajah Brooke），即詹姆士·布鲁克（James Brooke）。"拉者"源于梵文，是东南亚以及印度等地对于领袖或酋长的称呼。——译注（本书脚注若无特殊说明，均为译注）

作为一个偶遇复仇女神号的生物学家，我对博物学家阿尔弗雷德·罗素·华莱士（Alfred Russel Wallace）于19世纪50年代拜访沙捞越拉者布鲁克爵士的故事很感兴趣。关于这艘船和大英帝国，我有许多知识需要学习。本书每章的主要信息来源在书末都有概述。有些是同时期的资料，另外一些则是二手资料。笔者仔细检查了两个主要的原始材料来源。首先，是伦敦大英图书馆海量的印度官方记录文件（在书架上排开了有14千米长），其中就有关于复仇女神号的珍贵资料，包括它的出处以及命运，这些在此前都不为人知。其次，新加坡国家图书馆有当时报纸的复印件，其中有很多关于海军和帝国事件的报道。另外两间图书馆的资料也非常有用：伦敦格林威治国家海事博物馆，收藏了许多关于船只和海洋的好书；马来西亚古晋的沙捞越博物馆里的图书馆，藏有相当多有关婆罗洲和南洋的早期精美书籍。我衷心感激这些机构提供的帮助，让我度过了许多快乐的日子。

关于地名，我通常参照《菲利普的世界地图集（综合版）》（*Philip's Atlas of the World: Comprehensive Edition*，伦敦，2003）的表述，使用现代译法，并在首次提及时在括号内加上19世纪时的叫法。

我非常感谢新加坡国立大学出版社的社长彼得·肖普特（Peter Schoppert）和编辑庄品优（Chong Ping Yew），他们对本书文字和插图提供了诸多明智的建议。三位在各自领域都是专家的匿名审稿人对本书的整体框架作出了重要贡献。我的朋友艾德里安·富特（Adrian Foote）和我的妹妹哈泽尔·马歇尔（Hazel Marshall）作为非专业人士阅读了本书，提供了许多有价值的评论。我在伦敦为本书做调研期间，房东威尔逊夫妇一家为我提供了无与伦比的住宿和膳食。最后，我要向我的伴侣冯德志（Tuck-Chee Phung）致敬，感谢他对我不懈的爱和支持，帮助我完成这一尽管庞大但愉快的项目。

荣誉东印度公司的蒸汽船复仇女神号

在埃夫罗塔斯河畔,宙斯化作天鹅引诱了勒达,她生下的蛋孵化了特洛伊的海伦。勒达由此成为了复仇女神涅墨西斯,代表神圣的愤怒,是秩序的守护者。此后,倘有人得罪诸神,因背德之行激怒他们或是因过于成功、幸福引发他们的嫉妒,这个不知轻重的凡人就会遭复仇女神追捕,她身携轮与剑,腰悬长鞭。

《从英国前往中国的航程中,复仇女神号在好望角附近的狂风中顺风平稳前行》
(该画现藏于伦敦格林威治国家海事博物馆)

澳门（转载自奥特隆尼的书［Ouchterlony，1844］）

位于广州的欧洲工厂(转载自奥特隆尼的书[Ouchterlony,1844])

香港(转载自奥特隆尼的书[Ouchterlony,1844])

一艘中国帆船（转载自凯珀尔的书［Keppel，1899］）

1841年2月14日，泊于虎门炮台的复仇女神号（转载自伯纳德的书［Bernard，1844］）

《1841年1月7日,复仇女神号和其他船只在安臣湾击毁中国战船》(原作为 W. A. 内尔所作水彩画,此蚀刻版画描摹原作。该画现藏于伦敦格林威治国家海事博物馆)

约1860年获得三等巴斯勋章的英国皇家学会院士威廉·赫奇恩·霍尔船长执宝剑照，1843年2月（该画现藏于伦敦格林威治国家海事博物馆）

《从海上所见加勒港印象》，锡兰，1843年（转载自坎宁安的书［Cunynghame，1844］）

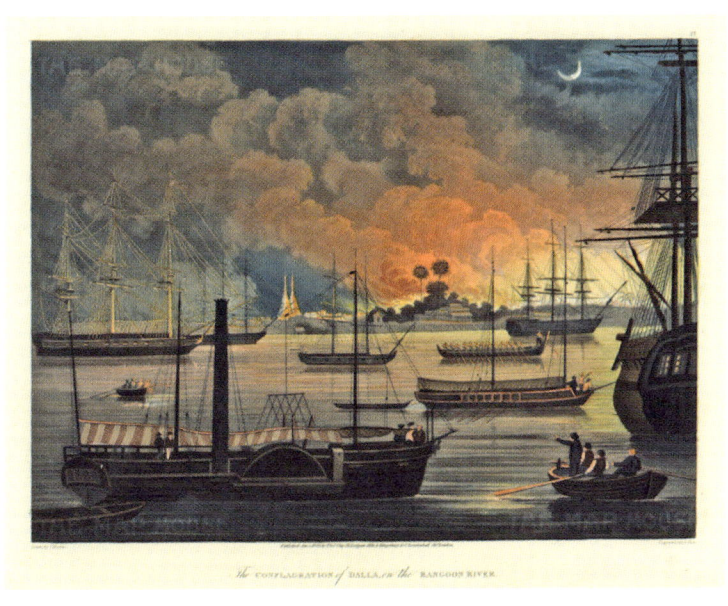

1824年5月,攻占仰光。最前方是戴安娜号(转载自摩尔的书 [Moore,1825])

《詹姆士·布鲁克,沙捞越拉者,1847年》(转载自《伦敦新闻画报》,1847年10月9日)

1843年，位于沙捞越的皇家狄多号（转载自凯珀尔的书［Keppel，1846］）

1846年7月8日，攻打文莱小镇。弗莱吉森号拖曳皇家怨恨号和其他小船（转载自《伦敦新闻画报》，1846年10月3日）

1849年7月31日至8月1日，八塘姆鲁战役（转载自《伦敦新闻画报》，1849年11月11日）

1849年10月21日，弗莱吉森号、哥伦比亚号和愤怒号在北部湾攻打海盗（该画现藏于伦敦格林威治国家海事博物馆）

1852年4月11日，攻打仰光的弗莱吉森号（转载自劳利的书［Laurie，1853］）

1852年4月，停泊于仰光的英国船只(转载自《伦敦新闻画报》，1852年6月26日)

目 录

第1章　圣艾夫斯的坚石　　001

第2章　荣誉东印度公司　　011

第3章　一门无与伦比的艺术　　023

第4章　这艘辉煌的船　　033

第5章　远航　　045

第6章　船员　　053

第7章　铁的特性　　061

第8章　东方的战舰　　075

第9章　帝国与瘾者　　087

第10章　非正义之战　　097

第11章　无敌战船　　105

第12章　入侵广州的小恶魔　　113

第13章　荒凉之岛　　127

第14章　海盗北上　　135

第15章　四寅佳期　　147

第16章　腹心之患　　155

第17章	抵达印度	173
第18章	复仇女神号的霍尔	185
第19章	印度河上的舰队	193
第20章	苏丹与殖民地	201
第21章	海盗与利润	209
第22章	炮舰外交	223
第23章	犯人与殖民地	235
第24章	焕然一新	245
第25章	八塘姆鲁战役	253
第26章	奉命前往暹罗	263
第27章	从仰光到曼德勒	275
第28章	再航伊洛瓦底江	283
第29章	一艘如此老旧的船	295

尾声	303
注释	305
主要译名对照表	333
参考文献	341

第1章　圣艾夫斯的坚石

那是早春的一个晴朗清晨，复仇女神号下水起航。如果说码头上的告别气氛显得有点压抑，那是因为几乎没有人知道——不管是出发的人抑或留下的人——它要前往哪里，也不知道这段航程到底有多长。上午10点左右，蒸汽袅袅升起，所有船员都上船了，船上还有寥寥几位将要前往南安普敦的乘客。在舰桥上，船长霍尔下令起航。随着明轮的转动，这艘低矮的黑色大船慢慢驶离了码头。在一片挥舞的头巾和手帕中，响起了低沉的欢呼声和最后的告别声。[1]

复仇女神号扬帆北上，沿着默西河顺流而下。东北风十分轻柔，因此它只升起了两个纵帆斜桁和船首三角帆。经过栖岩堡[1]，它转向西行。那些仍然在伯肯黑德注视船只远去的人们看到，从那高高烟囱里冒出的滚滚黑烟变得越来越稀薄。河面上没有什么风，由于燃料充足，霍尔让船上的发动机一直开着。当太阳在安格尔西岛落下时，复仇女神号靠近了港口。傍晚时分，船转向西南。第二天，也就是1840

1　栖岩堡，位于利物浦市新布莱顿湾口的一处防御设施。

年3月8日（星期日），复仇女神号在黎明时分沿着卡迪根湾南下。早饭过后，霍尔立刻叫船上的人参加礼拜仪式，这样，他和船上最重要的乘客、该船的建造者约翰·莱尔德就有充足的时间继续他们的检测和培训工作。大约中午时分，刚刚经过圣戴维斯角，发动机慢了下来，船员们转去操作大炮。他们试射了32磅重的大炮以及一些6磅重的长炮，让莱尔德看看他的铁壳船在战场上会如何表现。

整个下午，天空变得越来越灰暗阴沉。夜晚来临时，四周一片漆黑。复仇女神号一直在满帆的状态下行驶，同时也燃起了蒸汽，最快的速度为每小时9海里——霍尔走了一条避开兰兹角[1]的航线。尽管如此，他还是采取了预防措施，在下甲板吃晚餐之前派一位测深员驻守船头。经过这漫长的一天，船长和他的客人们都早早歇息了。

大约凌晨2点，船员们大都进入了梦乡，船依旧全速行驶，测深员突然感觉情况不妙——陆地就在前方不远处。他大声发出警告，大副佩德（William Pedder）立即下令向右转舵，收起风帆。然而一切都太迟了。伴随着一声巨响，复仇女神号撞到了什么东西，它猛地停住了，船头翘到空中，明轮徒劳地在水中搅动。黑暗中，那些在甲板下面沉睡的人们猛地被晃醒。发动机停止运转，军官、水手和乘客纷纷顺着陡峭的甲板梯跟跟跄跄地爬到甲板上。一些人在护理擦伤者，但没有人受重伤。秩序大致恢复后，霍尔发现，他的船并没有上岸，而是撞上了暗礁，所幸是在涨潮时分。船员向霍尔报告损失情况：船头第一个水密舱壁的前面被撞了一个大洞，第一个舱室正在进水。听到这些，霍尔和莱尔德再次来到甲板下方，查看大洞的情况，发现它紧紧地扣在岩石上，没有水渗入。看到眼前的情景，两人感到十分欣

---

[1] 兰兹角，位于英国本土的最西端，被誉为英国的天涯海角。

慰——真正的水密舱壁的价值得到了证实，这在以前的船只上是没有的。若是没有这些水密舱壁，复仇女神号这次肯定葬身海底，只不过在当年失事的600艘英国船只的名单上又增加一个名字罢了。既然水密舱壁证实了自身的价值，那么一定是船上的指南针出了什么毛病，这是当时困扰铁壳船船长的一个问题。黎明来临，人们发现，复仇女神号躺在一个叫坚石的地方，这是一处进入圣艾夫斯海湾的浅滩，在康沃尔北部海岸，离预定航线12英里以东的位置。

随着海潮上涨，甲板的倾斜度越来越小。大约早上7点，发动机再次启动，复仇女神号漂浮起来，退出了浅滩。由于圣艾夫斯没有什么遮蔽处，霍尔决定将船开至位于南科尼什海岸的芒茨海湾，在那里更容易对船只进行临时的修补。他们焦急地绕着兰兹角艰难地航行，就在正午过后，他们终于在圣迈克尔山[1]抛锚停泊。尽管每间舱室都有一个手动泵，但这些都太小，不顶用。霍尔从附近停泊的一艘船上买来一个更大的泵，试图排出被淹船舱的积水。与此同时，其他人从外面用防水帆布将洞口堵住。直到这时，大家才看清楚整艘船的受损情况：右舷的一层外铁壳被割开，下层甲板的木枕被迫向上拱起，支撑它们的大螺栓已经脱落，舱壁的下板则严重弯曲。尽管一些木板已经凹进3英寸，但霍尔和莱尔德欣慰地看到铆钉固定得非常结实。此时，漏洞也已经从里侧堵上了。黄昏来临，船只继续向东驶往南安普敦，接下来的这一夜，将在索伦特的一处隐蔽水域抛锚停泊。第二天，星期三，船员们在南安普敦水域的码头放下乘客，但意欲观察船只修理情况的莱尔德先生没下船，接着，船又折到位于朴次茅斯的皇家海军码头。

---

[1] 英国的一个潮间岛，现为一处著名的旅游胜地。

前往朴次茅斯的行程并不在计划之内，因为复仇女神号不隶属于皇家海军。但是既然它与英国皇家海军的其他船只停泊在一起，我们不妨了解一下皇家海军，毕竟，复仇女神号一生都与皇家海军有着密切的关联。截至1840年5月1日，皇家海军拥有202艘船只，是当时世界上最强大的海军，[2]其中28艘属于一到三级战列线战斗舰[1]，31艘属于战列线下的四到六级船只，还有另外143艘没有级别，其中包括28艘蒸汽船。这些船只可以由各个级别的军官指挥，包括军士长、上尉、中校和上校。错综复杂的是，那些职衔在上校以下的军官若指挥一艘未定级船只，那么他将被称为船长。这类军官若得到提拔，将成为指挥一艘定级船只的上校舰长，但还是会被称为船长！更令人困惑的是，船只的类型可以随指挥这艘船的军官的职衔而改变。比如，一艘六级战舰如果由上校舰长指挥，会被称为护卫舰，但如果是由一位中校来指挥，则仅仅称作单桅船。因此，在本书中，当提到一艘海军战舰时，应该根据它所拥有的大炮数量而非等级或类型来判断它的大小。[3]

皇家海军的情况反映了当时英国社会的风尚：荫庇对于晋升至关重要。[4]用那个时代的流行语来说，就是"一个人的关系网"——他的家世、社交圈、在海军和政治圈的人脉是最重要的。这是当时的社会习气，人们并不觉得这种现象是腐败。但是这种情况却使海军大伤元气："被一个比你年轻得许多的人呼来喝去是一件非常难受的事，这个人职位比你高不是由于他的军功，而是因为他是某某……"[5]一

---

1 按照拿破仑战争时期皇家海军的战舰分级标准，只有74门炮以上的战舰有资格进入海军战列作为主力舰使用，因此74门炮便成为军舰分级的基准之一。

名雄心壮志的军官首要目标也仅是期望被任命为上校舰长，因为在这之后的晋升都是自动的，只有等待他的上级长官死去，职位才会空出来。这个过程无法人为停止也无法加速进行。只要这名军官活得足够长，他早晚会升任海军上将。因此，那时海军中流行的祝酒词是，"为一场该死的战争或多病之季庆贺"。[6]

但是威廉·赫奇恩·霍尔并没有显赫的家世，归功于复仇女神号以及自身的长寿，他最终成为一名上将。[7] 当被派往复仇女神号时，霍尔已经在海军服役28年，但还是一名航海长。1797年，霍尔出生于英国东北部的贝里克郡，年仅14岁就加入海军。在那个年代，这不是一个特别年轻的年纪。1811年10月，他成为初级志愿兵，接着在皇家战士号（Warrior，装炮74门）任海军候补少尉，在船长乔治·宾阁下（Honourable George Byng）手下效力，参与了北海和波罗的海的对法战争。1815年，拿破仑战败后，他被调往皇家赖拉号（Lyra，装炮10门），在巴泽尔·霍尔（Basil Hall）船长手下效力，并于1816年搭乘赖拉号首次前往中国。当时赖拉号陪同搭载了阿美士德勋爵及其使团的皇家艾尔赛斯特号（Alceste，装炮38门）前往中国宫廷。[1]1817年11月，一行人返回英国，途经圣赫勒拿岛，全船军官在那里拜见了拿破仑。随后，霍尔先后服役于皇家法尔茅斯号（Falmouth，装炮20门），然后是侏儒号（Dwarf，装炮10门）、伊芙金尼亚号（Iphigenia，装炮42门），并乘伊芙金尼亚号在非洲西海岸执行反奴隶巡逻。1822

---

1 从1816年2月9日至1817年10月14日，赖拉号在短短20个月里，访问马德拉群岛、开普省、爪哇、澳门、黄海、朝鲜半岛西海岸、冲绳岛、威尔士亲王岛、加尔各答、马德拉斯（现称金奈）、毛里求斯和圣赫勒拿岛。这趟航程共计11 949海里（41 490法定英里）。1817年2月，在返航途中，艾尔赛斯特号在苏门答腊岛附近失事。——原注

年，他被派驻担任皇家莫吉娜号（*Morgiana*，装炮18门）代理航海长，并再次前往非洲西部。1823年5月，他正式晋升为航海长，并很快调任至皇家帕锡安号（*Parthian*，装炮10门）。第二年，他"跳下甲板去救船长的办事员布莱斯先生，结果差点丧命"。1840年1月17日，霍尔重现了当年的英勇举动，他从复仇女神号上"跳入利物浦的克拉伦斯码头，挽救了罗伯特·凯利的性命"。[8]

之后的12年间，霍尔在西印度、地中海以及英国的各艘船上服役，可年近不惑的他依旧是一名航海长。但他毕竟有份差事——在19世纪20年代，皇家海军有5 339名现役军官，但是仅有550名任职，约占总数的十分之一。[9]因此晋升注定是一个极其缓慢的过程，尤其是对于那些没有显赫家世的军官而言。与霍尔船长的困境形成鲜明对比的是亨利·凯珀尔（Henry Keppel，1809—1904），他将在稍后出场。[10]凯珀尔是第四代阿尔伯马尔伯爵与其妻子伊丽莎白的第12个孩子，12岁加入海军，19岁被提拔为上尉，23岁晋升为中校，年仅28岁就升任上校舰长。但是这些比起第十代邓唐纳德伯爵托马斯·柯克伦（Lord Thomas Cochrane，1775—1860）来说就是小巫见大巫了。5岁稚龄，托马斯·柯克伦就出现在由他叔叔领导的皇家维苏威火山号（*Vesuvius*）的船员名单上。同时，由于另一名亲戚在皇家骑兵卫队任职，他得以进入皇家第104军团。这种吃空饷的做法在当时司空见惯。当他17岁第一次出海时，他就声称拥有12年的航海经验。柯克伦显然是当时最有名的水兵之一，在担任海军候补少尉仅仅18个月以后，年仅24岁就从上尉晋升为中校，25岁即出任上校舰长。[11]而真正最有背景的当数何人呢？非阿道弗斯·菲茨·克拉伦斯勋爵（Lord Adolphus Fitz-Clarence，1802—1856）莫属。他是克拉伦斯公爵（即后来的英国国王威廉四世）与喜剧演员桃乐西·乔丹的私生子，在十个私生子中排行第七。克拉伦斯勋爵12岁加入海军，19岁任上尉，21岁晋升中校，22岁担任上校舰长。[12]

与当时许多富有远见但并非出身名门的军官一样，霍尔认识到，蒸汽船是未来的船舶主力，了解蒸汽船的操作原理将有助于自己的前程发展。1836年年底，霍尔离开服役了两年多的皇家圣文森特号（*St Vincent*，装炮120门），以带薪休假的方式前往格拉斯哥学习更多关于蒸汽船的知识。他也许是在克莱德河畔的纳皮尔船厂学习此类知识，因为纳皮尔船厂对海军军官的热情有礼是出了名的。随后，在随船前往爱尔兰进行贸易时，他操作蒸汽船的实际经验得到了进一步提升。1839年，霍尔搭乘蒸汽船英国女皇号（*British Queen*）跨越大西洋，于7月30日抵达纽约，并在哈德逊河与特拉华河上检测蒸汽船。

1839年11月，就在复仇女神号于伯肯黑德下水前，当时仅是皇家海军一名航海长的霍尔被任命掌管复仇女神号，此时距离他回到英国还不足三个月。这次任命从12月26日正式算起，当日正是复仇女神号第一次河道试航的日子。[13] 霍尔为何被挑中，又是谁举荐了他，至今仍是一个谜。但霍尔无疑是一名经验丰富的军官，又出访过中国，而他肯定会接受这项后来证实为具有重大意义的任命。

与遭受重创的复仇女神号一起抵达朴次茅斯后，霍尔立即进行了"例行拜访"，拜访了皇家海军港的现任长官，并打发人去伦敦，将他的窘境告诉位于利德贺街的荣誉东印度公司办事处的托马斯·皮科克（Thomas Love Peacock）先生。皮科克立刻写信给海军部参议官秘书约翰·巴罗爵士，恳请朴次茅斯的军港司令准许复仇女神号停靠，并安排其维修事宜。约翰爵士在12日（星期四）当天回信给霍尔说，已经安排海军部办理此事，并补充道："我同时奉命发你一份致与本部门有关的女王陛下的所有官员的备忘录，指示他们向复仇女神号提供一切援助，海务大臣要求将该备忘录转给负责该船的船长。"后来，霍尔发现，这份备忘录非常有价值。[14]

不到两天的时间，皮科克先生亲自赶赴朴次茅斯。霍尔后来写道，在提供帮助方面，"没有人比他的作用更大"。既然如今复仇女神号已安全地停泊在码头，莱尔德便开始组织维修工作。这艘革命性的铁船停靠在皇家海军船坞，莱尔德充分利用这一优势。他写信给海军部，建议他们派遣验船师来检验复仇女神号的情况。海军部同意了，派了奥古斯丁·克勒泽先生对船只进行一番细致的检验。克勒泽后来称复仇女神号为一艘"装有武器的、将从利物浦开往敖德萨[1]的私人蒸汽船"[15]。

两周过去了，人们一边等待，一边工作。这次维修需要更换底部的两块铁板和水密舱壁的一块铁板，还要拆卸、打平、安装一些弯折的铁板，并且更换一块小小的角铁。由于海军对铁船不熟悉，材料不得不从伯肯黑德运送过来，导致维修、材料和人工的总费用增长至约30英镑。这让莱尔德很郁闷，因为如果在他自己的造船厂，他只需花费20英镑就能够完成修理工作。复仇女神号终归是修好了，船体完好如初，每一寸空地都堆放了煤炭和物资。如今它装载了可供航行12天的煤炭（大约145吨），以及可供60位船员消耗4个月的水和其他物资。船上的储备还包括可供使用2年的机械备用设备和武器装备。因此，在满载的情况下，复仇女神号吃水6英尺深。在同等条件下，木船吃水可能13英尺深，身边装有74门炮的战舰则吃水23英尺深。复仇女神号的舷墙离水不超过5英尺，它的明轮深深浸入水中。

1　敖德萨，位于黑海西北岸的港湾都市，现为乌克兰重要的贸易港口。

1840年3月28日（星期六）黎明时分，湿气沉沉，船只开始发动。前一天夜晚，霍尔在船坞外面那个招待过皮科克的舒适的小旅馆停歇，他叮嘱其他人在黎明前叫醒他。第一道晨光出现后，霍尔回到船上。他立刻下令烧起锅炉，这样当最后一批在岸上过夜的人陆陆续续回到船上的时候，蒸汽已经浓浓升起。上午10点左右，一切准备就绪，复仇女神号再次向大海驶去。大团大团浓浓的黑烟从烟囱滚滚升起，岸上送别人群的欢呼声立刻淹没在明轮发出的轰隆声中。当复仇女神号经过停泊在码头的其他海军船只时，那些高大的"木墙"映衬着这艘矮小的铁壳船。其他船上的船员纷纷来到甲板上，朝复仇女神号欢呼和挥手。霍尔船长认为，他的这艘船确实受到了隆重的告别。[16]

星期日，一行人沿着来时的路返航，顺着英格兰南部海岸向西行驶，来到了蜥蜴角，在那里转向南边航行。星期一拂晓时分，蜥蜴角渐渐消失在海平面下方。对于复仇女神号以及船上的许多船员而言，这是他们最后一次回望故土英格兰。

第2章　荣誉东印度公司

于是，复仇女神号这艘"装有武器的、将从利物浦开往敖德萨的私人蒸汽船"向南行进，穿过了比斯开湾[1]。它遇上了中等强度的飓风，在大浪中以每小时8海里的速度悠然前行。船长描述此时的复仇女神号就像"一只漂浮在水中的鸭子"。4月2日，船只经过了菲尼斯特雷角[2]，几乎所有在船上的人都以为第二天他们将往东向直布罗陀海峡和地中海驶去。然而，过了两天，船一直往南行驶，大家这才意识到，关于前往敖德萨的谣言是空穴来风。[1]

那么，复仇女神号将驶往何处呢？这一切又是听从谁的指挥呢？答案就在皮科克先生到访朴次茅斯的行程中。托马斯·洛夫·皮科克是"一位心地善良、热情友善的人"。今天，他被人熟知的身份是一名小说家和诗人，其作品嘲讽他那个时代的政治和文化，但当时他主要是在荣誉东印度公司供职。[2] 1819年，他开始效力于该公司，首先

1　比斯开湾，北大西洋的一个海湾，海岸线由法国西岸延伸至西班牙北岸。
2　菲尼斯特雷角，位于西班牙西海岸。

在审查室（该部门主要处理来自印度的大量文书）任助理，1836年至1856年间升任主审查官。从一开始，皮科克就对蒸汽航行非常感兴趣，尽管他不是海员，但他意识到，对于自己任职的东印度公司而言，蒸汽船具有重大意义。他积极参与成立于1834年的"通往印度的蒸汽航运委员会"。那一年非常关键，总共有四艘小铁壳明轮船被拆卸送往印度，并在那里进行组装，它们被称为"皮科克铁鸡"。因此，3月的某一天，他作为东印度公司董事会秘密委员会的一名职员，匆匆赶往朴次茅斯。这个秘密委员会主要处理公司的外交事务，其名称来自17世纪实际控制着该公司的阴谋集团。显然，皮科克对复仇女神号的兴趣表明了东印度公司的兴趣。

复仇女神号是为东印度公司建造的。在英国历史上，或者说在世界历史上，东印度公司是一个独一无二的商业机构。在250年的历史里，这家公司从几个拥有雄心壮志的伦敦商人联盟发展成为世界上最大帝国的基石。[3]

早在公元前，一些商业嗅觉敏锐的商人就乘着单桅帆船、快速三角帆船和平底帆船在马来群岛一带搜寻香料——丁香、胡椒、肉豆蔻、肉豆蔻干皮，这些稀罕物资被运往中国或阿拉伯一带，在那里高价出售。[4] 公元1500年前后，这场香料贸易引诱欧洲人从西班牙和葡萄牙的港口出发，从事更为冒险的航海活动。西班牙人倾向于向西航行，而葡萄牙人则把目光投向东方，后者最先绕过好望角并抵达香料群岛[1]。由于最先抵达东方，在整个16世纪，葡萄牙人主导着运往欧洲的香料贸易。到了17世纪上半叶，香料贸易的主导权被荷兰人夺取；

1　香料群岛，也称为东印度群岛，是马来群岛的一部分。

而到了18世纪下半叶，荷兰人不得不将权力让给英国人。

1600年12月31日，一份皇家特许状[1]被授予一群英国商人，他们成立了后来被称为荣誉东印度公司的团体。这个团体又名"宇宙间最大的商人社团"，但更为人熟知的名称是"伦敦商人在东印度贸易的公司"（The Company of Merchants of London trading into the East Indies）。将这些商人兼冒险家凝聚起来的是两个强大的信念：一是爱国热情，12年前，英国海军打败西班牙无敌舰队，这使得英国商人对祖国及其实力充满了信心；二是对于自由贸易近乎宗教般的狂热，他们认为决不能让西班牙独占美洲大陆的财富，也不能让葡萄牙独享东印度群岛的财宝。

1601年2月，东印度公司的第一支舰队从伦敦起航，于1602年6月抵达苏门答腊北部的亚齐。这些早期的航行是一锤子买卖。为了单次航行，投资商找来商船，招募船员，筹措资金，待船队归来，就可以获得利润了（如果运气好有利润的话）。随着利润滚滚而来，商人们需要一个更加稳固的组织。当然，当野心勃勃的英国商人进入一个早已被岛上原住民、印度人、中国人和阿拉伯人，以及葡萄牙人和荷兰人占据的市场时，纷争不可避免。多变的气候意味着可供装船的货物以及装货的船只常常处于不稳定的状态，因此，拥有储存货物的空间和装货的安全港口十分重要。这些贸易站或"商馆"迫使商人与当地统治者签订条约并结成同盟，要是条约无法实现，就需要攫取土地。这些商贸设施都需要与对手竞争，获得相应管理权。

---

[1] 一种由英国君主签发的正式文书，专门用于向个人或者法人团体授予特定的权利或者权力，一般永久有效。

于是，与其说是通过精心设计，还不如说是野蛮生长，一家当时世界上最大的公司逐渐发展起来。这家商业公司占据着许多城镇和土地，拥有庞大的行政机构和强大的军事机构。东印度公司的基地在印度：1629年，占据了苏拉特[1]；1639年，取得了马德拉斯；1668年，获得了孟买；1690年，占有了加尔各答。后面三个城市是英属印度三个管辖区的中心。东印度公司把触角从阿拉伯半岛伸到整个印度洋，从马来半岛伸到中国（它们的第一艘船于1637年抵达广州），成为一个超级大的私人帝国公司。

当东印度公司只有一支舰队、遥远土地上零零星星的几处港口和一个伦敦办事处的时候，仅有那些与之有财务利益关系的机构想去干涉它。1757年，罗伯特·克莱芙[2]取得了普拉西战役[3]的胜利，东印度公司首次获得了大片的土地。此时，其母国已经从1756年至1763年的七年战役中抽身，成为一个拥有全球视野的帝国，却发现一大片土地早已被东印度公司掌管。如今，东印度这家私人公司擅自控制着大片的领地，发动战争，收取税收，让一部分人得以饱享私利，从很多方面看来，它都像一个独立政府一样行事，但同时它又受到英国政府的支持，显然也需要政府的管理。18世纪60年代以后，东印度公司与英国政府的事务越来越多地交织在一起，它们既互相依赖对方支持自己的各种冒险活动，又为失败而互相指责。随着时间的流逝，这家私人企业慢慢地将自己的独立权输给了政府——那是一个越来越强

---

1 苏拉特，印度西部港市。
2 第一代克莱芙男爵，又称"印度的克莱芙"，英国军人、政治家，为东印度公司在孟加拉建立起军事和政治霸权。
3 英国东印度公司与印度孟加拉王公之间的战争。

大、越来越自信的政府,这不足为奇。

早期,东印度公司被称为"印度的勇敢公司",更通俗的叫法是"约翰公司"(John Company),它垄断了英国和东方的货物运输,但东方国家之间的贸易却开放给他人。最初,这种港脚贸易[1]由本国的商人来完成,他们从分散的殖民地聚集货物,运送至工厂。但随着工厂的发展,这些商人和港脚贸易之间的联系越来越密切,成为东印度公司的仆人或独立的商人。

尽管当时英国政府中许多官员已经看到,让一家商业公司掌管印度大部分地区的做法非常荒谬,但是当时的英国政府正面临着北美的殖民地起义,当局几乎没有人希望插足远在亚洲的东印度公司的行政和财政事务。无疑,许多人认为,将财富从一个以贪污腐化闻名的公司转移至一个部门频繁变动、同样贪腐的政府是疯狂之举,只会毁掉东印度公司和宪法。1770年,一场骇人的大饥荒席卷了孟加拉,造成全国三分之一到一半的人口丧生,也使得东印度公司的财政遭受严重损失。与此同时,越来越多的东印度公司前职员带着从印度掠夺而来的巨大财富返回英国。由于这些土豪[2]想凭借财力在董事会、白厅[3]、孟加拉占据一席之地,因此改革的呼声越来越强烈。

于是,一系列议会立法陆续推出,这些法律法规总是相互矛盾。

---

1 港脚贸易(country trade),指17世纪末到19世纪中叶,从印度经东南亚到中国等地的亚洲内部区间贸易。这种贸易原先由东印度公司垄断,到18世纪后期,逐渐转为公司以外的自由商人经营,是亚洲贸易的一个显著特征。领取东印度公司颁发的执照进行这种贸易的船只通称港脚船。
2 原文该词为Nabobs,专指在印度发财的欧洲人。
3 伦敦市内的一条街,是英国政府机关云集之地,因此人们用"白厅"作英国行政部门的代称。

首先,《东印度公司管理法调整法法令》(the Regulating Act of 1773)让英国政府参与到管理印度的事务中,包括任命总督和内阁。接下来,《1784年印度法案》(the India Act of 1784)规定总督的任命必须经过王室的许可,并在伦敦设立一个"控制董事会",控制东印度公司的董事会。这种做法确实将东印度公司转变成一个类似政府部门的机构,"控制董事会"的主席是内阁的一员。《1813年特许状法案》(the Charter Act of 1813)赋予王室权利,全权控制东印度公司的所有财产,并打破公司的贸易垄断权。那一年,对印度的贸易开放引入竞争机制,同样的命运在1833年也落到了对中国的贸易上。

1835年至1841年,在梅尔本爵士担任内阁首相期间,"控制董事会"的主席是约翰·霍布豪斯爵士(Sir John Hobhouse, 1786—1869)[5],他是外交部部长亨利·坦普尔的朋友及其支持者。坦普尔是一位干涉主义者,人称巴麦尊勋爵(Lord Palmerston, 1784—1865)。1838年,"控制董事会"与东印度公司董事会决定大力扩张公司的蒸汽船舰队。三艘新的木质明轮蒸汽船是向泰晤士河畔的造船商订购的,分别是克莉奥帕特拉号(*Cleopatra*)、皇后号(*Queen*)和塞索斯特里斯号(*Sesostris*)。1839年1月,他们还购买了另外一艘船龄两年的爱尔兰货船——蒸汽船基尔肯尼号(*Kilkenny*),并将其重新命名为季诺碧亚号(*Zenobia*)。¹这四艘蒸汽船都在1839年驶往孟买。1839年,东印度公司董事会的财务及内务委员会(Finance and Home Committee)收到了几十封来信,全都是关于这四艘蒸汽船的:它们的建造、命名、

---

1 克莉奥帕特拉是埃及艳后的名字,塞索斯特里斯是埃及法老的名字,基尔肯尼是爱尔兰一城市名,季诺碧亚是叙利亚帕尔米拉王国女王的名字。

人员配备和费用。[6]复仇女神号压根就没有被提到。

  董事会有所不知的是，1838年，霍布豪斯下令秘密委员会安排建造另外四艘可供河运和海运的铁壳战舰，这些船的所有权和去向都是高度机密。不幸的是，秘密委员会的现存档案几乎没有这几艘船的信息，所以无从考究为何要建造这几艘船，也不知道对此保密为何如此重要。尽管如此，我们还是可以拼凑一些关于这几艘船的历史。1839年9月7日，霍布豪斯在备忘录中首次提到它们："秘密委员会受命提供一切武器装备、设备和补给品，这些没有包括在合同里，但它们对'龙骨可以滑动的船'出海航行非常必要。"[7]这些龙骨可以滑动的船在两个不同的船坞建造：后来被命名为弗莱吉森号（*Phlegethon*，530吨位，90马力）和复仇女神号（660吨位，120马力）的两艘船在伯肯黑德的莱尔德造船厂建造，船舶编号分别为27和28；[8]另外两艘船被命名为冥王号[1]（*Pluto*，450吨位，100马力）和普罗塞尔皮娜号（*Proserpine*，400吨位，90马力），在泰晤士河畔建造。[2]这四艘船都将自行前往印度。

  当时，在莱尔德造船厂，东印度公司的另外两艘铁壳船阿里阿德涅号（*Ariadne*，432吨，70马力）和美杜莎号（*Medusa*，432吨，70马力）正在建造当中，船舶编号分别为25和26，它们将被拆分运往

---

1 原文提到两艘冥王号，一艘是龙骨可以滑动的大船，另外一艘是于1821年下水的小船。译文在提到第二艘冥王号时均在前面加注"小"字，以示区分。
2 冥王普鲁托（又称哈迪斯）和他的妻子普罗塞尔皮娜（又称珀尔塞福涅）共同统治冥界。人死后，灵魂进入冥界，接受冥王以及另外三位审判官的审判。那些被判无罪的人会被带到极乐世界，而那些犯罪的人会被投进塔耳塔洛斯——拥有三重铜墙的地狱，四周是炎热的地狱火河。——原注

孟买。[1]1839年12月，这两艘船在伯肯黑德完工，是当时建造的最大的装配式蒸汽船。第二年，这两艘船在孟买组装并下水。从船舶编号看，在莱尔德建造的四艘船中，显然复仇女神号是最后建造的一艘，它的龙骨在1839年8月安放完成。文献中第一次明确提到阿里阿德涅号和美杜莎号是在1829年11月27日，在秘密委员会的皮科克写给霍布豪斯的备忘录中："遵照您的指示，我们将采取措施，对另外两艘蒸汽船河运和海运航行做好筹备工作。"

从现有的关于这六艘铁壳蒸汽船支离破碎的信息中，可以猜测，许多信件的内容是某个大人物作出的最终决定。之所以保密，是为了避免争议。因为到了1839年，梅尔本政府的财务状况已经相当疲软。

但是英国政府对蒸汽舰队的需求是可以理解的。19世纪30年代末，英国在印度建造的帝国遭受了来自四面八方的威胁，西起阿富汗，东至缅甸，冲突不断（见第19章和第27章）。秘密委员会收到一封印度方面写于1838年2月9日的信，信中告知英属缅甸的冲突。蒸汽船印度号（Indus）被从加尔各答派往缅甸的毛淡棉市，并得到了当时在孟加拉湾的皇家响尾蛇号（Rattlesnake）的增援。[9]这些新的船只被订购很有可能是为了解决这些冲突——吃水浅的铁壳船被认为极其适合在印度河与伊洛瓦底江上航行。从开支花费表和建成时间看，这些船很有可能是在1838年下半年订购的。但是等到第一艘船于1840年抵达亚洲的时候，这些威胁大都烟消云散了，而在更遥远的东方，新的威胁又起来了。在中国的水域，这六艘船第一次经历了

---

[1] 阿里阿德涅是米诺斯国王的女儿，当忒修斯到克里特岛去杀死米诺陶洛斯时，她爱上了忒修斯。美杜莎，蛇发女妖，住在大地尽头的三个怪物之一，是死亡的化身。——原注

战斗。

对建造船只一事保密也许和造价有关。这四艘新造的木船都相当昂贵，此时请求董事会拨出一笔额外的巨款来建造有争议的船只无疑只会延缓事情的发展——因此，这笔钱被拨给了秘密委员会。但是，谣言四起，这一点不足为奇。1839年10月17日，三名下属写信给霍布豪斯说，"考虑到已经支出的费用……您也许已经意识到，大家表达了许多错误意见，而这也引发了一项动议，将于明年12月在普通法院进行讨论"。因此他们建议秘密委员会"通知法庭，告知在过去一年以及今年绝大部分的秘密开支花在了购买蒸汽船上，但关于此事的详情不便提及"。[10]

在这六艘铁船中，第一艘建造完成的是冥王号。1839年9月16日，秘密委员会"下令蒸汽船冥王号围绕怀特岛试航，由船长I. P. 坎贝尔和一位海峡引航员负责"。9月25日，皮科克写了一系列的信给各个政府部门。在给海军部的信中，他写道："恳请任命皇家海军理查德·弗朗西斯·克利夫兰为冥王号指挥官，詹姆士·约翰斯通·麦克利弗蒂为副指挥官。"在第二封写给海军部的信中，他写道："……海军参议官应该给皇家海军各船只的海军将领、船长和指挥官下令，告知该船有特殊用途，不要阻挡它的进程……这一点非常重要……为了保密，委员会认为，冥王号应该驶往直布罗陀，听从秘密指挥，前往它的目的地。"因此，复仇女神号前往敖德萨。皮科克写信给财政部谈及船只补给的问题，并要求不对海关提及此事："……冥王号是效力于东印度公司的一艘蒸汽船，目前，要对其目的地和所属机构保密。"最后，是写给外交部霍布豪斯和巴麦尊的信："阁下，一艘叫作冥王号的铁壳蒸汽船，由东印度公司的秘密委员会提供，听从理事们指挥，前去处理印度事务。它将在皇家海军指挥官理查德·弗朗西斯·克利夫兰率领下前往加尔各答。我请求阁下命令女王陛下各领事官员为克利夫兰提供一切所需的援助。理想的情况是，不要提及冥王号的目的地及其所属机构。"

1840年2月10日，英国迎来了一场盛大的皇家婚礼——20岁的维多利亚女王嫁给了表兄阿尔伯特亲王。庆典一结束，在14日和27日之间，皮科克发送了一连串关于复仇女神号的信件。第一封信要求"皇家海军航海长威廉·赫奇恩·霍尔担任复仇女神号的船长，威廉·佩德任大副，爱德华·拉德洛·斯特兰奇维斯任二副"。事实上，霍尔在前一年12月已经被任命为船长，这再次暗示最终的决定已经确定。4月8日至10日，皮科克又发送了一连串关于普罗塞尔皮娜号的信件。8月11日，他写信提到了弗莱吉森号。9月下半月，普罗塞尔皮娜号在船长约翰·詹姆士·霍夫的率领下，离开英国前往东方。陪同它的是弗莱吉森号，船长为理查德·弗朗西斯·克利夫兰，大副为詹姆士·约翰斯通·麦克利弗蒂，而这两人在一年前分别被任命为冥王号的船长和大副。

那么，冥王号究竟发生了什么情况？显然，这艘船经历了极其糟糕的事情，尽管我们不知道到底是什么。也许，从历史学家吉布森·希尔的话语中，我们可以得到一点暗示。他说："冥王号是第一艘安装了'莫德斯莱及其儿子和菲尔德公司'（Maudslay, Sons & Field）的新式震荡发动机的船只。据说，这些发动机已经在商店留滞几年了，可能购买者认为它们比较危险。"[11]1841年7月27日，皮科克再次写信给海军部："……冥王号的构造有些问题，已经带回船坞修理，如今基本可以航行……由于冥王号的情况，以及接下来复仇女神号、普罗塞尔皮娜号、弗莱吉森号的情况，冥王号最好应该具备以下文书……"他给22个月前写信的那些人又发出了一系列相似的信函，最后一封信的日期是当年10月15日。1841年10月28日，冥王号最终驶向东方，这比预期计划晚了两年。它是秘密委员会六艘铁壳蒸汽船当中最后一艘离开英国海岸的，船长是上尉约翰·都铎，大副是上尉乔治·泰勒·艾雷。

因此，阴差阳错，六艘铁壳蒸汽船中最大、安置龙骨最晚的复仇女神号头一个抵达东方，也头一个向世界证明它这艘战舰的实力。1840年3月的那天清晨，当复仇女神号驶出伯肯黑德时，拥有这艘船的东印度公司显然已不是"宇宙间最大的商人社团"，那时，它只是一家商业机构，正在苦苦地挣扎，等待脱胎换骨。当东印度公司于1858年最终解散的时候，它成为一个世界性的帝国政府的印度分部。终其一生，复仇女神号的服务对象始终是英属印度政府。

第3章 一门无与伦比的艺术

> 仅有两三个人懂得用钢铁造船这门独特的艺术,利物浦的莱尔德先生正是这个领域最杰出和富有经验的人。
>
> ——爱德华船长
> 海军蒸汽舰指挥官,1839年11月 [1]

数个世纪以来,苏格兰西部海岸克莱德河的入海口一直是整个地区的商业中心,两岸遍布了关于海运的公司。18世纪30年代,一位积极进取的年轻人亚历山大·莱尔德开始在他的家乡——靠近格拉斯哥的格里诺克小镇——创建一家绳索和帆布工厂。敏锐的商业嗅觉和勤奋,再加上儿子约翰后来的帮助,莱尔德先生确保了生意的成功。1798年,待到约翰18岁的儿子威廉成长为一名合伙人的时候,莱尔德的家族企业成了苏格兰同行中数一数二的大工厂。[2]

1804年,威廉迎娶了艾格尼丝·麦格雷戈。几年后,这对夫妇决定带上他们的三个孩子约翰、玛丽亚和麦格雷戈搬到南部居住。他们迁到了默西河畔(仅次于伦敦的泰晤士河)欣欣向荣的英格兰港口城市利物浦,在那里建立了家族企业的另外一家分支机构。与他的父亲和祖父一样,威廉是一位聪明能干、积极向上的商人,他很快意识到未来的船只依靠的不是风能,而是蒸汽。1822年,威廉和一些朋友成立了圣乔治邮船公司(St George's Steam Packet Company),提供利物浦至格拉斯哥之间的蒸汽船航运服务。两年后,他在拥挤的利物浦伯肯黑德河岸对面购买了一些土地，那是位于一座古老修道院附近的一个小村庄，村里有十几户人家。1828年，威廉时年23岁的长子约翰加入，成立了"威廉·莱尔德父子公司"，并建立了伯肯黑德铁厂。工厂最初生产锅炉，但很快将目光转向了建造整艘铁船。1829年10月，他们的第一艘船瓦伊号（Wye）下水，这是一艘轻量级的船，仅有50吨位。[1]

短短几年时间，莱尔德的家族企业成为建造铁船企业中最具创新意识的。他们的发展得益于铁船非常适合用蒸汽作为动力推进，而且也可以用预制件组装。1833年，他们的第一艘大型铁壳蒸汽船——148吨位的兰斯多沃内夫人号（Lady Lansdowne）在伯肯黑德建造完成，并被拆分，用其他船只运往爱尔兰，在香农河[2]上提供航运服务。第二年，249吨位的约翰·伦道夫号（John Randolph）也以同样的方式，跨过大西洋，来到了美国佐治亚州的萨凡纳河上，它是美国第一艘铁壳蒸汽船。到1835年，莱尔德的家族企业已经建造了九艘蒸汽船，其中两艘——幼发拉底号（Euphrates，186吨位）和底格里斯号（Tigris，109吨位）是为荣誉东印度公司而建。[3]

1760年至1840年的工业革命带来了一场大变革，而在这80年间，引领这场变革的国家——大不列颠联合王国，其社会生活的各个方面发生了翻天覆地的变化。位于这场变革中心的是人员和物资运输方式的显著改变，这一改变主要得益于蒸汽动力和铁的广泛使用。

人类最早开始利用蒸汽动力可以追溯到1712年。当时，来自英

1　船身尺寸见第4章的脚注。——原注
2　爱尔兰最长的河流。

格兰西南部德文郡的铁匠托马斯·纽科门发明了蒸汽引擎,以便从附近康沃尔郡的锡矿中取水。在随后的50年间,纽科门蒸汽引擎首先在英国得到广泛使用,然后扩展到了欧洲。1753年,这项发明传到了美洲大陆。在蒸汽动力伟大的先驱者——来自格拉斯哥的詹姆士·瓦特和伯明翰的马修·博尔顿的手中,这种简单的引擎被加以改进,最重要的就是将垂直转动改为旋转转动,使得蒸汽动力得以运用于棉纺织厂。但这两位都对船只不感兴趣,直到1783年夏,蒸汽船的故事才在法国正式开始谱写。[4]

这年的7月15日,在法国里昂的索恩河畔,一艘奇怪的船只解开缆绳,驶入河流中心,缓缓逆流而上。滚滚浓烟从它那黑色的高烟囱里冒出。在它那狭长的船身两侧,两个明轮搅动着河水。这艘怪船缓缓逆流行驶了15分钟。至此,派罗斯卡夫号(*Pyroscaphe*)[1]的设计者克劳德·德·朱弗罗伊·阿本斯侯爵可以称得上世界上第一艘成功由蒸汽驱动的船只的设计者。

不论是在欧洲还是在美国,人们对蒸汽航行的兴趣日趋浓厚。1788年10月12日,由约翰·菲奇建造的一艘小型蒸汽船在特拉华河顺利逆流航行20英里。两天后,威廉·赛明顿的一艘小船驶入苏格兰的多尔斯温顿海湾,上面还搭载着诗人罗伯特·彭斯[2]。1801年,赛明顿将一台发动机装入夏洛特·邓达斯号,随后,这艘船沿着福斯—克莱德运河拖曳货物。因此,赛明顿被认为是建造第一艘实用蒸汽船的人。

---

1 派罗斯卡夫,源自希腊语,意为"火船"。
2 苏格兰著名诗人,代表作为《一朵红红的玫瑰》。

蒸汽航行的前景让美国人尤为兴奋，因为他们的国土辽阔、河流漫长。正是在美国，蒸汽船最先投入了商业运行。1807年，罗伯特·富尔顿的蒸汽船北河克莱蒙特号（发动机在英国建造），搭载购买了船票的乘客，沿哈德逊河而下，抵达纽约。富尔顿还享有另外一项殊荣，他建造了世界上第一艘蒸汽战船德莫洛戈斯号，这艘船于1814年下水，但从未服役。这是一艘双体船，船身中间有一支明轮，它被设计成一个移动的炮台，用来保护纽约港的安全。截至1820年，美国已有100多艘蒸汽船往来于各个河道和沿海水域。富尔顿的利文斯顿总理号蒸汽船定期从奥尔巴尼[1]航行至纽约，每次航行耗时18小时。船上有可供120人休息的铺位，甲板上还可容纳更多乘客。

直到1812年，欧洲的蒸汽船才开始定期的运营，那一年，亨利·贝尔的彗星号（*Comet*）开始在克莱德河提供接送乘客的服务。1819年，在格拉斯哥和西部群岛之间，彗星号开启了首次跨海航运。1820年，整个大英帝国仅有43艘蒸汽船，但随后蒸汽航运发展迅速。到1827年，在英国各港口，共有225艘蒸汽船注册营运。其中联合王国号（*United Kingdom*，1 000吨位，200马力）是当时世界上最大的蒸汽船。到了1840年，复仇女神号离开英国的那一年，英国蒸汽船的数目增至1 325艘。在布里斯托的船坞，停泊着伊桑巴德·金德姆·布鲁内尔设计的具有革命性意义的大不列颠号（*Great Britain*），这艘铁壳船由螺旋桨驱动，有横向和纵向的密舱壁，3 443吨位，1 800马力，总长为322英尺，是当时建造的最大的一艘蒸汽船。[5]

内陆交通的变革也开始在水上发生。船只在内陆水域当然已经航

1　奥尔巴尼是纽约州的首府。

行了数个世纪,然而1761年,靠近利物浦和曼彻斯特的布里奇沃特运河——英国第一条不遵循现有河道的运河——的开通,预示着巨大变化的发生。[6] 英国的公路系统非常单一,而运河能够用更少的马力,更加安全地运送更多的货物。在一条坑坑洼洼的马路上,需要好几匹马才能拉动1吨重的货物,而一匹马就能拖动50吨重的驳船。60年间,超过2 200英里的运河被修建起来,使得英国拥有总长4 000多英里的可通航的内陆河道。19世纪20年代,已有许多由蒸汽驱动的船只在运河上航行,但是直到蒸汽动力广泛运用于轮式车辆——比蒸汽在水上的使用晚了20年——内陆交通才得以大大改变。[7] 我们仔细回想一下:首先,19世纪40年代,在英国1 800万居民中,拥有马车或马匹的人数不超过10万;其次,在火车发明之前,邮政马车是当时英国最快的交通方式,平均时速为11英里,与罗马帝国的邮车速度相近。想到这些,就会知道,"变革"一词毫不夸张。

1804年2月,世界上第一辆蒸汽驱动的火车头由理查·特里维西克在南威尔士试验成功,但直到21年后,严格意义上的轨道才问世。1825年9月,在英格兰东北部,斯托克顿—达灵顿铁路的开通被视为铁路时代的开端。正如运河时代一样,铁路时代也是在利物浦附近出现的。1829年10月,正是莱尔德家族企业的瓦伊号在伯肯黑德下水的那个月,在利物浦举行的雨山机车比赛(Rainhill railway trials)中,罗伯特·史蒂芬孙发明的火箭号机车大获全胜,时速达到了24英里。来年9月,火箭号荣幸成为第一辆在世界上第一条真正意义的铁轨——31英里长的利物浦至曼彻斯特双轨铁路——通行的机车。此后,铁路的发展突飞猛进。1838年,英国已经有了250英里的铁路里程,伦敦的第一座火车站尤斯顿站建成,至此,从首都可以直达工业中心伯明翰；[1]1840年，也就是复仇女神号前往东方的那一年，铁路首次从切斯特通到了船只的出生地伯肯黑德；1845年，大约有2 400英里的铁轨在英国各地纵横交错；1850年，超过5 000英里的铁轨建成，到1855年，全英国的铁路里程已经达到7 200英里。正如惠灵顿公爵所担忧的，火车实实在在鼓励了下层民众出行：1855年，共有1.1亿人次搭乘火车。

早期的蒸汽船主要航行于内陆河流或湖泊的平静水域，但早在1809年，就有一艘蒸汽船冒险向大海进发——美国的凤凰号（*Phoenix*）从纽约一路向南，驶入了特拉华湾。蒸汽船第一次真正意义上驶向大海发生在1815年英伦三岛附近：马乔里号（*Marjory*），紧接着是阿盖尔公爵号（*Duke of Argyle*），从克莱德河驶入泰晤士河。仅仅四年后，萨凡纳号（*Savannah*）由西向东横渡大西洋，但这艘蒸汽船大多数时候仍然依靠风帆航行。直到1838年，真正的跨大西洋蒸汽船航运才开始：4月23日，经过19天的跨洋航行，搭载40名乘客的天狼星号（*Sirius*）从爱尔兰的科克抵达纽约；就在同一天晚些时候，从英国布里斯托港出发的大西方号（*Great Western*）经过15天的航程，也顺利抵达纽约，只用了最快的帆船的一半时间。大西方号由英国工程师布鲁内尔设计，于1837年下水，是为横渡大西洋而特别建造的；1 320吨位，450马力，内设三个船舱，可搭载240名乘客和60名船员，比同一年下水的当时最大的海军蒸汽船皇家戈登号更加巨大。大西洋号的建成预示着大西洋班轮的开通，在舒适性和可靠性方面亦是巨大

---

[1] 1837年，电报被首次介绍给公众，这是通信方面的又一项重大革新。在新建成的伦敦至伯明翰铁路旁，一条一英里长的电线正在搭建。但电报在传到美国后才取得快速发展。1844年，塞缪尔·摩尔斯发送了世界上第一条电报。——原注

的飞跃。

当蒸汽船驶入大海，明轮作为推进方式的劣势一览无余。[8] 首先，当水面超出船底的蹼板一英尺的时候，明轮工作状态最好，但这会随着船只重量和河水的平静程度而改变。随着燃料燃烧，船只也漂浮得更高，在波涛汹涌的大海中，会出现一只明轮完全浸泡在水中，而另外一只明轮完全离开水面的情况。在狂风中，由于背风轮有更大的力量，船只通常逆风而行。其次，只有船底的蹼板是垂直且有效的，尽管到了19世纪40年代初期，人们将蹼板进行连接，这一缺陷已经被部分克服。最后，船只需要设计得狭长，这样好使明轮处的波浪相对平缓，但这样的船只形状不是理想的商船模样。

对于商船舰队，帆船仍旧有优势。19世纪60年代，快速帆船不需要停下来补充煤炭，也不需要维护和修理机器，船员少，也没有燃料费用，因此盈利很高。但是，就在这个时候，船用复合式发动机发展起来，有了这种发动机，很明显，在商船舰队中，蒸汽船同样也会取代帆船。在1840年，若按吨位来计算，在当时世界上顶级的商船舰队中，蒸汽船只占了3%，30年后，也仅达到了13%，到了19世纪90年代初，帆船和蒸汽船各占一半。尽管如此，在第一次世界大战开始之初——蒸汽船第一次下海一百年之后——按吨位来计算，世界上的商船舰队仍有一半船仅由风力来驱动。

从一开始，人们就对螺旋推进器感兴趣，因为它不仅可以完全浸泡在水中，而且若放置在船舵前方，能够产生让船舵在慢速行驶时更有效的尾流。然而，木壳船不适宜用螺旋桨驱动，因为船身木质较软，容易变形，不能完全禁得住轴轮旋转的振动和压力，如果船只搁浅了还容易变形，它们停泊靠岸时就常常如此，而且随着船龄增加，船底中部往往会拱起，船首和船尾相对下沉。因此，唯有随着铁壳船的发展，螺旋桨推进才能发展。

尽管以螺旋桨带动的船只小朱莉安娜号（*Little Juliana*）1804年在新泽西州试航成功，但是直到1836年，以螺旋桨驱动的船只才取得航行许可——分别由弗朗西斯·佩蒂特·史密斯和约翰·埃里克森于5月和7月在英国取得。1837年，莱尔德造船厂建造的第十四艘船彩虹号（*Rainbow*）下水，581吨位，是当时最大的铁船。1838年，莱尔德造船厂的第一艘螺旋桨船——爱立信的小船罗伯特·F.斯托克顿号（*Robert F. Stockton*，33吨位）下水，这艘船注定要在新泽西的河道上航行30多年。同一年，史密斯的木船阿基米德号（*Archimedes*）也在伦敦下水，这是世界上第一艘在海上航行的螺旋桨船。正是彩虹号和阿基米德号的促销航行，才使得大西方蒸汽船公司（Great Western Steamship Company）同意布鲁内尔将大不列颠号建造成一艘具有开创意义的船：铁壳，由螺旋桨驱动。

一开始，莱尔德家族就意识到铁船的诸多优势：它们造价更便宜，更易维护和修理，更经久耐用，不太可能渗水，且有更多的空间存放货物，生活区也更有利于船员的健康。[9] 18世纪下半叶，铁的生产取得了长足的进步。1800年，英国生产了大约15万吨铁；到了1840年，这个数字增长了10倍。一方面，铁越来越容易获取，价格越来越便宜，另一方面，适合造船的木材变得越来越稀缺，越来越昂贵。建造一艘橡木船，每一吨位需要一棵百年大树。因此，建造一艘新的一级船需要消耗3 500棵树，900英亩森林的木材。[10] 到了1840年，一艘大的木质船比同样大的铁船要贵三分之一。1834年之前，议会特别委员会（皮科克在该委员会中扮演了积极的角色）下令调查"通过蒸汽促进与印度通信的方式"，麦格雷戈·莱尔德由此提出了两点重要建议：首先，一艘牢固的铁壳船的重量不到木船的一半，因此吃水更少，航行更快；其次，载货量更大，铁壳船的侧边包括边框也仅有4英寸厚，相比有12英寸厚的木船而言，能够多出20%的可用空间。

1822年，亚伦·曼比号（*Aaron Manby*）蒸汽船开始提供从伦敦到巴黎的定期航运服务，成为第一艘跨海航运的铁船。但是直到十年后，才有一艘铁壳船开始真正意义上的跨洋航运。1832年6月，亚伯达号（*Alburkah*）从利物浦出发前往西非。这艘船于前一年在莱尔德造船厂下水，但实际上并不在那里建造。它仅有55吨位，15马力，吃水6英尺。与它同行的还有双桅横帆船哥伦拜恩号（*Columbine*）和木质明轮船极光号（*Quorra*）。麦格雷戈·莱尔德在亚伯达号上。约翰·兰德[1]此番去尼日尔的探险证明，吃水浅的铁壳蒸汽船也可以在河道航行，但这是一趟灾难之旅。在搭乘两艘蒸汽船离开英国的48个人中，仅有7人平安返回，其中包括麦格雷戈。[11]

但是铁也并非万能。[12]首先，要获取厚度同样均匀的铁片，并把它们铆合起来。其次，人们担心铁船会遭到雷击，也提心铆钉会在暴风雨中爆裂，但事实证明这些担忧都是毫无根据的。然而，来自海洋生物的污染问题依然令人烦恼。1761年，海军船的底部首次用黄铜包起来，到1782年，整艘船都使用黄铜包裹，这样船只行进速度更快，更易维护，使用寿命也更长。但是铜包皮不能在铁壳船中使用，因为电解会导致快速腐蚀。再者，在到处都是铁的环境中，磁铁指南针能准确指示方向吗？不出所料，莱尔德家族又是解决这一问题的先驱者。19世纪30年代初，他们意识到如果铁船要在河道航行的同时

---

1 约翰·兰德（John Lander），英国探险家，是英国探险家理查德·莱蒙·兰德（Richard Lemon Lander）的弟弟，两人为尼日尔河下游的确定作出重要贡献。

胜任远距离的海上航行，那么这一技术问题必须得到解决。1835年10月，莱尔德企业在香农河上对263吨位的加里欧文号（*Garryowen*）进行试航；三年后，实验又扩展到吨位更大的彩虹号，皇家天文学家乔治·艾里爵士在泰晤士河上对该船进行了测试。[13] 艾里的罗盘校正器——一个磁铁和软铁环绕罗盘的系统——被安装到利物浦的复仇女神号上，但是由于没有安装准确，导致复仇女神号在圣艾夫斯触礁。

第4章　　这艘辉煌的船

> 我们迎来了第一艘绕过好望角的铁壳蒸汽船。这艘辉煌的船由船长威廉·赫奇恩·霍尔指挥,在同类船只中体积最大,长168英尺,宽29英尺,630吨位。发动机有120马力,由利物浦最有名的发动机制造商福里斯特公司生产,当然,造得极好。
>
> ——《科伦坡观察报》1840年10月10日(星期六)[1]

1839年显然是莱尔德造船厂最繁忙的年份。自从开始造船,数十年来,他们已经建造了20艘船;而单单这一年,他们就新造了12艘船——有9艘是为荣誉东印度公司而造,其中7艘在伯肯黑德预先制造,随后被拆分,用船运至东方。[2] 1月,蒸汽船彗星号(205吨位)和流星号(*Meteor*,150吨位)制造完成,在孟买组装后,于恒河上提供航运服务。6月,又有3艘准备装船——153吨位的蒸汽船宁录号(*Nimrod*)、尼托克丽丝号(*Nitocris*)、亚述号(*Assyria*),这一次它们将被运往中东,勘察一条经由底格里斯河和幼发拉底河前往印度的可能航道。12月,另外2艘船——秘密委员会的阿里阿德涅号和美杜莎号出发前往孟买,都是432吨位。[1]

8月,约翰·莱尔德先生骄傲地主持了造船厂迄今为止最宏伟的船只——660吨位[2]的复仇女神号——的龙骨安放仪式。这艘船也要前往东方,但不是被分装船运至那里,而是自己航行前往。锚杆之间的长平板龙骨仅1英尺宽,微微弯曲。[3] 随着时间的推移,框架被逐渐铆接上去,每个都是3英寸宽的角铁,相隔18英寸,置于船中部;船头和船尾处角铁间隔距离增加到3英尺。这些框架从头至尾排列在角铁船舷的两边,通过甲板上梁连接起来。两根角铁背靠背放置,一根9英寸深、1/4英寸厚的铁杆夹在它们之间。然后,在这些框架上铆接板材,总共使用约240块铁板,每块8英尺长、2英尺6英寸宽。莱尔德造船厂的经验和专长在细节方面显露出来。附着在龙骨上的板材厚度为7/16英寸,构成船只底部的另外5条底板为6/16英寸,底舱拐角处的底板和构成侧边的5条底板的厚度从5/16英寸减少到4/16英寸。从龙骨到底舱拐角的6条底板都是用塔接法,即船板相叠而成;其余的用平接法,即船板合缝拼平,被铆接入里面的一块铁板。用塔接法

---

[1] 船的计量单位。吨位:19世纪40年代,对于吨位作为船只的体积单位还是重量单位(排水量)的问题曾出现争议。旧吨位法(bm)自1854年开始使用,吨位来自长度和宽度。 这种方法不是计量船只真实的重量,而是计算运载货物和计税的容量。一般来说,我采用现代通行的做法,使用旧吨位法。长度:船舶长度有多种测量方法。比如,复仇女神号总长184英尺,从船首到船尾栏杆共计173英尺,垂线间长为165英尺(1英尺=12英寸=0.305米)。马力:测量早期蒸汽船的马力是件困难的事。通常我采用额定马力(nhp)一词,表示对发动机整体结构的测量,这个数值对于指示发动机的大小和可能的成本非常有用,但是和有效功率关联不大。指示马力(ihp)比额定马力大2至3倍。航速:每小时海里数,又称节(1节=每小时1.15英里=每小时1.85千米)。——原注

[2] 原文如此,与《科伦坡观察报》的数据不符。

搭建的船板，其边缘处所需的护理较少，所需的铆钉也较少，更加容易更换；对于直舷船而言，用平接法搭建的船板更加牢固。[4] 内侧的铆接机使用3/4英寸的铆铁钉，间隔3英寸。这些铆钉几乎都是在焊接温度下被打进去的，因此冷却和收缩后，铆接得非常结实。钉孔外侧使用的都是包头钉，因此船体的外表面非常光滑。

很快，这艘新船的轮廓就很清晰了。这是一艘低矮的平底船，又长又窄，船尾方方正正。船首至船尾栏杆有173英尺，但船宽仅29英尺，船深11英尺。这艘船有一艘大的四级轻帆船（护卫舰）那样长，但是却窄得多，也矮得多。船只的横断面呈椭圆形；底部宽15英尺，仅向下弯曲了6英寸；四角呈直径约3英尺的圆形，两侧微微向外呈弧形；从船舷上缘到龙骨再到船舷上缘的周长仅有47英尺。铆工和铁匠完成了铺板工作，随后木匠上船安放船底的5根内龙骨。每根内龙骨都是红松木做成的12英寸长的方形枕木，用螺栓固定在船身的角钢支架上。木材和铁块的每个连接处中间都是三层。船底肋板和甲板都用螺栓固定在内龙骨和甲板梁上，每一块都是3英寸厚的杉木板；而螺栓为1英寸长，头部下陷0.5英寸，涂有一层铅，因此几乎看不见。早期的铁壳船一般都有木甲板，这使得船只非常脆弱。当波浪在船底拍打时，甲板会被挤压，而当波浪冲到船中部时，甲板又会扩张。[5] 这一劣势很快就让复仇女神号几乎陷入灭顶之灾。

复仇女神号底部平、吃水浅，在河道航行非常理想，然而，在浩瀚宽广的大海上，这样的特性却会带来严峻挑战，船只很容易被吹至下风方向。于是，船上安装了两根可滑动的龙骨，都是用橡木制成，长宽均为7英尺，厚4.5英寸。这两根龙骨可以通过一个小绞盘和环链下放5英尺深，每根龙骨都安放在7英尺6英寸长、1英尺宽、从船底延伸到甲板的防水围壁中。这些围壁与六个密闭舱中的其中两个相连，也许是从船头数过来的第三个和第五个。它们将复仇女神号分成七个防水舱室，木质地板龙骨穿过其中，但都有防水接缝。尽管自1834年建造加里欧文号以来，莱尔德造船厂就在他们的船上安装了密闭舱，但复仇女神号是第一艘拥有水密舱壁的船，这一创新使得它在圣艾夫斯躲过一劫。

轮机舱位于中间的大舱室，由水密舱壁分隔开，煤仓立在水密舱壁首尾两端，这样就将后面的军官生活区以及前面的水手舱室与火炉的热气隔离开。侧边也有煤仓，还有装有至少1 000加仑淡水的水缸。轮机舱房上方横放两根巨大的橡木明轮梁，各有12平方英寸，穿过船的两侧，用凹槽固定在船头后方80英尺处，把转轴送到明轮桨中。明轮罩高高竖立在甲板上方。在明轮罩中间有一座舰桥，离甲板8英尺高。桥上没有任何遮蔽，但在风平浪静的日子会升起天棚。舵手也没有任何可以遮风挡雨的地方。方向盘位于传统的位置，就在方向舵前面。方向舵附近悬挂着指南针；船上可能有两个指南针，都安装了艾里的罗盘校正器。方向舵本身是木质的，但是它还系着一个假舵——两块铁板。铁板以木质方向舵的下方为轴安置，用一条铁链一直连到船尾栏杆。这样一来，方向舵就可以放低到和滑动龙骨一样的深度。船首和船尾的锚链都有锚链孔；一旦船只打算冲上岸，让士兵着陆，然后再起锚退回海里的时候，船尾的那些锚链孔就非常有用。

不到三个月，复仇女神号的船体已经完工，外壳在上清漆之前已经涂了几层铅丹，这表明东印度公司对该船的建造催得很紧。1839年11月23日（星期六），复仇女神号下水。为什么它的姊妹船弗莱吉森号（530吨位）花了整整一年才完成建造，我们不得而知。早在一年前的春天，弗莱吉森号的龙骨就在船坞安置好，但是它直到1840年4月才下水。如今，复仇女神号这艘吃水仅有2英尺4英寸的"低矮黑船"，从伯肯黑德出发，被拖着穿过默西河，来到位于利物浦的特拉法尔加船坞，来到发动机制造商福里斯特公司的地盘。在那里，复仇女神号被安装上了两个均为60马力的边杆发动机（如今这类发动机被称作120马力的双杠发动机）、两个熟铁箱型锅炉（每个锅炉都带着三个火炉），以及桅杆、翼梁和索具。作为发动机制造商，福里斯特公司没有克莱德河畔的纳皮尔公司或泰晤士河畔的莫德斯莱公司那样经验丰富，但是，它近在眼前，莱尔德造船厂对它更为熟悉。

对于一艘要在远方海域服役的平底船而言，边杆发动机是非常理想的选择，因为它们的重心比较低，相对可靠，易于维修。那年12月，被置于复仇女神号中央舱室的两个边杆发动机被固定在一个木质平台里，木质平台位于"胶质水泥"中，这种水泥是一种用于吸收震动的混合物。每台发动机都有锻铁支柱，比当时常用的铸铁更为牢固、轻巧。还有一个直径为44英寸的垂直汽缸，冲程为4英尺，正是它推动明轮转动。明轮到轮辋内缘的直径为17英尺6英寸，每个重达2吨，装有平衡重锤，确保曲柄销不会"贴在底部"。明轮通常的转速为每分钟18次，但复仇女神号现有的航海日志记录它们的转速为每分钟16到22次。[6] 这些明轮由桨箱保护，桨箱的前后由舷台支撑。每个明轮上都固定了16个松木蹼板，6英尺9英寸长、1英尺3英寸宽。在起帆时，与海平面齐平的蹼板需要费力地取下。显然，复仇女神号安装了早期的"松开装置"，即在起帆时松开船轴。这种技术当时比较先进，也运用到了它的姊妹船弗莱吉森号上。[7]

复仇女神号的发动机仅有120马力，尽管这样的动力对于内陆水域航行绝对足够，但是在海上航行却远远不足。福里斯特公司当然有能力建造更大的发动机，就像在此前一年安装在利物浦号（*Liverpool*）上的发动机那样。1 150吨位的利物浦号是一艘木质明轮蒸汽船，它有468马力，几乎是复仇女神号的4倍。后来，像这样大马力的发动机安装到了如复仇女神号这般大小的其他船只上。但复仇女神号上发动机马力小很可能是有意为之，为的是让船只节省燃料。在两台发动机处于全蒸汽状态下工作的复仇女神号需要消耗大量的燃料：在晴好的天气以每小时5海里的速度行驶，每天需要8吨燃料；在糟糕的天气以每小时8海里的速度航行，每天需要14吨燃料。[8]也就是说，复仇女神号平均每天需要12吨燃料，即每小时需要半吨煤炭或者木材，如此，每小时将产生8加仑烟灰，可怜的司炉不得不时时刻刻清扫。当载满煤炭时，复仇女神号上的煤仓能装载大约140吨，但是在长途海上航运时，煤炭也被装在甲板上的袋子里，这时船上能装载约175吨煤炭，但是这也仅够15天的消耗。此外，船上的发动机、锅炉和明轮的重量也许达120吨，因为通常情况下，每产生1马力，机械的重量需要1吨。那么，复仇女神号上的蒸汽设备至少达260吨。但是显然复仇女神号没有完全依靠蒸汽动力。

与同时代的其他蒸汽船一样，复仇女神号既可以借助蒸汽动力航行，也可以使用风帆。直到1871年皇家蹂躏号（*Devastation*）下水，皇家海军才拥有一艘完全依靠发动机的无桅战舰。[9]复仇女神号有两根桅杆：前桅杆66英尺高，位于明轮轴前方46英尺处；主桅杆75英尺高，位于明轮轴后方34英尺处。这两根桅杆都是用巨型的木杆做成的，靠固定索具支撑，装载活动索具来升降、调节风帆。遇上暴风雨天气，上杆和帆桁可以被"放下"。桅杆之间耸立着烟囱，烟囱并未用铰链固定，以便在船航行时能降低高度，超过30英尺的高度可以使得它的通风良好；烟囱的顶端没有任何装饰。烟囱和桅杆的支索在上部和下面的绳索部分都连成了链条状。尽管复仇女神号主要使用横帆，但作为一艘双桅纵帆船，它装有后桅用纵帆，每根桅杆上有一张斜桁帆，并且，从前桅到船首斜桁和第二斜桅，都装有三角帆。通常，对于带风帆的蒸汽船而言，桅杆和索具的位置由发动机来决定，用风帆航行时极不理想。但尽管如此，在顺风时满帆状态下，卸掉明轮蹼板，复仇女神号的航行速度和使用蒸汽机时一样，最高达到10节。同时代的一艘五级护卫舰最快航速为13节（每小时15英里），这是蒸汽火车出现之前人们所知的最快速度。

作为一艘为战争而建的船只，复仇女神号全副武装。1839年，三艘在孟买组装的莱尔德造船厂的铁船安装了大炮，它们是印度舰队的三艘河运蒸汽船：印度号、彗星号和流星号（吨位在149到308之间）。[10]尽管复仇女神号是莱尔德造船厂第一艘真正意义上的战舰，但他们很清楚铁壳船上装载火药的问题。终其一生，复仇女神号上的炮弹从未出现任何问题。船上主要的武器装备是两门发射32磅重炮弹的大炮，这是标准的英国散弹枪，在皇家海军中算是"中等炮"。这两门大炮由枢轴炮架支撑，安装在船头和船尾，能够朝各个方向开火，但遍布的索具有点影响它们的射程。这两门大炮显然是由位于泰晤士河畔的伍尔维奇兵工厂建造的，由利物浦商人乔治·阿姆斯特朗提供，他受雇于皇家海军，向海外出口大炮。[11]1840年1月，复仇女神号在海上试航期间，两门大炮经过了充分测试。约翰·莱尔德要求这些大炮试射两次，并加上额外的火药——两个32磅的铁球，和两个用帆布或纸做的弹药筒，每个里面都装着11磅的"黑色弹药"，用一团绳索固定好。莱尔德非常高兴地看到，试射的大炮没有造成任何损失。[12]

这两门32磅的大炮由铸铁制成，为前装式滑膛炮。每门大炮约6英尺长，重25英担（1.3吨），[13]约需7名炮手操作，平均每分钟可发射1次，可发送5种射弹：实心弹（标准铁质加农炮弹）、爆破榴弹、葡萄弹（装入帆布网兜的小型铁质或铅质炮弹）、霰弹（装入许多3磅重弹药的铁质容器）和燃烧弹。其中葡萄弹和霰弹用于攻击人。[14]这两门大炮显然是令人望而生畏的武器，即便最远射程约为1英里（1.6千米），仍然能够穿透2英尺的实橡木。

此外，复仇女神号还装载五门发射6磅炮弹的长黄铜炮。船身两侧各两门，还有一门置于舰桥上，用于检测射程。沿着舷墙，还有十门小的铁质旋转炮。此外，船上还有许多其他枪支弹药。船上的武器装备还不时更换以适应各种战事需要。有时复仇女神号要装载人员作战，还会加增野战炮和榴弹炮。复仇女神号上还装有康格里夫火箭炮（Congreve rockets），配备六条可发射12磅和24磅火箭炮的管道，置于船头和舰桥上。这种火箭炮是1799年英国在印度作战时首次碰到的，后来被威廉·康格里夫（1772—1828）在伍尔维奇兵工厂加以改造。康格里夫研制了世界上首个有效的火箭炮弹系统，该系统最初被用来吓退敌军和战场上的动物。[15]没有资料记载复仇女神号是否装载臼炮，这是当时很流行的一种短射程的大炮，能够发射重弹，被形象地称为"破坏者"。

复仇女神号上还配备许多小艇，它们不是救生船，而是供大船在靠近海岸活动时使用的小船。蒸汽船上到底有多少艘这样的小船，我们不得而知，但船尾显然装载了用吊艇柱架着的一艘小船，甲板上还有一艘或多艘独桅纵帆船，以及一些小舢板。[1]直到1848年，复仇女

---

1 战舰上最大的船载小船叫作大艇，用平接法建造，用于承载重物，也经常被用作救生船。其余的船载小船用塔接法建造。其中接应艇长度为24至32英尺，用作航行或是拖船，有14只桨；更大一些的单座艇更狭长、更快速，有6只桨；而救生筏只有一对船桨。——原注

神号上才配备明轮船，大船倒扣形成明轮罩。这些船于1839年试航，但也许太过新式，没有被考虑。

遗憾的是，我们并不清楚复仇女神号甲板下面的情况，更不知道如何进入船上的七个船舱。净空高度有限，在当时的海军船只上，大多只有5英尺高，6英尺算是相当高了。船上没有舷窗，唯有甲板室可实现自然采光和通风。船员活动区在引擎的前方，住舱甲板空间十分拥挤，也许是用帆布隔开，给准尉留有一点私人空间。引擎后方是霍尔船长相对宽敞的住处，有就寝和用餐的舱室，还有给其他军官的小舱室，可能还有一间军官的起居室和海图室。海图室可能储藏了导航用的重要图表和仪器，包括至少两个宝贵的精密计时器。

同时代其他蒸汽船的厨房要么位于甲板上，要么位于舷台。尽管我们没有复仇女神号上有关厨房位置的资料，但是几乎可以肯定的是，在天气晴好的时候，厨房位于舷桥下，对着其中一个明轮罩。后来，弗莱吉森号上有名厨子被炮弹射杀，当时有一发32磅重的弹药穿过明轮罩，进入厨房。[16]关于船上的盥洗室和冲洗设备同样没有什么资料。航船的"头部"，即船首前部和铺着木条的区域，被船员们当作盥洗室。同样，一些同时期的蒸汽船在甲板上安有盥洗室，有时候是舷台后面的小棚。但是对于复仇女神号来说，盥洗室很可能只有用帆布隔开的桶和夜壶，可以被运上岸放在家里或者旅馆里。

至于复仇女神号的建设费用，我们刚好有一份关于它的"初造费"——大概是总的制造费用、运营费和测试费——的资料。1840年4月1日，也就是船只离开朴次茅斯的三天后，东印度公司接管了船员的工资。[17]后来，复仇女神号被皇家海军雇用时，每年的费用是"初造费"的十分之一，明确的记录为289 427卢比或28 943英镑（大约相当于现在的1 592 000英镑）。[1]复仇女神号的姊妹船弗莱吉森号花费24 288英镑，冥王号花费40 315英镑。不幸的是没有关于普罗塞尔皮娜号的资料，因为这艘船从来没有被皇家海军雇用，但是，从冥王号比莱尔德造船厂其他两艘姊妹船高得多的耗资，以及迟迟不让普罗塞尔皮娜号开往东方看来，其重建规模一定很庞大。

对于许多同时期的皇家海军船只而言，我们知道它们的"第一笔费用"[18]等同于"初造费"。通常来说，蒸汽船的"初造费"是同等大小的帆船的两倍，因为蒸汽船的机械装置昂贵。皇家多佛尔号（*Dover*）是皇家海军预订的第一艘铁船，1841年在莱尔德造船厂下水，花费10 153英镑，包括机械装置5 300英镑，但是多佛尔号比复仇女神号小得多，仅有110英尺长，224吨位，发动机仅有90马力。1839年下水的皇家阿勒克图号（*Alecto*）[2]是一艘木质明轮蒸汽船，与复仇女神号体形一样大（164英尺，800吨位，200马力），费用为27 268英镑，包括10 700英镑的机械费用。丹那沙林号（*Tenasserim*）是一艘木质明轮蒸汽船，1841年在缅甸的毛淡棉下水，为孟加拉海军建造，

---

1 关于币值，当时，东印度公司有三种货币流通：英镑、西班牙银圆和卢比。英镑分为先令和便士，直到1971年改为十进制。里亚尔（旧指西班牙货币单位）在墨西哥和秘鲁铸造，流入东方，17世纪在东方成为标准货币，最初称为双柱，后来改称作西班牙银圆。19世纪40年代流通两种卢比：孟加拉的卢比和东印度公司的卢比。为了简单起见，在本书中，我已经将大部分货币转换为英镑。汇率有些变动，本书中采用"1英镑=10卢比=4西班牙银圆"。

1839年至1854年这16年间，1英镑平均相当于2007年的55.77英镑，从1840年的48.15英镑到1851年的64.44英镑。（数据来源于英国银行博物馆。）

本书中，我采用当时的1英镑相当于今日的55英镑。当然，英国经济增长2 000倍之后，这个数据也许就不切实际了。——原注

2 阿勒克图是希腊神话中的复仇三女神之一。

769吨位，220马力，"初造费"为39 885英镑。因此，复仇女神号的费用对于一艘像它这样大小的蒸汽船而言非常正常，不论是铁壳船还是木壳船。

复仇女神号前往东方的1840年标志着海上蒸汽航运的转折点。第一代蒸汽船——从1812年亨利·贝尔的彗星号到1837年布鲁内尔的大西方号——都是木船，明轮位于船体中部的明轮罩，使用单胀式发动机，将蒸汽排进喷水冷凝器。第二代蒸汽船发展于19世纪40年代到70年代，这个阶段出现了铁壳船体、螺旋桨推进器，以及带着表面式凝汽器的复合式发动机。尽管复仇女神号无疑是一艘各方面领先的船——第一艘在海上航行的铁壳战舰、第一艘有着真正防水密闭舱的船，在推动铁壳船体应用于战船上扮演了一个至关重要的角色，但是在许多方面，它还只是那个时代一艘典型的明轮船。不要忘记，1839年7月19日，就在复仇女神号的龙骨在伯肯黑德被安放的一个月前，在布里斯托南面130英里外的帕特森船坞，布鲁内尔的大不列颠号的龙骨被安放好，四年后，这艘船下水，成为航海史上的一个重要里程碑。[19]事实上，作为19世纪30年代末期的一艘明轮船，复仇女神号缺少许多创新。这显然不是莱尔德不懂创新，也可能不是造价的原因，而是因为它要在遥远的水域服役，维修起来越简单越好。船上的明轮不能实现平桨滑动，因此，每个蹼板无法垂直进入水中，蹼板进水和出水呈一定角度，这种拍打产生无用功。尽管活叶轮在一些水域的效率能提高百分之十，但在那时却仍然不可靠。复仇女神号也没有配备明轮罩小船。没有资料提到船上安装了任何形式的通风系统，尽管莱尔德为1840年下水、1841年参与了尼日尔反奴隶远征的皇家阿尔伯特号（*Albert*）安装了"里德博士的通风设备"（以及明轮罩小船）。[20]最后，也没有资料显示有来自舰桥的机械式电报。早在

1821年，这样的设备就已经安装在苏格兰泰河的渡船上，对于在狭窄水域运行的战船而言具有重要作用。

12月下旬，复仇女神号在河道试航。1840年1月13日，复仇女神号作为"伯肯黑德的船只制造商约翰·莱尔德的唯一财产"，在利物浦码头登记注册，准备驶向大海。这次登记由秘密委员会批准，让人以为，复仇女神号为莱尔德造船厂所有，这项商业冒险是为宣传铁壳蒸汽船的优点；后来这艘船被东印度公司买下。[21] 但实际上，莱尔德造船厂不需要从事任何投机性的冒险活动。尽管复仇女神号的船号是28，但自从1829年第一艘船在莱尔德造船厂下水以来，它是该船坞建造的第31艘船，其中12艘是特别为东印度公司建造的。1839年，当复仇女神号成形的时候（这艘660吨位的船是莱尔德造船厂当时建造的最大的一艘船），另外4艘铁壳明轮船也正在紧锣密鼓地建造当中，其中3艘（弗莱吉森号、阿里阿德涅号和美杜莎号）是为东印度公司建造的，另外1艘是为皇家海军建造的（皇家海军的第一艘铁船、224吨位的邮轮皇家多佛尔号）。1840年，又有另外3艘皇家海军的铁船下水了，它们是为1841年尼日尔远征而建造的。显然，莱尔德造船厂建造的船只以卓越的质量吸引了皇家海军和东印度公司争相前来订购。

第 5 章　远航

> 如果你派救生艇来找我,我无法告诉你我的位置。因为我听凭风浪的摆布,随波逐流。

——詹姆士·兰卡斯特

(东印度公司第一支舰队的指挥官,1603 年在非洲南部附近海域因船只失去方向舵漂流数月)[1]

1840 年 4 月 6 日(星期一),离开朴次茅斯十天之后,复仇女神号驶入了马德拉群岛一处可爱的港口丰沙尔。[2] 在城市西边的鲁洛克停泊后,霍尔船长和几位军官立刻上岸拜见总督,并邀请他参观这艘宏伟的船只。总督欣然接受了邀请。霍尔熟知马德拉并且喜欢这个地方;他认为这座城市充满生机;这里的人们,上至总督,下至骡夫,都热情有礼。第二天,霍尔拜访了一位年长的葡萄牙贵族,他的府邸在离城约 7 英里远的山上。星期三上午,最后一批煤和板条箱都装上了船,他们在那天晚上起航。附近的山上挤满了送别的人群,目送他们离开。

随后的十二天,东北信风一路温和地吹着,他们一直使用风帆。11 日,复仇女神号经过帕尔马和特内里费岛之间的加那利群岛,随

---

1 马德拉群岛位于非洲西海岸,隶属葡萄牙,有"大西洋明珠"之称。丰沙尔是该群岛的首府和最大城市。

后，航行到了佛得角群岛和非洲海岸的中间。前往好望角的船只通常都会经由南美洲海岸和里约热内卢，在南纬30°的地方向东航行，驶过南大西洋，但是复仇女神号走的是东航道。大约是4月20日，在塞拉利昂附近，风速下降，复仇女神号上的发动机开启，蒸汽升起，船只沿着非洲海岸向东航行。26日，船距帕尔马斯角200英里远。在这里，风速再次提高，于是，发动机被关掉了，船慢慢地靠近海岸。接下来的两周，复仇女神号继续向东航行，由于暴风骤雨的天气，加之逆着南风和洋流，它的行进速度非常缓慢。

尽管有时可以看到陆地，霍尔却并不想上岸，对船员来说，这也许是一大安慰。在马德拉群岛时，就有谣言传开，说此次航行的目的是去尼日尔探险。许多人可能都听说了约翰·莱尔德的弟弟麦格雷戈·莱尔德八年前随约翰·兰德探险队出征的悲惨经历（见第3章）：

> 小心小心再小心
> 那非洲的贝宁湾
> 四十人前往那里探险
> 却只有一人归来[3]

到了5月11日（星期一），复仇女神号已经离开了尼日尔河三角洲的福摩萨角，转向南方，朝普林西比岛的王子岛驶去。接连三天，复仇女神号一直逆风并迎着巨浪航行。西湾是个一年四季都适合船只停泊的绝佳港湾。当皇家海军西非反奴隶贸易巡逻舰队从位于弗里敦的基地过来后，一般都停泊在这里。此刻，皇家貂熊号（*Wolverene*，装炮16门）和皇家毒蛇号（*Viper*，装炮6门）就停泊在此，复仇女神号停泊在它们旁边。

三周后，6月1日（星期一），一场大型的反奴隶制会议在伦敦举行。参会的有女王的新婚德裔夫婿阿尔伯特亲王。在这次会议上，他用英语发表了首次公开演讲。在前一年的12月，殖民地事务大臣约翰·罗素在给财政部专员的一封信中写道："不管从何种角度看，贩奴都是罪大恶极之事……我发现，每年从非洲西海岸被卖到国外或美洲和西印度群岛殖民地的奴隶已经超过10万……真正来到蓄奴国家的奴隶数量，部分表明了这种贸易施诸受害者的苦难何等深重。"[4]

复仇女神号在西湾停靠了九天，修整和补充燃料。选择东部航道前往开普敦的蒸汽船都会面临燃料补给的问题。非洲没有补给的煤炭——从欧洲运来储存在西湾的煤炭极其昂贵，每吨需要6英镑（在英国，每吨煤炭的价格是55便士到2英镑之间；在新加坡，每吨煤炭的平均价格甚至少于2英镑）[5]，而且，好的木材只能从费尔南多波岛（今比奥科岛）和王子岛获取。所有的船只，不论是蒸汽船还是帆船，都需要薪柴。圣安东尼奥港口的商人卡内罗先生愿意以1西班牙银圆的价格出售100根原木，约为1英镑9吨木材。但是皇家海军宁愿雇用劳力上岛砍伐木材。这些劳力通常来自克鲁国（今天的塞拉利昂和利比里亚），他们以团队为单位砍伐木材，然后把木材拖到港口堆放起来，每一堆上面都写着一艘船的名字。一个劳力每天可以砍伐50根木头，大约1吨多重，而复仇女神号需要70吨木头。根据以往在反奴隶贸易巡逻舰队的经验，霍尔知道，要抵达开普敦，他需要在这里装载足够多的燃料。因此，他拿出了海军部准许他从其他海军船只获得帮助的公务便条，下令将为其他船只而备的木材装载到复仇女神号上。貂熊号的塔克船长给霍尔提供了许多帮助，他把自己已经装上船的木头让给了霍尔。由于木头是新砍的，需要用煤把它们烧干。幸好船上还剩下一些从英国带来的煤炭，因此霍尔不需要在当地高价购买。

霍尔对克鲁人评价很高，他认为他们身强力壮、勤劳肯干、聪明智慧。当他们清除附着在船身外壳的藤壶时，霍尔喜欢观看他们劳作。他这样写道："这些高大、健壮、黝黑、鬈发的家伙在水下穿来穿去，一些人拿着扫帚柄，一些人拿着刮刀，还有一些人拿着铁棍。"克鲁人给霍尔留下了深刻的印象，因此他雇用了他们当中的汤姆·利物浦、托马斯·本阿里和杰克·威尔逊三人当船员，最初的薪资是每月1.8英镑，后来很快就涨至一等水兵的3英镑。三人都是遵守纪律、勇气十足的水手。汤姆在中国去世；当复仇女神号于1843年抵达加尔各答时，另外两人仍在船上。为了履行之前的协议，霍尔在加尔各答安排他们返回非洲的王子岛，费用由东印度公司承担。

5月23日（星期六）早晨，最后一批为前往开普敦的长途航行准备的补给物品被运上船。山羊、猪和家禽是以货易货换来的，而非出钱购买的。"1件白上衣和12件衬衫换瓜果蔬菜，24条毯子换2头小公牛。"船上如今装载了3 000根原木（大都堆放在甲板上），还有许多新鲜的水果和蔬菜——山药、玉米、咖啡豆、香蕉、菠萝和橘子，此外还有从附近一处山泉获取的大量优质饮用水。那天夜晚，小船收起来了，复仇女神号起锚，在貂熊号和毒蛇号船员的欢呼声中，再次驶向大海。

一天时间他们就航行了120英里，来到了圣托马斯岛[1]。星期日下午，他们驶入了查韦斯湾。抛锚停船后，霍尔和船上的军官在查韦斯的圣安妮上岸，前往总督的官邸拜会总督。霍尔不会讲葡萄牙语，幸

---

[1] 位于加勒比海，现属美国。

好，岛上的司令官——一个身材高大、衣着得体的非洲人懂英语，可以充当霍尔和总督之间的翻译。霍尔看到这个小岛到处生长着树木，于是向总督提议说，可以把此处建成一个蒸汽船的燃料补给站。总督欣然同意，并回忆起了15年前蒸汽船进取号（*Enterprize*）到访此地的情形（见第8章）。

5月25日（星期一），驶离英国59天后，复仇女神号跨过了赤道。在逆风和大浪中，它艰难地朝南航行，行进速度只有每小时5海里。这时，它遇到了皇家水巫号（*Waterwitch*，装炮10门），后者证实，从非洲沿岸直到南部，不管是在罗安哥还是在卡宾达，都没有合适的薪柴。霍尔知道，此时他们离开普敦还有很远的距离，因此他决定试试看，能否只开动一个锅炉和一只明轮来节省燃料。在风帆的帮助下，复仇女神号向下风处倾侧，背风轮下陷得更深，这样就使船迎着风前进，而前桅上的帆很好地抵销了风的作用。霍尔下令把上风舵取掉，升起所有的风帆，将航向转至迎风5.5°。这几招非常管用，明轮以每分钟12到15次的转数转动，航速也升至每小时7海里，偏航情况也大大减少了。进一步的实验表明，两台发动机不能同时靠一台锅炉发动，两个明轮也不能靠一台发动机带动。如果顺风航行或者碰上强风，必须使用两台发动机和两个明轮。霍尔认为，他的这艘船在海上航行时显然动力不足。

复仇女神号一路南行，驶入了南半球的冬天。此时，对所有船员来说，明轮蒸汽船在海上航行的劣势显露无遗。当船身倾斜的时候，两只明轮立刻从水里冒出来，发动机猛转；然后两只明轮又突然下降，发动机几乎停止运转。当复仇女神号在大海中颠簸时，由于一只明轮太浅，另外一只又太深，船只不得不螺旋式前进。发动机时而猛转，时而降速，重击声一直在铁壳船里回荡。后来，紧急情况发生了，却不是发动机惹的祸。

6月2日早晨，复仇女神号仍顶着强劲的南风逆风前行，舵手突然对船失去了掌控。一番迅速的检查过后，人们发现垂舵不见了。情况严峻，因为在这样波涛汹涌的大海上，船舵经常露在水面上。霍尔吩咐木匠们用木头制作一个新的垂舵，他相信这个木垂舵会比之前的铁垂舵更加牢固。由于船舵不能被"堵塞"，以防移动，因此安装新垂舵是一件非常危险的事情。夜幕降临前，他们终于安全地将垂舵安好。

接下来的几天，天气更加恶劣。尽管霍尔有过多年沿非洲海岸航行的经验，但这次的天气是他见过的最糟糕的。此时，两周前从普林西比岛装载的70吨薪柴差不多用光，眼下，只剩下32吨煤炭。霍尔下令停掉发动机，移除一些蹼板，升起所有的风帆。但是在这样的天气里，滑动龙骨显然不足以阻挡复仇女神号向下风方向倾斜，也没有什么帮助。霍尔与军官商讨眼下的困境，他突然想起平底的荷兰驳船上使用的下风板，于是大家决定为复仇女神号建造木质的下风板。木匠们再次出色地完成了任务，下风板很快被安装到了明轮罩的后部，效果显著，偏航程度减少了一半。

6月14日，在南纬26°16′、东经0°41′，离开普敦仍有1 000多英里的地方，突然出现了无风的情况。锅炉重新烧了起来，但是经过一天的航行，又来了一阵微风，发动机再次关闭。接下来的几天，风速稳定增长。到了18日，风速刚刚好，复仇女神号的行进速度为每小时9海里。在这样的天气里，下风板显出了它们的价值，但它们需要几次维修和加固。20日，风向转南，此时，复仇女神号逆着大风和洋流，每天只能艰难航行40英里。到了南纬36°54′、东经11°20′，复仇女神号离开普敦只有350英里的距离了。但是霍尔意识到，如果他的目的地是开普敦，却被风吹往北边，到时他必须前往圣赫勒拿岛加载更多燃料。这座岛在西北方约1 700英里的相反方向，说得委婉一些，这并不是理想之地。21日，复仇女神号往西边驶去，离目的地越来越远。29日，开普敦仍然在230英里开外，但此时是在东北方。船员们使用最后一点煤，燃起了蒸汽。7月1日，他们终于眺望到桌山，那天晚上，复仇女神号驶入了桌湾。船员们大松一口气，岸上的人们也大吃一惊。这真是一次有惊无险的航行。

霍尔后来在写到这段旅程的时候，显然是在写他喜爱的一艘船。但是过去95天的航行暴露了复仇女神号作为一艘海船的弱点。由于船只吃水浅——离开英国的时候6英尺，在开普敦的时候仅有4.5英尺，当时船上所有的燃料、水和补给都已经消耗完了——它本可以"如鱼得水"，也不需在天气如此恶劣的海上航行，但是船只难以掌控，且在航行中过于偏离航向。后来，霍尔建议，这类为沿海作业而建造的船只如果要出海，应装配一个合适的、可以拆卸的固定龙骨。显然，复仇女神号上的发动机功率不足，而它对燃料的需求也十分惊人，极其不适合在波涛汹涌的大海中航行。但南大西洋的冬季对于任何船只而言都不是一个好季节。幸运的是，复仇女神号平安靠岸，没有太大的损伤。

从5月到8月，桌湾都暴露在凛冽的寒风中，因此没有什么船只在此停靠，大部分船只都停泊在东边的西蒙湾（福尔斯湾），但吃水浅的复仇女神号找到了一个可以避风的小小海湾。17世纪，欧洲人首次在此定居，当时荷兰东印度公司（VOC，亦称联合东印度公司）建了一些仓库、一个小型船坞、一个碉堡，对往来于荷兰共和国及其东方附属国的船只而言，这是一处补给基地。[6] 现在，船员们终于可以再次上岸放松一下，船长和军官礼节性地向总督致意，他们尽情享用这个风景如画的小港口的各项设施。3日，总督亲自带人登船，霍尔热情款待了他们。他下令燃起蒸汽，带他们乘船绕着海湾观光，并下令将前炮装上不同的火药并开炮射击，向客人展示大炮的威力。此时，复仇女神号的名声传播开来，炮声吸引了数千人来到岸边，有非洲人、马来人和欧洲人。所有人都惊讶地看到一个庞然大物在老旧的木板码头边航行，他们惊讶于铁居然能在水上漂浮，还惊讶于这艘船吃水如此之浅。总督一行人下船后，其他欧洲人被允许上船参观，上百人涌上船来。人们纷纷猜测这艘船最终的目的地，但是这个秘密此时仍然只有船长一个人知道。

经过两天的休整，是时候开始修补和添加补给了。新的木垂舵和下桅杆得到了加固，新的下风板修好了，甲板也捻缝好了，其他许多小修小补也完工了。由于复仇女神号可以停泊在码头旁，装煤工作变得很简单，一群苦力仅用了三个小时就把100吨煤炭运上了船；重新装载新鲜的饮用水和粮食也很容易。后来霍尔写信给皮科克先生道："我谨提及，在开普敦，我需要1 192英镑3.8先令12便士购买煤炭以及其他物资。"他承认，尽管他出资购买了200吨煤炭，但仅有170吨被装载上船。[7] 7月11日（星期六），复仇女神号驶离桌湾，先向南行进，然后再转向东，绕过了好望角。第二天，船只在阿古拉斯角南部六七英里的地方绕过了这个海角。阿古拉斯角是非洲最南端，而复仇女神号是第一艘绕过该海角的铁壳蒸汽船。

第6章　船员

> 哦，我是一名厨子，一位英勇的船长，
> 是南希小船的桅杆，
> 是一位严厉的水手长，一名海军候补少尉，
> 是船长的船员。
>
> ——《巴布民谣：南希·贝尔号历险记》
> 威廉·施文克·吉尔伯特[1]

驶往开普敦的行程充满危险，困难重重，船员们清楚得很，前面的旅途同样面临着严酷的挑战，因为复仇女神号进入了英国和印度殖民地之间一片最为波澜诡谲的海域——非洲东南部附近洋面。在这里，波涛汹涌的阿古拉斯暖流遇见了来自南极的低压系统。而且，复仇女神号驶入这段水域的时间正是一年当中最糟糕的月份——7月。

究竟是哪些人要面临这项挑战，驾驶船只往东前行呢？复仇女神号离开英国的时候，全体船员一共是56人：7名现役军官（其中3人来自皇家海军）、3名轮机官、3位准尉、12位士官、31名列兵。列兵

1　威廉·施文克·吉尔伯特（William Schwenck Gilbert，1836—1911），英国剧作家、文学家、诗人，主要作品有《巴布民谣》。

包括经验丰富、有七年海上生活的一等水兵，经验不足的二等水兵，司炉和见习海员。¹由于这趟航程的性质，这可能是能够安全操控船只的最少人马。后来，船员人数在75人至93人之间浮动。[1]

对于一艘如此规模的船只而言，7名现役军官是很常见的。[2] 船长管理整艘船和船上所有人员，他的工资可以反映这点。霍尔的月薪为40英镑²，这几乎是大副的三倍。要是霍尔有过在任何一艘皇家海军船只担任上校舰长的经历，那么他的工资将会是这个数目的两倍。大副负责船上事务的日常运行，二副、三副、四副分别管理船上的三个班次。由于他们监管导航的重要任务，所以都必须具备读写和计算的能力，擅长使用必备的仪器，能够分析航海图——那时的航海图通常都不准确。³随船外科医生通常是通过当学徒学会了这行的技术（内科医生是大学毕业生），他负责给船上所有人看病，既当外科医生又当内科医生，还要确保整艘船和人员保持干净；虱子多是一个大问题，虱子会传播斑疹伤寒，即"船热病"。事务长负责管理这艘船的仓储事务。军官职衔的最底层是海军候补少尉，通常是一个年仅12岁的男孩，每月挣钱不超过5英镑，还会从父母或皇家海军（不是东印度

---

1 在皇家海军中，现役军官由皇家委员会任命，准尉由诸如海军委员会这样的政府部门任命。士官也是准尉，但是处于辅助的角色（例如，炮手的助手协助炮手）。列兵构成第三等级，包括一等水兵、二等水兵以及仆从。——原注
2 每个农历月支付薪资，故霍尔的年薪为520英镑，即今天的28 600英镑。——原注
3 航海图上的错误并非小错误：1841年至1842年间，旗舰贝莱斯尔号（*Bellesisle*）载着1 300人前往中国，该船上的航海图将佛得角群岛和巽他海峡的爪哇岛都标记到它们原本位置以西45英里处（参考坎宁安的著作[Cunynghame，1844]）。——原注

公司）监护人处拿到额外的津贴。[1]不过复仇女神号这次首航中并没有这样的候补少尉。[3]按照受教育程度和家世来看，所有这些人都被称作"绅士"，尽管不可能每个人都有强大的家室背景。但是他们会读书和写字（很少有列兵能掌握这些技能），因此最高能够提拔至准尉。

所有在船上的人的工作时间被分为6个班次，每个班次4小时，从晚上8点开始，每人需要工作2个班次。最后一班（从下午4点到晚上8点）又分为2班，这样人们不需要每天同时工作。铃声每隔半小时响起，用以记录时间，八次响铃意味着换班。对于操控发动机这样的辛苦活，仅有3名轮机官和7名司炉来负责。因此，每一个班次里，仅有3人操控发动机——1名轮机官管理控制装置，2名司炉填饱6个"贪吃"的锅炉。但其实每个班次至少需要两倍于此的人手——2名轮机官和4名司炉。后来，霍尔果真雇用了所需的人手。

1837年，轮机官被委任为准尉，职衔与炮手、木匠和水手长（水手长监督甲板上的所有活动，负责船上的纪律）相当。但是由于轮机官稀缺，他们的薪资更高。大管轮的月薪为20英镑，刚好是霍尔船长的一半，但比船上其他人都要高。二管轮月薪为16英镑，他是船上薪水第三高的人。[2]大副和随船医生每月仅有15英镑，其他准尉每月5英镑，士官每月3到4英镑，一等水兵3英镑，新水兵1英镑，这是那个时代船员们的薪资。而在岸上，当时英国的一名熟练工每天需

---

1 虽说现在看来12岁显得小，但要知道在当时，男孩14岁、女孩12岁就可未经父母许可结婚。9岁的孩子就可在煤矿或磨坊厂里打工，每天工作9小时，每周工作48小时（参考普尔的著作 [Pool, 1993]）。——原注
2 当时，火车司机这样一个精英职位月薪也只有8英镑（参考沃尔玛尔的著作 [Wolmar, 2007]）。——原注

工作10小时，每周工作6天，才能够换来4英镑月薪（他们每天有进餐休息时间，节假日却无加班工资）；一名技术不熟练的工人每月薪水为2.5英镑；一名农民工，如果他有份工作的话，可能每月挣1.5英镑；一位在乡间别墅辛劳工作的女仆每月薪水为1英镑。相比而言，一户收入较低的中产阶级家庭每月收入为8英镑，而一户收入较高的中产阶级家庭每月收入超过12英镑。[4]因此，毫无疑问，船上的高级军官薪水优渥，就连那些最低等的水手薪水也不错，而且在船上还有免费食宿。

但是对于战舰上的人而言，工资仅是一部分收入，运气好的话，只是很小的一部分。对于那些在印度的部队服役的人来说，最重要的补贴是战时津贴——原本是给海外服役的人支付开销的一笔费用，现在成了基本薪资的一部分。[5]这部分薪资数额巨大。霍尔在日记中提到，因为1842年在广州服役，复仇女神号军官（不是所有船员）的战时津贴达到了1 204.3英镑；船长为547英镑，远远超过他的年薪；四位副官共219.15英镑；事务长和外科医生共219英镑；轮机官共109.57英镑；水手长、炮手和木匠共109.58英镑。[6]我们将会看到，他们还会拿到赏金和"人头奖"。

海军船只的船员是由船长及其军官招募的，一般花三年时间吸收一批新的手工匠人和劳动者。这些人认为自己是水手，而非军船上效力的水兵。当时的船只需要有各项技能过硬的船员。而船长霍尔要率领一艘领先的船只，经过一段未知的航程，驶往一个秘密的目的地。那年冬天，身处利物浦的他一定面临这样一项艰巨的任务——寻找具有专业技能和良好性格的船员。显然，他并非总能成功。复仇女神号出发11天后，就有一名船员率先在马德拉离开，后来又有三人在开普敦当了逃兵。确实，为了防止船员逃跑，船员们的岸上假期少得可怜。一名远航的船长可能在一年内慷慨地让船员休三次"长假",每次三天时间。[7]那么,为什么还有人愿意远航呢?对于船员来说,吸引他们的是冒险和异国风情,加之复仇女神号是一艘战舰,他们有可能从战时津贴、奖金和掠夺中获得财富。如果这些是诱人的胡萝卜,那么大棒则是故土贫瘠的生活。1838年至1839年间,毁灭性的饥荒爆发,再加上贸易萧条,预示着英国最严重的经济危机——"饥饿的四十年代"(Hungry Forties)的开始。对于穷人而言,一份稳定的薪水和有保障的一日三餐无疑是相当诱人的条件。

当复仇女神号驶往东方的时候,船员都是欧洲人,这一点不足为奇,但是后来到了亚洲水域,许多当地人被招募进来。军官和轮机官一般都是欧洲人、"东印度人"(出生在印度的白人)或欧亚混血人。其余船员有时候全是亚裔,绝大部分是印度人,也有菲律宾人、华人和马来人。马来人中许多可能来自爪哇,因为爪哇人是群岛上优秀的水手。这些人的薪水和船上欧洲人的一样,一个亚裔一等水兵每月挣3英镑,而如果他在当地的商船上干活,可能只赚到1英镑。[8]船上人员种族不同,宗教信仰各异,有基督徒、印度教徒、佛教徒和穆斯林。这些人能否在工作和日常生活中和谐相处,我们不得而知。

遗憾的是,伯纳德所著的关于复仇女神号早期航行的书和后来的叙述几乎没有提到船员,也没有提到船上的军官以及他们的日常生活。对于生活在21世纪的我们而言,需要丰富的想象力去猜想当时船员们的生活。我们不但很难想象这艘船本身的模样,而且难以猜想当时船上人们的生活。按照我们今天的标准,他们来自一个极其严酷的社会——普遍贫困,缺衣少食,生病和早逝习以为常,受教育的机会极其稀缺。一些人也许从12岁起就生活在一个极度封闭的世界,一个漂洋过海、四海为家的世界。[9]

住在发动机后方和船尾的是大副等6名军官，霍尔有自己的舱室，其他军官可能睡在帆布床上，中间用帘子隔开，也许3名轮机官和3名准尉也共享这个空间，12个人挤在一起。在船首发动机前方居住的是其他海员，至少43人，有时多达80人——这还没有算上搭载的乘客，在后来的航行中，乘客有时超过200人。出于礼节需要，隔离是必需的：男性和女性乘客隔离，军官和普通船员隔离，可能不同种族和信仰不同宗教的人们也要隔离。生活区只有顶层才能采光和通风，在热带的中午，一定闷热至极；晚上，仅能靠着蜡烛照明，偶尔会点亮台灯，四周是一片令人绝望的黑暗。

任何时候，都有三分之二的船员不用工作，他们吃喝玩乐，或是睡觉，吊床几乎挨到了一起。在皇家海军，对普通海员而言，每个6英尺长、3英尺宽的帆布吊床之间的标准间距是14英寸，对士官而言则是28英寸。幸运的是，并不是所有人都会在同一时段睡觉。每个人都有自己的吊床、毯子、床单和枕头，还有一个悬挂在钩子上的杂物包，里面放着个人物品：衣帽、一个杯子、盘子和餐具、一把梳子、肥皂和镜子、一个放烟筒和烟草的盒子（尽管船员经常会咀嚼烟草而非拿烟筒吸烟）、西洋跳棋或象棋。如果这个人识字的话，可能会有一本圣经或航行手册，以及纸笔和墨水。可能还会藏着一些零食，比如糖浆、奶酪、火腿，用以调剂乏味的饮食。拥有宽敞独立空间的霍尔显然会有熏鲑鱼、腌菜和香槟。有人可能会带上一支笛子或一把小提琴，聪明的船长知道船上有音乐家的重要性。

海风和海浪变幻莫测，因此船员们需要带上足够的饮用水和食物——许多食物是干货——包装好盛放在大桶里。霍尔船长43岁，他的年纪可能是海员平均年纪的两倍，他深深懂得，给这群精力充沛的年轻人提供营养丰富且令人满意的伙食非常重要。所有人每天都吃三餐，船长通常单独用餐，军官和海员分开用餐。早餐大约在早上8点开始，可能是拌了黄油的粗燕麦粥，里面可能有开胃的梅干，还有加了红糖的茶或咖啡。午餐是一天当中的主食，也是重要的社交活动，可能会提供伴有达夫（面团做的一种布丁）的奶酪和一些蔬菜，而且，每周至少四次会开点荤——咸牛肉干、德国酸菜，还有一品脱粗劣、清淡的红葡萄酒。[10] 情况允许的时候，活的家禽或牲口会被带上船，它们也需要吃喝，直到被宰杀的那一天。这对于通常吃咸牛肉干和腌猪肉的海员来说是不错的调剂。有时水手们也会抓鲜鱼来补充伙食。夜班时分的晚餐和早餐相似。每个人每天可以吃1磅伴有黄油和奶酪的无酵饼（这是一种有名的压缩饼干，不幸的是通常添加了象鼻虫），配着大口的啤酒、格罗格酒、淡朗姆酒咽下。在皇家海军的船上，每个人每天可以享用1加仑啤酒——但都是酒精含量很低的啤酒。因为船上装载的饮用水很快就变得不能喝了，如果船员需要喝水，他需要一手拿着大啤酒杯，另外一只手捏着鼻子，咬紧牙关吸水，这样才能把虫子隔离在外。可以想见，那些由于事故或者坏血病掉了牙齿的人只能把野生动物一起吞咽了。因此，酒精饮料、热茶和热咖啡都是必需品，而酗酒则令人讨厌，这不足为奇。

　　除了船员的生活必需品——财物、食物和水，船上还需要大量物资，其中最主要的是煤炭。军官宿舍区存放着重要的导航仪器——图表、航海精密计时表、估测维度的仪器和望远镜。甲板上放着指南针、手账本、测速用的沙漏与测深度用的铅垂线。还有武器、军火弹药，以及修理船舱和发动机时需要用到的木头、铁和其他工具：帆叶、帆布、修理工具、油漆、填料和沥青、绳索、备用的锚、油脂、做灯笼的棉花和油，这个单子无穷无尽。

　　船上保持清洁当然非常必要。一名好的船长手下会有一支勤于擦洗的船员队伍,来保持整艘船的洁净。船员们在甲板上洗澡通常用水桶,有时也用澡盆。衣物每周洗两次,也许还有指定的缝补日,船员们需要善于做针线活。但是不管怎么说,船员们身上散发的汗味、牲畜的臭味、发动机和厨房传出的味道一定相当浓烈。船上闷热难当,噪声很大,人数众多,没有隐私。在这个节奏缓慢的世界中,船上的无聊生活不时穿插着紧张的活动和各种危险——很快将要降临到他们身上。公元前600年的安纳卡西斯[1]似乎深谙这点,他将世人分为三类:"活着的人,死去的人,还有那些驾船远航的人。"[11]

---

1 公元前6世纪的一位王子和哲学家,曾在希腊游学多年。

第 7 章　铁的特性

> 船长，你还能笑得出来，你根本不知道铁的特性。你怎么知道呢？一旦开裂，就像现在船身两侧一样，裂口将继续扩大，没有什么能阻挡得住。
>
> ——1840 年 7 月 24 日，司炉对霍尔船长说的话[1]

在开普敦，霍尔船长下令走内航道，即取道非洲和马达加斯加的莫桑比克海峡，然后向东航行至锡兰（今斯里兰卡民主社会主义共和国）。这是一条吹西南季风时走的航线，尽管对于东印度公司的船只而言，更流行的通行路线是马达加斯加东部的中部航线。[2] 7 月 14 日（星期二），顶着越来越强劲的西北偏北风，船员们从桅杆上看到了阿尔哥亚湾（今伊丽莎白港）。第二天，军官们惊恐地发现，气压计的数据急剧下降到 28 英寸。风速加强，微风发展成飓风。海浪涌起来，船员们把所有浮板从明轮上取下来，放低帆布。夜幕降临，恶浪滔天。16 日黎明时分，风暴一点也没有减缓的迹象。霍尔后来在给皮科克的信中写道："微风很快就变成飓风，海浪汹涌，西方频频闪电，船速为九到十节，我不得不下令扬起所有的帆。风猛浪高，似乎要淹没我们这艘长长的、低矮的船……现在可以明显看到，主舵在水面上，第二斜桅在水面下。"[3] 一整天，船员们唯一的目标就是让这艘扁平底的船的船头向着风。其他没有直接参与抢救的人爱莫能助。所有人都和这艘船一样任凭大海摆布。

到了傍晚，焦虑和船只剧烈的颠簸令每个人都筋疲力尽，那些不值班的人抽空去甲板下面休息。霍尔在他的舱室睡觉，17日（星期五）凌晨3点，他被一声巨大的撞击声惊醒。他冲到甲板上一看，发现船已经打横，侧对风浪，危险近在眼前，但是很快，船又挣扎着顺风而行。舵手告诉霍尔，一个大浪不偏不倚地刚好打在左舷上，但是那些在舷桥上的人觉得，如此惊天动地的响声肯定不止一个浪头冲击这么简单。很快甲板下方就有消息传来，海水正在通过煤仓渗入引擎室，似乎船身中部有些钢板已经开裂，但是要到第二天黎明才能查清楚受损程度。

船载小艇从船尾的吊艇柱被吹落，消失不见。右侧明轮裂成两块，其中一块几乎断开，在水中吃力地前行。船员们用一个像鱼钩的船锚才费力地将这一块固定在船上。更糟糕的是，大家发现，明轮的旁边，就在船舷突梁的前面，有一条很大的垂直裂缝，大约2.5英尺长。这条裂缝在两根间隔18英寸的角铁之间，几乎完全穿过第二块铁板，部分穿过上面那块。这条裂缝使得边缘凸出大约2英寸，在侧边留下一个大裂口。暴风雨仍在肆虐，这条裂缝越来越大。整艘船正在裂开。

幸好威廉·霍尔是一名非常高效的船长，公正而果断，因为他在这个星期五所处的困境实在严峻。他和手下的54个人正面临一场骇人的风暴，他们在一艘远离陆地的船上，这艘船首次远航，性能不得而知，眼下正在他们脚下裂开。如果该船沉没，船上所有人必死无疑，因为船上的小船根本无法用来当作救生艇。而且，对于维多利亚时期的水手而言，大部分人都不善游泳。如果在靠近海岸的地方，有人被抛进了海里，他们所能做的就是抱住一根桅杆，直至获救。但是在这里，获救的可能性几乎为零。后来，在写给皮科克的一封私人信件中，霍尔如此说道："船上没有几个人期望还能活着到达海港。在当时那种情况下，我很难形容自己的心情——实在糟糕透顶。"[4]

万分幸运的是，明轮坏了的部分被以最快的速度固定，因为它几乎要完全脱落了——要是明轮失去五分之二，也就是16块明轮叶片的其中6块，那就大难临头了。船员们使用了牢固的轮滑组，将明轮拖了上来，在接下来的几周内修好，然后费老大劲重新安装。霍尔意识到，移除一半的明轮叶片——蒸汽船扬帆航行时通用的做法——损坏了明轮。霍尔下令将铁条拧到每一块第二层甲板下面——除非海面极其平静，否则不再下令移除明轮叶片。

到了18日，天气缓和下来。此时，复仇女神号只有一台蒸汽机带动一只明轮，前行速度为每小时4海里。20日，复仇女神号离纳塔尔角不到40英里，但是由于它无法在那里被拖上岸修理，霍尔决定继续向北航行，前往南纬26°的非洲德拉瓜湾（今马普托湾）。但在第二天，强劲的东北风吹来，海浪再次涌起，对一年中的这个季节而言，这真是反常现象。船员们再次提心吊胆。狂风与每天流速超过50英里的强劲洋流汇合，引起海水在船后剧烈地翻滚，有时舵完全露出水面，船首斜桅也被淹没了。巨浪拍打着船身，这些大浪正在考验这艘船的一项弱点——木质甲板的稳定性。突然，裂缝开始变长，令人害怕，船身两侧的情况也一样糟糕，海水不停倒灌进来。正值排水变得尤为重要之际，偏偏不凑巧的是，左舷锅炉的火炉被损毁了，难以使用。这时船上每个人都行动起来，夜以继日地抢修这艘船。由于海浪随时随地都会吞没船只，一些人赶紧加高舷墙，将四块结实的木板固定在船尾和尾舷以抵御海水的冲击，其他人则忙着减少从船头到船尾的垛顶部的货物重量，拖着船尾锚，费力拆除笨重的船尾大炮，并将其安置在船舱中部的煤仓里。海浪如此之高，船头唯一一个可用的引擎始终无法将唯一一个可用的明轮翻转至中间，轮机官只得站立一旁手动控制。到了22日，裂缝延长至3.5英尺，于是，裂缝两边两到三个铆钉被拔去，一块新的铁板被放置在外面，然后用螺栓固定到里面的厚实的橡木板上。这一切都是在恶劣的天气下进行的。

23日（星期四）晚，复仇女神号远离陆地。它进水太多，于是霍尔下令停掉引擎，船只整晚都依靠风帆航行。那一晚，距离复仇女神号首次横转过去整整一周了，对于这艘船只而言，这是个危险之夜。海浪依旧汹涌，船员们只能勉强控制船身。黎明的到来给船员们带来了些许安慰。东北风平缓下来，到了下午，转变成了东南风。明轮和锅炉如今修好了，蒸汽重新冒起来，复仇女神号再次向北驶去。过去的八天，它的航程不超过150英里，德拉瓜湾仍然在200英里以外。但此时风速再次增强，用力地撕打着唯一的帆叶，船上的裂缝进一步延长。在两个半小时里，裂缝拉长了18英寸，从甲板延伸至吃水线以下。随着船不停地颠簸，裂缝时而撕开1英寸，时而向外侧滑动5英寸，使得甲板铺板开始移动。此时船进了很多水，幸运的是，抽水机尚能应对。但是，当裂缝蔓延至轮机舱，就会有大风险——倘若抽水机堵塞，水位将升高，浇灭锅炉。

从司炉那里，霍尔没有得到什么安慰："船长，你还能笑得出来，你根本不知道铁的特性。你怎会知道呢？一旦开裂，就像现在船身两侧一样，裂口将继续扩大，没有什么能阻挡得住。"解决方案是尽力阻止正在裂开的铁板继续开裂。首先，厚木板被放置在甲板上方开裂的区域，用螺栓固定到明轮梁上。螺栓穿过裂缝两边的角钢肋材固定，阻止开裂。然后，木板被钉成X形，放置到肋材之间，阻止它们交叠。

7月26日早晨，浓雾消散，船员们看到西边的陆地——德拉瓜湾畔的圣玛利亚半岛，所有人一定都大大松了一口气。绕过半岛，他们驶入了海湾，抛锚休息。那一天是星期日，也是他们两周以来享受的第一个太平日，霍尔这个虔诚的信徒把所有船员召集起来做礼拜，感谢上帝拯救他们。终于，他们又可以正常吃喝，好好洗澡、洗衣，安然入睡。

对于遥远南方的另外一艘英国船幽冥号（*Erebus*）而言，那年7月的糟糕天气几乎带来一场灭顶之灾。去年9月，在詹姆士·克拉克·罗斯船长的带领下，英国南极远征队一行乘坐皇家幽冥号和惊恐号（*Terror*）离开英国。强劲的风暴将两艘船吹离开来。幽冥号上的水手长被吹下甲板，救援船上的船员也几乎全部失踪。[5]

27日，复仇女神号驶入了葡萄牙的领地德拉瓜的壮阔海湾。霍尔希望在修船之前先去向总督表示敬意。当霍尔得知复仇女神号是第一艘驶入海湾的蒸汽船时，他决定燃起蒸汽，让船驶进要塞下的英国河河口，鸣放礼炮，升起葡萄牙国旗，给人留下深刻印象。他知道，当岸上的人们看到这么一艘庞然大物驶入这样一个浅滩，一定会惊讶万分。唯一的问题是，尽管礼炮成功地鸣响，但是葡萄牙国旗却没有迎风飘扬。担心造成尴尬的误会，霍尔让一名水手立刻爬上桅杆，用手将旗帜展开。经过如此可怕的折磨才最终找到平安地，倘若被岸上的碉堡炮轰，那可真是太讽刺了。

复仇女神号停泊在英国河。船上人员欢迎穿着盛装的总督副官登船，但是船员中没有一个人会讲葡萄牙语，总督副官也不会讲英语，双方仅仅是微笑地站着，喝下大杯大杯的葡萄酒。随后，霍尔和一些军官去总督的官邸拜见总督，他们受到了热情的接待。这一次，双方通过一位孟买的商人和复仇女神号的一位船员交流，前者会讲葡萄牙语和印度语，而后者刚好会印度语。

德拉瓜这个又小又破的城市并没有给英国人留下什么好印象。这里的欧洲人很少，整个城市明显依靠奴隶贸易发展而来。奴隶贸易在葡萄牙殖民地是非法的，在这里却很兴盛。莫桑比克沿岸的主要市场不在这里，而是在北方600多英里开外的克利马内。葡萄牙人在那里以1.5英镑每人的价格低价购买奴隶，然后每年将多达5 000名奴隶运往里约热内卢，在那里他们可以获利十倍。但德拉瓜也是一个活跃的奴隶贸易港口。当复仇女神号的一些军官被邀请登上一艘插了葡萄牙国旗的双桅横帆船时，他们发现这其实是一艘运送奴隶的船，上面堆放着板材，准备搭建甲板、锅炉房，还有成堆的镣铐和链条。为了谨慎起见，霍尔决定不和总督提及此事，一来他无权干预，二来他需要一个友善的环境来修理自己那艘破烂不堪的船。28日晚上，他邀请总督及其家眷来复仇女神号享用晚餐，这些客人送给船长新鲜蔬菜和象牙做礼物。

一块靠近碉堡的沙地被选中，复仇女神号被拖到了这块沙地上。在霍尔的请求下，这块沙地由葡萄牙士兵巡逻，当地人不能进入，英国水手也不能离开这块沙地。霍尔向船员讲解他们需要完成的诸多工作事项，并向他们保证，只要干得好，报酬就会加倍。31日，船上的燃料被运送到了岸上，火炮被装上了小船，复仇女神号被拖上了岸。船刚上岸，天空就突然变黑，随着翅膀振动的极大声响，无数只蝗虫从天而降。船员当中迷信的人一定会认为这是一个凶兆——埃及第七灾[1]，许多人大为惊骇，所有人都深感困扰。30日原本无风，到了31

---

[1] 根据圣经的记载，埃及法老不肯听从摩西和亚伦让以色列人离开埃及的请求。神吩咐摩西和亚伦在法老面前行神迹，降下十大灾难，其中第七灾为蝗灾。

日,一阵东北风吹来,把蝗虫带过来,但是一夜之间东北风又变成了西南风。第二天,风速加剧,把所有的蝗虫都吹跑了。让英国人惊诧万分的是,当地人居然视这场灾难为上天的礼物,他们兴高采烈地捡拾蝗虫,连着几天美美地享用蝗虫大餐——剥去蝗虫的腿和翅膀,将它们烤来吃,一边吃还一边唱歌跳舞。

船只上岸后,船员们迅速聚在一起,他们这时才惊讶地发现整艘船的受损情况有多严重。船身中部两边的裂缝达7英尺长,从甲板处延伸下来,有一半在吃水线以下,割断了几乎三分之一的船体。毫无疑问,倘若在海上没有及时进行修补,复仇女神号早就裂成两半了,船上所有人员也会葬身大海,在蒸汽船的历史上空留最简短的注解。此刻,在这样一个偏远之地,尽管船上除了船员和必需物资外别无长物,但修补工作还是马上展开了。船身两侧两块折断的船壳钢板被更换,一块新的钢板被铆接在第三块已部分开裂的钢板上。船员们运气不错,他们在港口边找到一堆材质优良的干燥木材,这堆木材很有可能来自某艘失事船只。经过一番艰难的讨价还价,他们买下了这堆木材。新购置木材中的两根横木如今被安放在甲板下面,穿过角铁,对着船身两侧。放在上面的一根横木长23英尺,宽1英尺,厚6英寸,被置于甲板下方2英尺处,由大螺栓固定,螺栓穿过每根肋材中间的边板。横木和船壳钢板之间填充了干燥的红松木。下面的一根横木比上面那根稍短一些,其他地方都一样。当复仇女神号行驶到莫桑比克时,和第二根一样的第三根横木也被安放好了。尽管船舷上缘和甲板之间的一些甲板角铁已经折断,但甲板上放置了一根25英尺长的横木,这根横木挨着明轮罩,被螺栓固定在船舷凸梁上。

到了8月12日(星期三),其他小修小补已经完成,船底的藤壶也清理干净,外壳的上漆工作也已完成,复仇女神号又要再次出发,驶向浩瀚的大海了。霍尔显然急于离开，因为只有他清楚，他们与原定行程相比落后了多少，还有多少路程要赶。但他也同样意识到，船员们需要彻底休息，因为前路漫漫，很可能充满艰险。因此霍尔决定过几日再起航，他捎口信给总督，告诉总督自己要到下周才会离开。听到这个消息，一位葡萄牙商人为船上的部分军官安排了一次狩猎之旅，去河流上游猎取野生动物——水牛、斑马、河马——但一无所获。其他人则受到当地一个部落的款待，后者来自距此约30英里的内陆聚居地，正在对总督进行每年一度的拜访。部落里700个武士的亮相非常惊艳，他们穿着装饰了鸵鸟羽毛的动物皮毛，每个人都手持长矛、棍棒和盾牌。他们的头发都被剃光了，脸上刺着狰狞的文身。晚上，总督拿出一桶朗姆酒，大家载歌载舞，度过了一个愉快的夜晚。酋长没有给人留下深刻印象，根据霍尔的描述，他是一个身着松垮长袍、头戴鲜红礼帽的老人，他的妻子丑得出奇。霍尔邀请酋长一行人上船，并赠与酋长一把步枪和刺刀，第二天，酋长回赠他一把长矛和一块盾牌。

如果说英国人有时候视非洲人低人一等，他们同样认为葡萄牙人只不过是一群野蛮人。霍尔回忆起他曾听到的一个可怕的故事，这事发生在18年前的德拉瓜：十来个可怜的土著紧邻要塞而居，他们遭到另外一个部落的掠夺，因此想寻求保护，但是这些可怜人被指控从总督的花园里偷了东西，他们被赶了出去，被牛皮鞭打昏，每当他们昏死过去，围观的士兵就用刺条把他们捅醒。

星期日晚上，总督在官邸设宴款待霍尔和军官，其间还有当地的舞女助兴；而在船上，普通船员们享用了一顿有烤牛肉和李子布丁的丰盛大餐，每人还能多喝一杯格罗格酒，这是对他们出色完成工作的奖励。第二天早上，8月17日（星期一），蒸汽升起，总督及其家眷被邀请乘船环游海湾。上岸后，总督奏响了7门礼炮，但是霍尔并没有回敬礼炮，因为船上有三个人染上了流感。复仇女神号再次向大海驶去。

当复仇女神号向北航行时，海风强劲，波涛汹涌。起初，船只贴着海岸行驶，后来，风浪减小，他们选择了一条径直前往莫桑比克的最短航道，并于31日抵达了莫桑比克。除了最后一两英里，全程都使用风帆。霍尔全程都在为两个指南针不能准确指明方向而苦恼不已。在朴次茅斯安装的装置看来不比在利物浦安装的好多少，同样非常糟糕。因此，每当靠近海岸时，霍尔都下令每个明轮罩旁守着一位测深员，船头也有一位。他早就决定，不移动固定的指南针和大磁铁，还发现指南针悬挂在测深员头顶12英尺上方的十字杆时最准确。不过由于海上多风暴，夜晚又太黑，效果并不理想。因此，只要在清澈的夜晚，舰桥上总是有一位军官，焦急地试图弄懂星星的精确位置。

在莫桑比克，霍尔惊讶地看到港口居然停泊着三艘奴隶船，因为他知道那里的总督反对奴隶贸易。不过事情很快就弄明白了，其中一艘是皇家橡子号（Acorn，装炮16门），它悬挂着一面诱敌上钩的假旗帜，将另外两艘奴隶船骗进了港口。霍尔立刻前去拜访船长。橡子号的亚当斯船长被复仇女神号一路行来的艰难所感动，提供了一切可能的帮助。在橡子号木匠师傅的帮助下，复仇女神号的第三根和最后一根侧梁修好了。橡子号还帮了另一个忙，正如霍尔后来写信告诉皮科克的，"在前往开普敦前夕，我不得不将司炉伯纳德·欧文留在皇家双桅船橡子号上，他品行恶劣，不适合再待在船上"[6]。

莫桑比克的总督、准将乔基姆·佩雷拉·莫里尼奥是慷慨好客的东道主，他是英国人的朋友，曾经在半岛战争中效力于威灵顿公爵。

他送给复仇女神号一头肥牛、四只羊、一头大猪,成堆的水果和蔬菜,以及八千块薪柴;他还允许船只装载足够多的水,且分文不收。总督如此慷慨大方,霍尔只有一些烟熏鲑鱼和英国泡菜回赠,但复仇女神号可以用其他方式来报答总督的盛情。总督觉得,这两艘英国船(其中一艘是第一艘来此的蒸汽船)的到来是一个很好的机会,能够让民众亲眼见到他所管理的政府和皇家海军镇压奴隶贸易的决心。于是,9月1日早晨,总督为两艘奴隶船(都是很好的船只)举行了一场声势浩大的拍卖会。总督身着盛装,乘坐游艇来到复仇女神号上。岸边的堡垒鸣放礼炮致敬,岸上一大群人见证这一幕——这正是总督所希望的。复仇女神号插满了彩旗,人群涌动,到处喜气洋洋。视察完船只后,总督一行人应邀享用了一顿丰盛的自助午餐。盛宴结束,大家举杯用香槟祝酒,祝愿英国女王和葡萄牙女王健康长寿。接下来,大家乘坐复仇女神号绕着这个直径约6英里的海港游玩一圈。上至总督,下至普通老百姓,都为这艘大船惊叹不已。船上没有升起一片风帆,滚滚浓烟从高大的烟囱里冒出来,明轮击打起片片浪花。游玩过后,总督回程,欢送他的是21门礼炮。此时,太阳西斜,复仇女神号再次驶向大海。霍尔觉得,这是非常成功和开心的一天。

　　接下来的三天,船向东北方向缓慢驶去,逆着强劲的西南洋流前行。直到4日,复仇女神号才抵达科摩罗,此地离莫桑比克不到250英里。驶过树木繁茂的莫伊利岛东面,进入昂儒昂岛北部的大湾时,天色已晚。船上升起照明弹,宣告它的到来;岸上燃起篝火,引导船只抛锚停泊。霍尔知道,自己此番到访又是很匆忙,所以尽管天色已晚,他仍然立即与大副佩德上岸去拜访苏丹。苏丹的叔叔和首相接待了他们,带领他们到苏丹的宫殿。阿卢埃苏丹和地方要员在那里迎候他们。客人们都被这位年轻英俊的苏丹迷住了,他们发现他待人友好,且受过良好教育。苏丹及其大臣会说一口流利的英语,问起了维多利亚女王和阿尔伯特亲王的健康状况,还聊起了泰晤士河隧道[1]是否完工,这让客人们惊讶于他的博学。

第二天一大早,霍尔和许多船员上岸,享受由苏丹安排的旅程——围绕老城环游一圈,然后享用丰盛早餐。接着,苏丹带领霍尔一行人参加一个聚会,庆祝他一个外甥出生八天。每位军官都有一名女仆招待,她们的任务就是让他们尽兴,这让军官们高兴不已。

苏丹离开聚会后来到一个僻静的房间,打发人去邀请霍尔,他要同霍尔单独聊聊。在只有他们俩人的情况下,苏丹给霍尔讲述了一个忧伤的故事。由于反对奴隶贸易,苏丹的父亲在四年前被人谋杀。如今他自己也试图压制奴隶贸易,但是却遭到反叛者的威胁。尽管他已请求印度政府的援助,却没有人来增援。他问霍尔船长能否给他提供帮助。霍尔没有时间和权力帮助他,但他对这个年轻人的困境起了恻隐之心,同意给他提供一些火炮,并送给他一面英国国旗,好让他插在王宫上方,并给叛军首领写了一封信,告知后者苏丹如今受到英国保护。信件写完了,21门礼炮奏响,旗帜升起,苏丹受邀登上复仇女神号,环绕海湾观光了一圈。

5日,夜幕降临,复仇女神号再次起锚。此时,在开普敦装载的煤炭只剩25吨,仅能供两天的消耗,但他们还要跨海,因此风帆升起来了,复仇女神号转向北行驶。接下来的五天,复仇女神号一直在与速度为每天60英里的强劲西南洋流对抗,距昂儒昂岛仅100英里,

---

[1] 泰晤士河隧道是第一条在河下修建的隧道,于1825年开工,1828年至1836年暂停施工,直到1843年才完工。这条隧道由马克·布鲁内尔设计,由其子、大不列颠号的设计者伊桑巴德·金德姆·布鲁内尔督工修建。——原注

直到10日，科摩罗岛才消失在视野中。一周后，9月17日（星期四），复仇女神号在东经54°跨过了赤道，此时，伴着一股往东的洋流，它的航行速度加快了。接下来的两周，船上的人们再也看不见陆地，他们仅在21日那天才燃起了几个小时的蒸汽。9月的最后一天，他们在狂风暴雨中发现了马尔代夫群岛。于是，蒸汽再度燃起，复仇女神号通过群岛中心。第二天早上，10月1日（星期四），它在群岛最东边的岛屿之一停泊。岛上的居民显然被这艘奇怪的船吓坏了，尽管复仇女神号四周有一些小船聚集，然而无人敢登船。但是当蒸汽船上的一些军官上岸来活动腿脚时，村民们显得非常友好，他们邀请这些军官去家里做客，参观他们的小清真寺。复仇女神号只在此停留了几个小时，夜幕降临之前，它再次向东方驶去。10月5日下午，它驶入了加勒[1]港口，船上仅剩13吨煤炭。

早在英格兰的时候，霍尔就被告知要驾驶复仇女神号去往加勒，在那儿听候指示。霍尔历经千难万险成功抵达了加勒，比预定日期落后了不少时日。"船刚抛锚，印度政府就给船长送来一封急件。这封来自议会总督的信件要求霍尔对复仇女神号完成必要的修补，装载远航所需的煤炭和其他物资，加入停泊在珠江口的英军舰队，听从海军总司令的指挥。听到这个消息，全船上下一片欢呼……晋升之路在望，因为他们马上就要投入战斗，而且是与皇家海军的舰队一起。"[7]

霍尔随后立刻写信给皮科克先生："我可以很高兴地说，发动机的状态非常良好……船上一切情况都好，自离开英国后，无死伤，无事故。"[8] 霍尔到达的当天晚上，就乘坐马车赶往北面70英里外的科

---

1 斯里兰卡城市名。

伦坡。直到1844年，加勒才成为一个像样的食物和燃料补给站，而在这之前，所有的交接工作都在科伦坡进行，霍尔正是在那里会见总督麦肯齐。几天后，霍尔返回船上，他发现对船只进行的一切必要修补工作正在有条不紊地进行。当地人被雇用来帮忙。对于初次到达东方的船员来说，这些当地人模样奇怪：他们身形瘦小，没有胡须，留着长发，长发盘在脑后，用一把大大的龟壳梳装饰。据说，有天晚上，有一两个水手发现自己因此犯了令人尴尬的错误。花了整整八天时间，船只才修好，可以再次起航。甲板已经捻缝，各色修补已经完成，各样物资都已搬运至船上。此时，复仇女神号的目的地不再是谜团。14日，准备前往中国担任海军总司令军事秘书的基思·麦肯齐（系总督之子）也登上船。傍晚，船只起航，岸上一大群人目送它远去，几枚信号弹升空，欢庆这个时刻。

从加勒开始，复仇女神号一路向东，越过平静的海面，在十天内航行1 600英里，到达了槟城。这趟行程比预期的要慢，部分原因是煤炭质量差，火炉需要一天清理两次，而不是一天一次，还有部分原因是数量庞大的藤壶吸附在船体上。在槟城，复仇女神号上岸，被拖到坚固的沙滩上，船底被清除干净，并上了漆。27日，复仇女神号重新出发，向南驶过马六甲海峡。途中，它遇到了往北行驶的东印度公司的蒸汽船戴安娜号（*Diana*），这是复仇女神号离开英国以来碰到的首艘蒸汽船。10月30日（星期五），复仇女神号向东行驶，前往一个港口。那天下午，它停泊在这个港口的锚地。复仇女神号之后会对这个港口非常熟悉，这个港口就是新加坡。

第8章 东方的战舰

"本周,狮城的轰动新闻是一艘铁壳蒸汽船复仇女神号的到来,该船已于上周五下午停泊在我们的锚地。"《新加坡自由西报》的一位编辑这样写道,欢迎复仇女神号的到来。这位编辑是众多登船参观,并受到霍尔船长和船员接待的当地人士中的一位。尽管21年前斯坦福·莱佛士[1]登陆新加坡时,这里不过是一个小村落,但当霍尔来到的时候,新加坡已经发展成为一个生机勃勃的城市,约4万人在此定居,大部分是华人。[1] 欧洲人有四五百人,约半数已定居在此,其他人则随停泊在此的船只作短暂停留。在驳船码头,有六七家船具商在此聚集,船只所需的一切都能在这里找到。对于困在甲板上数月的军官来说,段汤关先生(Mr. Dutronquoy)的伦敦酒店为他们提供了宽敞舒适的房间和美味可口的饭菜:"猪排、咖喱鸡、烤鸭、火腿、奶酪和土豆,每份1美元;他们还提供上好的啤酒、马德拉白葡萄酒、红葡萄

---

1 新加坡海港城市的创建者,英国远东殖民帝国的奠基人之一,他把新加坡建设成为欧洲与亚洲之间的国际港口。

酒。"每当夜幕降临,在华人区的各条小巷,水手们希望得到的一切都能在这里买到。当然,并非所有人都迷恋这里。皇家响尾蛇号上的外科医生克里认为,"这里的人丑陋无比,有着扁平的黄色面孔、细小的眼睛和长长的辫子"[2]。这里还有烟雾缭绕的鸦片馆——"在这里,可以看到由这可耻的罪恶导致的受害者,他们由于吸食鸦片正在经历不同的阶段:一些人完全失去了意识,像野兽一样沉湎其中;还有一些人虽没有到意识不清的地步,但却日渐消瘦,沉浸在毒品中不能自拔。"[3]

霍尔原本希望早几个月抵达新加坡。然而眼下到了10月下旬,东北季风到来,复仇女神号在穿过南海时将要面临比预期更为艰险的情况。接下来的几天,整艘船经过了一番彻底检修,储备了充分的给养。[4] 船员也需要重新补充。由约翰·莱尔德支付工资至新加坡的3名船员被打发,4名船员逃跑,因此一批新人(印度人、中国人、菲律宾人)被雇用,他们主要是司炉,待遇和欧洲船员同等。从这个时候开始,复仇女神号上的司炉主要是亚洲人。船上装载了175吨煤炭——这是复仇女神号能承载的最大限量,足够15天的蒸汽航程。装煤需要20位苦力日夜劳作,他们夜班可以得1银圆(25便士),白班挣0.5银圆,比一等水兵赚得多。[5]

11月4日(星期三)夜晚,复仇女神号起锚,再次向东航行,前往婆罗洲[^1]。就在那一天,在婆罗洲这个大岛上一条浅而弯曲的河流上游,一位英国探险家和当地统治者发生了一场历史性的冲突。詹姆士·布鲁克——复仇女神号将要在他的生命中扮演一个重要的角

---

[^1]: 又叫加里曼丹岛,是世界第三大岛,整个岛屿分属马来西亚、文莱及印尼三国。

色——向沙捞越的拉者慕达哈心（Rajah Muda Hassim）下达了最后通牒：若没有更大的个人权力，他不能再继续帮助慕达哈心平息叛乱，他将离开，不再回来，除非慕达哈心交出该地区的统治权。

通过南海前往珠江的行程一路波澜不惊。由于季风的原因，复仇女神号走了一条东航线，沿着婆罗洲西北海岸前往菲律宾的吕宋岛。17日早晨，复仇女神号经过马尼拉湾，12天就航行了1 600英里。它继续向北航行，前往博利诺角，然后转向西北方向，前往中国海岸。11月24日（星期二），船上的人们第一次见到了香港南面的小岛。25日白天，复仇女神号穿过氹仔的锚地，停泊在澳门附近较浅的水湾。经过漫长而缓慢的旅程，穿越了20 600英里，整整航行了243天（其中海上181天）后，这艘船终于平安抵达中国水域。

复仇女神号刚一停好，一艘小船就飞速赶来，带来葡萄牙总督的口信，提醒他们此处浅滩危险。岸边来了一艘外国船只的消息很快就传开了，不一会儿，南湾码头就挤满了一大群看热闹的人。霍尔上岸向总督表示感谢。鸣响一发礼炮后，船继续前行，加入了停泊在大屿山北面、珠江河口的英国舰队。那里已经停了8艘船——3艘战列舰（全是三级舰）、1艘五级舰、1艘六级舰、2艘单桅帆船，以及运兵船响尾蛇号。[1]响尾蛇号是一艘改装过的六级舰，6月刚刚从英格兰抵达中国。它与复仇女神号一样，航行了许多天，但是仅有164天在海上航行。

---

[1] 1846年至1850年，在船长欧文·史丹利的率领下，响尾蛇号前往澳大利亚水域考察，博物学家托马斯·亨利·赫胥黎随船进行科考活动。赫胥黎后来是达尔文学说的积极拥护者（参考古德曼的著作[Goodman，2005]）。——原注

对于霍尔而言，抵达中国让他激动万分。他不仅平安引领复仇女神号抵达中国，完成了有史以来蒸汽船跨越的最长航程，而且这一次他是故地重游——19岁的他曾搭乘皇家赖拉号，陪同阿美士德勋爵访华，当时他仅是一名海军候补少尉。他下令朝海军上将乔治·懿律（George Elliot）所在的旗舰皇家威里士厘号（*Wellesley*，装炮74门）鸣响礼炮致敬。"威里士厘号很快就回敬礼炮，仿佛复仇女神号是一艘正规的战船，"这让霍尔十分欣喜，"它的铁甲摇摆，与它并排的，是著名的、代表帝国荣光的'木头城墙'。"[6]

当复仇女神号再次与皇家海军的其他战舰（全部都是木质帆船）停泊在一起时，其他船只会如何看待这艘闯入它们世界的铁皮蒸汽船呢？一直以来就有传言说，皇家海军迟迟不愿接受蒸汽船和铁船，但事实并非如此。[7]当时，在202艘海军舰艇中，已经有28艘是由蒸汽驱动的。英国海军部要对当时世界上最强大的海军负责，又有一方庞大的疆土要守护，在引进新兴事物时自然会持小心谨慎的态度。海军部当然会及时了解所有的新发明，但仅对那些已经证明具有实用性的新事物感兴趣。尽管如此，从拿破仑战争到克里米亚战争这40年间，皇家海军迎来了史上力度最大的革新。考虑到皇家海军的职责，很难想象蒸汽船和铁船会以如此快的速度被接受。

1822年，皇家海军的第一艘蒸汽船彗星号在德特福德的泰晤士河畔下水。[8]这艘船为238吨位，80马力，是泰晤士河上的一艘拖船。后来，国王乔治四世首次出访苏格兰时，彗星号因拖曳皇家游艇皇家乔治号（*Royal George*，330吨位）而出名。第二年，闪电号（*Lighting*，296吨位）下水，这也是一艘拖船，但主要在普利茅斯承担航运任务。1824年，闪电号成为皇家海军第一艘参战的蒸汽船，但它没有直接上战场，只是随炮击船[1]前往阿尔及尔[2]。到1831年，蒸汽船已经成为皇家海军的一部分——共有14艘蒸汽船承担托运和邮政服务。到1837年，海军已拥有27艘蒸汽船，也正是在这一年，皇家高贡号（1 109吨位）下水，这是海军第一艘超过1 000吨位的蒸汽船，也是第一艘拥有真正战斗力的船。次年9月，一级战舰、曾在1805年于特拉法尔加作战的皇家鲁莽号（Temeraire）被一艘蒸汽拖船拖至泰晤士河，在罗瑟希德被拆解。1839年，皇家艺术学院展出了约瑟夫·马洛德·威廉·透纳的画作，其中描绘了这一情形。今天看来，这幅作品可视作宣告了皇家海军帆船时代的结束。在此十年前，发生于1827年的纳瓦里诺海战可谓是纯帆船战舰对战的最大一场战役。十年后的1848年，皇家海军订购了最后一艘仅依靠风力驱动的新船。

那些在1839年11月参加过复仇女神号下水仪式的人们经过莱尔德的船坞时，一定注意到了一艘船，那就是皇家海军的第一艘铁壳船——邮船皇家多佛尔号，224吨位，110英尺长，吃水仅5英尺，明轮由90马力的发动机带动。此后不久，螺旋桨船很快也出现在历史舞台上。1843年6月，皇家海军购买了它的第一艘螺旋桨船——铁壳商船侏儒号（164吨位），这艘船一年前首次下水。10月下旬，木壳的螺旋桨蒸汽船皇家拉特勒号（Rattler，867吨位）离港进行它的首次螺旋桨实验。1845年4月3日，拉特勒号和姊妹船、明轮蒸汽船皇家阿勒克图号展开了一场著名的拔河比赛，前者赢得了比赛。当时的海军部已经注意到了使用螺旋桨驱动的战舰的潜力，这场比赛为海军部

---

1 装有一发（偶尔两发）迫击炮的船只，用于陆上轰炸。——原注
2 阿尔及利亚首都。

提供了关于螺旋桨的有用数据。到了1846年，英国海军已经拥有16艘铁船，另外9艘正在建造当中。在这25艘船中，7艘是由螺旋桨驱动的。同一年，木壳船皇家可怖号（Terrible）也受委托建造，这是为皇家海军建造的最大、最威猛的明轮战舰。可怖号为1 847吨位，这个庞然大物令人望而生畏，比当时的三级舰还要大，装有19门大炮。但是刚一下水，可怖号就显得过时了：它的运行和维修费用特别昂贵；而且海军需要的是能够全面向岸边开火的蒸汽船，这一点只有螺旋桨船才能做到。

尽管皇家海军在印度的防御事务上扮演了一个主要角色，印度政府其实有自己的海军，准确地说，是两支海军：孟买海军和加尔各答的孟加拉海军。自1830年以来，孟买海军被称作印度海军，处于海军法的指挥下，而复仇女神号所属的孟加拉海军是一支地方部队，不听从海军法的调令。[9] 自1827年以来，在这两支海军中，军官的职衔都得到皇家海军的认可，但是拥有相同职衔的皇家海军军官总是有优先权。此外，皇家海军船只可以领取赏金，而东印度公司的海军船只无法享受这项权利。由于孟加拉总督监管孟买和马德拉斯两个更小的属地，而孟买拥有更加优良的港口和更强大的海军，因此，不仅皇家海军和东印度公司海军之间有摩擦，加尔各答和孟买海军之间也存在摩擦，这就不足为奇了。

如果说皇家海军对待蒸汽船和铁船的态度是小心翼翼的，那么，扮演完全不同角色的东印度公司海军则欣然接受了这两样新鲜事物。让东印度公司印度职员最感兴趣的是，他们能和从孟买到新加坡的英属印度诸省，以及和远在英国的上司有便捷可靠的通信往来。早在19世纪初，印度总督威尔斯利勋爵（Lord Wellesley）就抱怨说，他"等上七个月，还收不到来自英国的一星半点消息"。[10]1 其次，东印度公司在军事上关注的重心主要在浅水域，使船只免受海盗侵袭，确保自身在沿海和沿河区域的控制权。蒸汽动力和铁质结构能极大地满足以上两点需求。

1840年11月，当复仇女神号加入停泊在香港的英军舰队时，印度的两支海军共有26艘蒸汽船，所有船只都装备武器。印度海军拥有35艘船，其中20艘是蒸汽船——12艘40吨位至432吨位、10马力至70马力的铁壳蒸汽船，8艘160吨位至867吨位、160马力至280马力的木质蒸汽船。在这12艘铁壳蒸汽船中，8艘蒸汽船组成了"印度舰队"（Indus Flotilla），4艘在底格里斯河和幼发拉底河进行勘测工作。孟加拉海军有6艘蒸汽船，全都是木壳船，包括最小的、当时驻守新加坡的戴安娜二号（133吨位，32马力），复仇女神号曾经遇到它，以及最新最大的皇后号（766吨位，220马力）。复仇女神号是孟加拉海军的第一艘铁壳船。[11]

1823年，就在彗星号下水一年后，蒸汽船抵达了东方水域。那一年的7月12日，靠近加尔各答的基德船坞，一艘133吨位的小型柚木明轮船沿着滑道2驶入胡格利河。这就是戴安娜一号，100英尺长，17英尺宽，132吨位，12英尺直径的轮子由来自英国的32马力引擎带动，速度最高可达每小时8海里。戴安娜一号被用作胡格利河上的拖

---

1 当时，在欧洲和亚洲之间主要用帆船来传递信息，但速度非常缓慢。荷兰东印度公司的一艘船需要8个月才能完成从荷兰到巴达维亚（印尼首都和最大城市雅加达的旧称——译注）单程长达1.5万英里的航程，需要7个半月才能完成返程1.34万英里的航程（参考雅各布斯的著作[Jacobs, 1991]）。——原注
2 修船厂和造船厂中连接船台和水域、供船舶上船台和下水用的斜坡道。

船，加入到一艘更小的船冥王号的工作行列。这艘小冥王号是一艘挖泥船，比戴安娜一号早一年下水，它并非由蒸汽驱动，但装了一个蒸汽驱动的铲斗链。1824年年初，第一次英缅战争爆发之际（见第28章），弗雷德里克·马里亚特船长（后来因小说《海军候补生伊齐先生》[Mr. Midshipman Easy] 出名）就建议孟加拉政府购买这两艘船。以8万卢比[1]购得的戴安娜号立刻被装上康格里夫火箭炮，并于1824年4月13日离开加尔各答，于5月抵达伊洛瓦底江。它成了第一艘用于战争的蒸汽船，比参与阿尔及尔战事的闪电号早几个月。1824年年底，小冥王号被改装成用蒸汽驱动的船只，其铲斗链被明轮取代。1825年1月，小冥王号加入了在孟买的戴安娜一号服役行列，成了漂移的炮台和运兵船。

1822年和1823年年底，数次会议分别在伦敦和加尔各答召开，讨论英国和印度之间开展蒸汽船航运的可能性。会议建议引进一艘蒸汽船提供邮政服务，经由开普敦或苏伊士航行，并提议印度政府和商人出资10万卢比（约1万英镑），促成第一艘蒸汽船于1826年年底前在英国和加尔各答之间来回航行两次，每次航行不超过70天。一群加尔各答商人接受了这项挑战，他们于1824年向位于泰晤士河畔德特福德的戈登公司订购了一艘合适的船。这艘船被命名为进取号，于1825年2月23日下水，是一艘464吨位的木质明轮蒸汽船，长142英尺，有可供20位乘客休息的舱室。整艘船共有3根桅杆，装有横帆，明轮直径为15英尺，由两个各60马力的引擎驱动。[12]

1825年8月16日，进取号在船长詹姆士·约翰斯顿的率领下，离

---

1 印度、巴基斯坦、斯里兰卡等国的货币单位。现100卢比约合9元人民币。

开法尔茅斯，前往印度。船上搭载了17名乘客、380吨煤炭和少量货物。这是第一艘踏上这段行程的蒸汽船。10月13日，进取号经过开普敦，12月7日，抵达加尔各答。这趟航程跨越1.4万多英里，耗时114天，其中103天在海上航行，64天使用蒸汽动力。在19世纪，从英国至孟买1.35万英里的航程中，帆船平均用时114天，最快的仅用90天，因此，从航速上来说，进取号并没有取得突破。尽管进取号航行缓慢，以致于不能获得政府的奖金，但它仍然很快被孟加拉政府出资买下。尽管该船造价为4.3万英镑，但船主只收了4万英镑。当时，在英缅战争中执行任务的戴安娜一号已经证明，蒸汽船能够在战争中起到非常重要的作用。1826年1月，进取号被派去与戴安娜一号并肩作战，但不是作为战舰，而是一艘往来于加尔各答和仰光之间运送急件的邮船。

然而，加尔各答并非商人们意图发展蒸汽航运的唯一东方港口。当进取号到达加尔各答的时候，差不多同一时期，1825年11月，明轮船范德卡佩伦号在爪哇泗水下水。这艘供英国商人使用的轮船建造于爪哇泗水的克尔船坞，却被巧妙地以爪哇总督范·德·卡佩伦的名字命名。1827年4月17日，范德卡佩伦号停泊在新加坡的锚地，这是第一艘到访这个当时仅有八年历史的聚居地的蒸汽船。两年以后，第二艘蒸汽船到访——从加尔各答前来的进取号搭载印度总督威廉·本廷克巡视槟城、马六甲和新加坡三处海峡殖民地。

1829年，在孟买建造的第一艘蒸汽船胡夏米号（*Hugh Lindsay*）下水，同年，火箭号在英国举行的雨山机车比赛中大获全胜（见第3章）。胡夏米号原本计划在孟买和苏伊士之间进行航运。自1830年后，该船每年在两地之间航行一次。不幸的是，该船的整体设计尚有许多待改进之处。尽管它无法在十天之内到达第一个港口亚丁港，但煤仓设计的容量比它实际需要的还大一倍，所以留给付费乘客的空间大大减小。即便这样，在6月至9月的季风期里，它也无法逆着季风航行。1830年还发生了一件事情，那就是中国海域出现了第一艘蒸汽船。蒸汽拖船福布斯号（Forbes）从加尔各答出发，经新加坡抵达澳门。第二年，萨拉·简号（Sarah Jane）从英国抵达悉尼，这是第一艘到访澳大利亚的蒸汽船。

1827年，本廷克勋爵被任命为印度总督。这是一位积极的改革家，他清楚地看到，在改善印度这个日益发展的东方帝国和母国之间的通信往来中，蒸汽动力拥有巨大的潜力。几年后，本廷克向英国国会进言："蒸汽航运是改善印度道德风气的伟大动力，正如英印两国之间的通信往来会变得更加便捷，欧洲文明之光也将照亮这片黑暗愚昧的地方。变革从蒸汽航运开始，此外别无他途。"[13]当然，并不仅仅是印度和其他国家的通信往来需要蒸汽动力，在印度国内，正如和美国这样的大国一样，恒河和印度河这些交通大动脉同样需要蒸汽航运。

1831年，本廷克总督派进取号船长约翰斯顿返回伦敦会见皮科克，此时的皮科克已是蒸汽航运方面学识渊博的专家。两人会面的结果是，在1832年至1835年间，建造了"皮科克铁鸡"——四艘用于河运的蒸汽船，275吨位，60马力，作为驳船在恒河上载客以及运送货物。[14]在本廷克的力促下，伦敦议会于1834年任命了一个委员会，调查"通过蒸汽航运促进与印度通信往来的方式"。委员会考虑了两条经过中东的路线：1835年至1837年，一支远征队在船长弗朗西斯·切斯尼的率领下，驾驶两艘在莱尔德造船厂建造的铁壳蒸汽船底格里斯号和幼发拉底号驶过幼发拉底河；[15]另外一条路线经过苏伊士运河和红海。

在英国和印度的交通往来中,1837年是具有里程碑意义的一年。定期的航运服务"陆上航线"(Overland Route)在这一年开通,邮件和乘客先坐蒸汽船到埃及的亚历山大港,然后再乘坐小舟和驼队去往苏伊士,在那里有蒸汽船带他们去往孟买。这种航运服务需要可靠的、在任何天气都可航行的蒸汽船,胡夏米号不能做到这点,因此孟买政府从英国订购了三艘新的木质明轮船:亚特兰大号(Atalanta)、赛米拉米斯号(Semiramis)和贝勒尼基号(Berenice)。

1836年12月29日,亚特兰大号离开英国,经由开普敦前往孟买,这趟航程花费106天,其中68天在海上航行,消耗煤炭989吨,每12英里耗费煤炭1吨多。而经由"陆上航线",时间会减半。1839年,亨利·吉法德(Henry Giffard)船长被任命负责位于新加坡的皇家巡洋舰号(Cruiser)。6月10日,他离开英国,一路乘坐蒸汽船和帆船,于7月2日抵达亚历山大港。然后,他乘坐行驶在运河上的马拉运河船、尼罗河上的帆船和马车穿越埃及大部分地区。7月7日,他在苏伊士搭乘亚特兰大号,于15日抵达亚丁港。27日,他继续乘坐一艘东印度公司的小帆船抵达孟买。这趟行程总共耗时47天。[16]

1841年12月,陆军少将萨尔顿(Lord Saltoun)及其副手亚瑟·坎宁安(Arthur Cunynghame)船长乘坐皇家贝莱斯尔号,经由开普敦,从英国前往中国。贝莱斯尔号是一艘由三级舰改装的运兵船,当时船上搭载了1 300人。当这艘船到达新加坡时,耗费了161天。1844年,萨尔顿一行人从印度返航时,取道"陆上航线"。3月15日,他们和130名乘客"踏上巨大的蒸汽船本廷克号",离开加尔各答,前往苏伊士。到达亚历山大港后,萨尔顿一行人和172名乘客搭乘蒸汽船大利物浦号(Great Liverpoor)前往英国,并于5月10日回到英国。此时,距他们离开加尔各答仅过去56天。坎宁安写道:"我们应该对蒸汽船充满感激！现在，从英属印度任何一个管辖区出发，只需两个月就可以回到家乡。尽管途中遇到了一些小麻烦，但这是多么巨大的变化啊！从这种令人惊奇的蒸汽动力中，我们享受到了多少便利啊！"[17]

第 9 章　帝国与瘾者

1839年至1842年第一次鸦片战争的缘起可以追溯为一种上瘾，不是中国人对鸦片上瘾，而是英国人对茶上瘾。[1] 早在公元前，中国人就有饮茶的习俗。17世纪早期，茶叶最早由葡萄牙人传至欧洲。[2] 到17世纪50年代，饮茶风俗在伦敦流传开来，而1662年查理二世迎娶嗜茶如命的葡萄牙公主凯瑟琳·布拉甘萨后，饮茶成了宫廷风尚。1721年，英国合法进口超过120万磅茶叶。而到了1770年，400万到500万磅茶叶走私至英国，这些茶叶全部来自中国。直到1858年，英国才从印度进口茶叶。18世纪80年代初期，随着茶叶税增长至112%，走私茶叶利润颇丰，但是到了1784年——这一年印度法案的出台使得东印度公司变成了一个类似政府部门的机构，茶叶税锐减至12.5%，茶叶走私几乎销声匿迹。到了1800年，东印度公司进口茶叶2 300万磅，全部来自中国这样一个对英国出口的商品不感兴趣的国家，这使得英国耗费了大量白银，因为白银是中国人唯一接受的支付货币。但是英国政府仍然对茶叶上瘾，就像饮茶者对茶上瘾一样，因为进口税利润巨大，占据了国家财政收入的十分之一。那么，英国政府能够做些什么呢？能不能找到一样令中国人上瘾的东西，就像英国人对茶叶上瘾那样,而且愿意用白银支付呢?

鸦片在中国的使用最早可以追溯到7世纪的唐朝,主要用于医疗,当时阿拉伯人从小亚细亚把鸦片传至中国。1517年,第一艘欧洲船(来自葡萄牙)抵达中国,随后,西班牙、荷兰、法国和英国的船只纷纷来到中国,这些船只开始从印度这个主要的鸦片产地带来鸦片。大约在1620年,西班牙人最先开始从美洲将烟草引入菲律宾,然后,烟草从菲律宾流入中国。不幸的是,一种将烟草与鸦片混合在一起的品位开始在中国流行开来,这种嗜好将鸦片从一种药物转变为令人上瘾的毒品。看到这种趋势,崇祯皇帝试图禁止烟草贸易,但不管是在当时还是在后来,禁止烟草进入中国的努力都收效甚微。一百多年来,中国的鸦片进口一直稳步增长,从1727年的约200箱(一箱为140磅),到1767年的1 000箱。1773年,东印度公司控制了孟加拉和比哈尔,继承了对鸦片的垄断,增强了对中国鸦片贸易的垄断地位。但是那一年,公司在鸦片上仅赚了3.9万英镑。

1796年,清廷认定销售和吸食鸦片均属非法,这使得孟买总督警诫所有开往中国的船只的船长:"你们必须尤为小心,不要允许鸦片经由你们自己、军官或其他任何人装载上船,因为中国严禁鸦片输入。倘若你们无视此条禁令,将会招致严重后果。"[3]然而,毫无疑问,这条禁烟诫令被置若罔闻,主要是港脚船违背了禁令。到了19世纪初期,从印度出口至中国的鸦片平均每年达到了约4 500箱。从广州至上海沿海一带,这种暴利但违法的贸易进展得非常顺利。这样的数量让鸦片价格变得昂贵,形成一种大致上的贸易平衡,不至于太和中国朝廷作对。但是随着时间推移,东印度公司对中国贸易的控制逐渐削弱。到1825年,英国从中国得到的进项达到500万英镑,但其中四分之三为私人收益,有275万英镑是鸦片销售所得,而中国出口至英国的贸易总额是450万英镑，只有一半是东印度公司的份额，且基本全是茶叶。

随着东印度公司的垄断权削弱，公司与英国之间的贸易差额也在减少。英国的蒸汽动力使得用机械纺织棉花变得相对廉价，棉纺织品在印度觅到了一个巨大且有利可图的市场。印度显然需要增加外贸出口，还有什么比允许（或者说不阻止）鸦片流入中国更加有利可图的事情呢？

1833年，积极革新的英国议会取消了东印度公司对中国的贸易垄断权，这一举措无意间促进了鸦片流向中国。向所有人开放的贸易模式带来的结果是，在不到一年的时间里，从中国进口的茶叶增长至3 000万磅，出口至中国的鸦片从1827年至1828年间的11 100箱增长到1838年至1839年间的40 200箱。[4] 当时，从鸦片中获得的利润占东印度公司收入的七分之一，茶叶的利润占英国预算的十分之一。如果说英国人痛斥、反对鸦片贸易，也只是因为这种贸易带来滚滚利润，而政府并不反对。

鸦片也出口到了英国。1840年，196 200磅鸦片（约1 400箱）流入英国。[5] 在这个国家，鸦片完全合法，且得到广泛、公开的使用。确实，在19世纪30年代的欧洲，若没有鸦片，医生将完全无法行医。具有特别价值的是鸦片酊，这是一种从鸦片当中提炼出来、可溶解于酒精的酊剂，被广泛用作止痛药、镇静剂。当时的人们普遍认为鸦片酊和酒精一样，没有毒副作用。鸦片酊被用于让婴孩安静下来，比如"贝利妈妈的抚慰糖浆"（Mother Bailey's Quietening Syrup）。正如《新加坡自由西报》在1839年5月所报道的："尽管对鸦片有反对之声，但现在可以很肯定的一点是，若服用少量剂量，不但对人体无害，而且在某些情况下极为有益。"（有意思的是，同一期报纸上也报道了达盖尔先生发现的银版照相法,称此为"绝妙的化学与光学发现"。)[1]对鸦片酊来说,这番话没错,但显然不适用于在中国吸食的鸦片。鸦片最初在中国的统治阶层和军队中流行,但随着供应增多、价格下降,鸦片逐渐从沿海传到内地,传到穷苦大众中间,带来极其糟糕的恶果。据估计,到1840年,4亿中国人有十分之一吸食鸦片。有些学者甚至认为人数占比高达十分之三。

自1703年以来,外国商人与中国的合法贸易只能通过广州这个口岸进行,而且只能通过公行[2]进行,当时公行获得了与外商进行贸易的垄断权。1833年的法案使得英国在广州设立了驻华商务总监(Chief Superintendent of Trade)一职,并委任律劳卑勋爵(William Napier)为驻华商务总监。1834年7月,律劳卑抵达中国,向两广总督卢坤发出公函,不料立即遭到卢坤拒绝。几年前,1828年,两位在广州从事贸易的苏格兰人威廉·渣甸(William Jardine)和詹姆士·马地臣(James Matheson)成立了怡和洋行。他俩都极力提倡自由贸易,并准确地预见到东印度公司的垄断权迟早要结束。怡和洋行很快在与中国的贸易往来中崭露头角。[6]当卢坤断然拒绝律劳卑的公函时,渣甸非常高兴。与许多英国、法国和美国商人一样,渣甸希望通过武力迫使中国人实施自由贸易。他的合伙人将中国人描述为集"愚笨、贪婪、自负和顽固"[7]于一身的民族。而律劳卑也正打算这样做。1834年9月,

---

1 达盖尔银版照相法于1839年8月在法国被公诸世人,这是世界上首个切实可行的、可用于商业推广的照相法。尽管该照相法19世纪40年代开始在东方推广,遗憾的是,复仇女神号及其任何一艘姊妹船都未有照片流传于世。——原注
2 Co-hong,亦称"洋行会馆",1760年广州十三行商人在地方官府的指示下成立的贸易垄断机构。

律劳卑命令两艘护卫舰和一艘巡逻艇开赴广州。在珠江口的虎门，三艘英舰遭到中方炮台轰击。但是清军的60门大炮全都固定在砖砌底座上，在英军的坚船利炮面前显得苍白无力，很快就被英军大炮打哑了。英舰长驱直入，停泊在广州城南的黄埔。

在这场较早的军事交锋中，不同文化之间的冲突表现得淋漓尽致，最终导致了第一次鸦片战争爆发：交战双方互相鄙视，英方咄咄逼人，气焰嚣张，强行将自己的意志凌驾于中方之上，而中方对自身的弱势和对手的能力一无所知。1793年，马戛尔尼勋爵率领首个英国外交访华使团出使清廷，他试图改善两国之间的贸易条款，却惨遭失败。马戛尔尼离开中国之际，乾隆皇帝致信英国国王乔治三世，语气傲慢生硬，称："天朝自有天朝礼法，与尔国不相同。尔国所留之人，即能习学，尔国自有风俗制度，亦断不能效法中国，即学会亦属无用。……其实天朝德威远被，万国来王，种种贵重之物，梯航毕集，无所不有。尔之正使等所亲见，然从不贵奇巧，并无更需尔国制办物件。"[8]

乾隆末期，清朝正处于专制集权的顶峰，四十年后，内部冲突使得这个国家更加故步自封。而大英帝国及其军队经过工业革命的洗礼，变得日益强大和自信。[9]

来华不到三个月，律劳卑便染上疟疾，于1834年10月客死他乡。他的职位很快被德庇时（John Francis Davis）[1]爵士和罗治臣（George Robinson）爵士接替。但俩人都和律劳卑一样无能，面对中国人的仇外情绪和英商的咄咄逼人，没有能力去应对任何一方。1836年年末，

1　又译爹核士、大卫斯、德俾士等，英国汉学家，曾任第二任香港总督。

查理·义律（Charles Elliot）上校被巴麦尊勋爵任命为第四任驻华商务总监。巴麦尊勋爵于1835年至1841年间担任辉格党政府的外交大臣，在处理中国事务方面扮演了关键角色。

查理·义律是英国统治者在东方的典型代表。[10] 他是苏格兰人，背景强大：父亲休·义律爵士于1814年至1820年任英属印度三个管辖区之一的马德拉斯总督；伯父是第一代明托伯爵，于1807年至1813年担任印度总督；一位堂兄是第二代明托伯爵，时任英国海军大臣；另一位堂兄奥克兰勋爵（Lord Auckland）是前任海军大臣，时任印度总督。义律自1815年入职海军以来，在印度洋和加勒比海等多地服役，21岁任上尉，24岁被任命首次远征。27岁晋升为上校舰长后，他从海军退役，在殖民部和外事部工作。1830年，他被任命为英属圭亚那奴隶保护官，回到英国后，参与制定了1833年的废奴法案。1833年12月，他在广州被任命为律劳卑的贸易专员秘书，三年后，升任驻华商务总监。他是辉格党要员，同时又是中国通，见识广博，思路清晰，自信满满，不喜血腥，厌恶商人的贪婪。他认为，鸦片贸易是"任何一位人道主义者都要唾弃的事情"[11]，他强烈倾向一个折中的方案，这样无论是英国还是中国都可以从中受益。

义律任职驻华商务总监后不久，道光皇帝对鸦片带来的破坏愈发焦虑。他再次颁布禁烟令，禁止鸦片流入和使用，但是西方商人对禁令熟视无睹，鸦片进口有增无减。皇帝看到他的权威竟在本国遭到藐视，决定强制执行禁令。1838年12月31日，他委任林则徐为钦差大臣，前往广州查禁鸦片。林则徐精明能干，深谋远虑，饱读诗书，善于外交，思想相对开明，却对西方世界知之甚少。林则徐时年53岁，曾任湖广总督这一要职。他是一位清官，在禁烟方面也是一位强有力的执行者。如今，他下定决心要让英商遵守茶叶、丝绸和大黄的合法贸易，他认为中药材大黄对治疗夷人的便秘问题至关重要。[12]1

林则徐从北京出发，舟车南下，于1839年3月10日（星期日）抵达广州。这趟行程耗时60天，奔波1 200英里。[2] 到达广州后，他立刻下令收缴3 000箱鸦片。林则徐或许是执行了《孙子兵法》中的战略："敢问：敌众整而将来，待之若何？曰：先夺其所爱，则听矣。"[13] 又或许，他得悉当时在中国水域只有一艘英国战舰——装炮仅18门的单桅纵帆船皇家拉恩号（*Larne*），这个消息促使他行动。18日，他坐堂传讯了12名行商，命令他们缴出所有鸦片。这道命令显然超出了行商的能力范围，却督促他们将钦差大臣的意图明白无误地转告英国商会。因此，当义律24日从澳门抵达广州、会见英美印商人和行商时，他对林则徐禁烟的决心毫不怀疑。他要求商人们撤往澳门，但林则徐禁止他这样做。毫无疑问，林则徐意识到，鸦片贸易将会在澳门愈演愈烈。26日，林则徐下令查封商馆。第二天，义律劝告商人将鸦片上缴。没有任何权力的义律向商人承诺，他们的全部损失都会得到补偿，于是外商上缴了20 283箱鸦片，总价值超过200万英镑。林则徐下令将鸦片运至广州城南35英里外的穿鼻岛，在那里将鸦片全数销毁。尽管外商认为销毁的数额巨大，但他们却不太着急，因为此前鸦片供过于求，他们认为现在鸦片价格将会上涨。直到5月5日，林则徐才下令停止围攻商馆，并在当月24日将所有外国人驱逐出广州。

---

1 茶叶、丝绸、瓷器和大黄是丝绸之路上的四大大宗货物。鸦片战争前夕，道光君臣提出，用中国的茶叶、大黄抵制鸦片的东进和列强的入侵。随着对西方的不断了解，林则徐逐渐放弃了茶叶、大黄制夷论。
2 对于林大人而言，每天行走20英里，这样的速度很快。当时，传递一般的消息，驿马每天行进不到25英里。而传递往来于宫廷的急件，驿马的速度可以快9倍，达到平均每小时10英里。——原注

当围攻商馆的消息经过大肆渲染后传至伦敦,英国举国愕然,英国人对残忍的中国人向可怜的英国商人施加的暴行感到极度愤慨。

5月底,义律抵达澳门,通过拉恩号报信至印度,并通过一艘商船经由"陆上航线"送信至伦敦,要求从印度派遣战舰和部队开赴中国。继续在澳门从事鸦片贸易的商人也立刻联系英政府,请求军事援助。他们视巴麦尊为自己人,认为他会在对华外交上施行激进政策。同年12月,在伦敦的渣甸写信给在香港的合伙人马地臣,信中提到他给巴麦尊的建议:"我的建议是,派遣一支海军围堵中国沿海,北起长城,南至广东沿海一带,也就是北纬40°到北纬20°之间。海军部队应包括两艘战列舰、两艘护卫舰、两艘可在河道航行的平底蒸汽船……六七千兵力。"[14] 林则徐的禁烟运动仅仅使得鸦片贸易沉寂了一段时间,这可以从东印度公司的记录当中估算出来:1832年至1833年,公司利润为309 000英镑,但是1838年至1839年跌落至53 000英镑,到了1840年又回升至235 000英镑。

自5月30日拉恩号离开后,就没有皇家海军战舰停泊在中国水域,因此,一周后,当装有武器弹药的商船剑桥号(*Cambridge*,1 080吨位)到来时,英商欢欣鼓舞。剑桥号为船长约瑟夫·道格拉斯所有,2月从孟买出发,目的地是离广州城13英里的黄埔港,船上装有鸦片、棉花和其他货物。听闻英商在广州的遭遇,道格拉斯在新加坡将鸦片销售一空,将剑桥号改装成一艘备用的战舰。在原有6门18磅白炮的基础上,他又增添了30门大炮。义律立即表示,他愿意出资1.4万英镑,租用该船8个月,并任命道格拉斯为一支不存在的舰队的准将。

1839年7月7日,在香港岛对面的九龙半岛,一群醉酒的英国水手和美国水手发生斗殴,打死了渔民林维喜。钦差大臣林则徐立刻要求英方交出凶手严加查办,但义律拒绝交出凶手,推说自己并不知晓究竟是谁打了致命的一拳。实际上，5名英国水手在义律处受审，其中2名被判过失杀人罪，被送回英国本土监禁，但后来很快被英国政府释放。为了给英方施压，8月17日，林则徐下令停掉对澳门的食物供给，迫使英商不得不搬至停泊在九龙附近的船只上，他们在那儿比较容易得到当地村民的供给。

在如此艰难的处境下，8月30日皇家窝拉疑号（Volage，装炮28门）的到来让英商欣喜不已。这一年的1月19日，亚丁[1]被纳入大英帝国版图。英国在亚丁设立海船加煤站，这对确保"陆上航线"的畅通极为重要。[15] 窝拉疑号到达几天后，9月4日，义律率路易莎号（Louisa）、一艘被雇用的贩卖鸦片的双桅帆船，以及窝拉疑号和剑桥号上的小船，攻击3艘正在骚扰商船舰队及其供货商的清军平底帆船。英方最终将中方船只驱逐，4名英军士兵受伤。这就是九龙海战，它标志着鸦片战争的开始。

9月26日，皇家海阿新号（Hyacinth，装炮18门）加入了窝拉疑号的战队。11月上旬，这两艘战舰（义律乘坐窝拉疑号）开往虎门。广东水师提督关天培在虎门集结了15艘战舰和14艘火船。一番不温不火的谈判后，11月3日晌午，英军开火，不到半个小时，击沉清军4艘平底帆船，损毁多艘舰艇，义律这才下令停火。此次穿鼻之战中，英方出动的一艘六级舰和一艘单桅帆船击退了中方所能集结的最好的舰队，给了中方响亮的一击。然而，传到京城的消息却不言战败，因为加官进爵和封赏都需要打胜仗，无人愿意传递战败的消息。因此，

---

1 也门城市，位于阿拉伯半岛的西南端，扼守红海通向印度洋的门户，素有亚非欧海上交通要冲之称，是世界著名的港口。

当林则徐请求道光皇帝派兵增援广州时，皇帝不以为然，在奏折上批道："一派胡言！"

1840年1月，钦差大臣林则徐致信维多利亚女王，在信中直截了当地表明自己的观点："洪惟我大皇帝抚绥中外，一视同仁，利则与天下公之，害则为天下去之，盖以天地之心为心也……惟是通商已久，众夷良莠不齐，遂有夹带鸦片，诱惑华民，以致毒流各省者。似此但知利己，不顾害人，乃天理所不容，人情所共愤……贵国王诚能于此等处拔尽根株，尽锄其地，改种五谷，有敢再图种造鸦片者，重治其罪。"他如是总结说："接到此文之后，即将杜绝鸦片缘由速行移复，切勿诿延。"[16] 可悲的是，尽管这封信离开了广州，却从来没有到达年轻的女王手中。如果收到，她会如何回复这封信呢，这是一件有意思的事情。

第10章　非正义之战

> 这场战争从本质上来说就是非正义的，将使这个国家蒙受永久的耻辱。这样的战争，我闻所未闻。
>
> ——1840年4月8日，国会议员威廉·格莱斯顿在国会辩论时的发言[1]

要对几个世纪前古人的做法和态度进行道德上的评判，困难重重。今天，中国通行的历史书上如此写道：鸦片战争是英国为了强制推行非法的鸦片贸易而引起的，不择手段的商人得到了一个不道德的政府的支持。[2] 然而，这番论断低估了英国人当时对自由贸易奉行的近乎狂热的信念。英国政府居然采用武力来支持商业，中国官员对此感到不可思议，因为在他们眼中，商业是低贱的商人从事的活动。而在英国人眼中，支持商业是一个好政府的天职所在。然而，贸易的自由不是绝对的。在那个年代，皇家海军最重要的一项任务就是镇压奴隶贸易。但是，毫无疑问，英国人对于自由贸易——愤世嫉俗者也许会说，这种贸易总是迎合最有权势的阶层——的信念让许多善良的英国民众一方面支持战争，一方面又谴责鸦片贸易。

当然，对鸦片贸易的担忧以及对随之而来的中英两国关系冲突的担忧并不局限于中国。1840年2月13日，一场会议在伦敦召开。"许多慈善人士把目光投向了英属印度和中国之间的鸦片走私贸易。他们成立了一个协会，希望打压这种非法贸易。他们深信，鸦片走私有损英国的声誉,损害了商业利益,侮辱了基督信仰,使得中国人养成恶习,遭受痛苦。"[3]印度报纸《印度之友报》(the Friend of India)发声道:"当我们要求获得被中国政府没收的两万箱鸦片的赔偿时,我们已经给我们国家的声誉涂上了一个难以除去的污点……在欧洲,我们宣扬自由、正义和公平。在亚洲,我们却是世界上最大的走私犯罪体系的主犯。"[4]

1840年3月25日,就在复仇女神号离开朴次茅斯的三天前,《联合服务期刊》(United Services Journal)刊登了一篇题为《与中国交战》的文章,作者署名为"观察者"。文中写道:"……我还是难以相信战争会打响,因为宣战会引爆国人关于勇敢、关于正义、关于信仰的火花,从而招致反对。因此,这绝不仅仅只是一场鸦片战争……在目前的情况下,俄国和法国的海军侮辱英国国旗,却能免受惩罚;而可怜的中国人驾驶涂着油漆、不堪一击的小船来保家卫国,却要遭受要么被毒害要么被大肆屠杀的命运。"[5]

对于英国政府而言,这不是一场关于鸦片的战争。如果说保卫自由贸易是主因,那么,中国人在广州对英国国旗的"侮辱"以及对英国男人、妇女和孩子的限制才是压死骆驼的最后一根稻草。[6]1839年9月,当复仇女神号还在伯肯黑德建造之时,窝拉疑号和海阿新号已经抵达中国水域。此时,英国方面决定向中国派遣军队。10月18日,巴麦尊写信给义律交代此事。24日,运兵船响尾蛇号离开英国前往东方。[7]1840年2月14日,巴麦尊再次写信给义律,承诺派遣陆军和海军。20日,巴麦尊致信印度总督奥克兰勋爵,指示他派遣一支合适的部队前往中国,占领舟山,打开中国北方港口自由贸易的大门,获得一笔赔款以弥补英商和公行的损失及远征的消耗。[8]但是,过了七周,此事才在英国国会被提及。4月8日,复仇女神号离开马德拉的那天，30岁的威廉·格莱斯顿在下议院挺身而出，向政府提出质疑："他们（中国政府）警告你们放弃走私贸易。当他们发现你们并未遵照执行时，有权将你们从他们的海岸驱逐，因为你们顽固坚持可耻而残暴的走私贸易……在我看来，正义属于他们，属于那帮异教徒，那群半开化的'野蛮人'，而我们，开明而有教养的基督徒，却正在追求与正义和信仰相背离的目标……这场战争从本质上来说就是非正义的，将使这个国家蒙受永久的耻辱。这样的战争，我闻所未闻。如今，在神圣上帝的庇佑下，我们的国旗已经成为一面海盗旗，来保护可耻的鸦片贸易。"[9] 然而，在为国会的这场辩论进行准备时，格莱斯顿自己就吸食鸦片酊。[10]

4月至6月间，一支战无不胜的舰队"中国远征队"在前往中国的途中抵达新加坡。这支舰队包括皇家海军的战舰、运兵船和东印度公司海军的木质蒸汽船。[11] 在这四艘蒸汽船中，马达加斯加号（Madagascar）于5月10日（星期六）最先抵达新加坡，搭载了4月18日从加尔各答登船的皇家海军准将戈登·伯麦爵士（Sir Gordon Bremer，1785—1850）。接下来，亚特兰大号于5月14日从孟买赶来，皇后号和进取号（不同于此前那艘）分别在5月23日和6月11日从加尔各答赶来。[12] 南方的季风即将到来，这正是北上的好时节。新加坡港口停泊着二三十艘平底帆船，正等待着季风来临，把它们送回暹罗（泰国）和交趾支那（越南）。

伯麦早在两年前就离开了英国。1838年2月，时任皇家鳄鱼号（Alligator，装炮28门）船长的伯麦与皇家布里托马特号（Britomart，装炮10门）船长欧文·史丹利一起前往澳大利亚，准备去建立一处殖民地，作为往来于托雷斯海峡船只的补给站。[13] 那年10月，他们驶入了一处萧瑟、开阔的海湾——埃辛顿港，这个港口位于澳大利亚的最北端，即今天达尔文市的东北角。一小队驻军上岸，搭建了许多木房。但是事实证明，在这儿登陆从一开始就是个灾难：港口太浅太外露，当地居民极不友善，环境极为恶劣，且白蚁横行。1849年9月，由亨利·凯珀尔任船长的皇家迈安德号（Maeander，装炮46门）从新加坡出发前往英国，取道澳大利亚和合恩角，这次绕行让他们耽误到1851年7月才回到英国。迈安德号的首要任务就是转移埃辛顿港的驻军。正如托马斯·亨利·赫胥黎所言："这是大英帝国领地当中最无用、最糟糕、管理最差劲的一个地方。"[14] 12月1日，迈安德号搭载余下的驻军，驶往悉尼，它身后留下了野牛、成为废墟的房屋和无数的坟墓，这些都记录了过去11年人们在此的艰辛奋斗。如果说像新加坡这样成功的殖民地只有极少数，那么像埃辛顿港这样糟糕的殖民地也只是极少数。

1840年6月，搭载伯麦准将的马达加斯加号成了最先抵达中国的船只之一。16日，它驶入珠江，在那些观看它到来的中国人中引起了不小的轰动。让林则徐印象深刻的是："滚轮式船能够通过火力带动轮轴转动，而且运行速度飞快。"[15] 伯麦在威里士厘号升起代表他身份的大三角旗，并立刻在船上与义律举行会谈。6月21日，舰队的主力到达。看到这支蔚为壮观的舰队，中国人自然以为它们要攻打广州。24日和25日，舰队再次出海，向东驶去，只留下皇家都鲁壹号（Druid，装炮36门[1]）、窝拉疑号、海阿新号和拉恩号封锁广州，这让中国人长舒了一口气。

到了月底，舰队驶入了长江入海口南岸的舟山岛。中国人高兴地

---

[1] 此处疑原文有误，应为46门。

欢迎第一批到达的船只，以为它们是被广州驱逐的商船。一些中国商人被邀请登上响尾蛇号，他们送给英军茶叶做礼物，对方也拿出朗姆酒和鼻烟来招待，大家都很快活。[16]然而，中国商人误读了形势。7月5日，英军舰队炮轰县城，9分钟之内就将县城大部分地区夷为平地。很快，县城就被占领，洗劫一空。英军发现了一处巨大的、建造完好的坟墓群，出于某种敏感，他们随意将一些棺材抛入大海，纵火烧毁了余下的棺材。[17]因此，那年10月，当那些翻阅《广州周报》（Canton Press）的读者读到以下这段话时，不会觉得惊讶："我们的读者知道，占领舟山后，许多有进取心的商人带着英国生产的货物前往这处港口，希望打开市场。然而，我们很遗憾地说，此项举措极不成功。船只和货物都无功而返。"[18]

8月，伯兰汉号（Blenheim）和麦尔威厘号（Melville）这两艘74门炮战船加入了舟山群岛附近的英军舰队。自窝拉疑号抵达澳门一年后，在中国水域的英国战舰已经增至48艘。其中28艘是运兵船，搭载了来自印度的4 000多名士兵，乔治·伯勒尔任临时指挥。他们是来自孟加拉和马德拉斯的印度兵：马德拉斯坑道地雷工兵团，以及三支最能代表大英帝国战斗力的军团——皇家爱尔兰兵团、喀麦隆步兵团和赫特福德军团。当时，在印度及其属地，有大约20万印度兵和3万英国士兵。英军的步兵团不少于29个，其人数几乎占整个英军步兵的四分之一。[19]在印度，军队因伕役、家眷和非战斗人员的加入而膨胀。在孟加拉军队中，印度兵主要由高种姓印度人组成，每位战斗人员需要5名随营人员；而在低种姓的孟买军队中，每位战斗人员需要3名随营人员。但有多少随营人员远赴中国，我们不得而知。

在中国水域的20艘战舰中，有3艘战列线战斗舰，都是三级舰，5艘五级和六级标准以下的战斗舰，8艘未标等级的战舰，还有4艘属于东印度公司的载有武器的木质蒸汽船。皇家海军的船只装备有538门大炮。两年之后，到战事结束之时，在中国的英军舰队船只数目增长了不止一倍：皇家海军有36艘船，其中2艘是木质蒸汽船；东印度公司有12艘蒸汽船，其中5艘是铁壳船。

要与这支庞大的英国舰队相抗争——事实上这仅仅是皇家海军的十分之一——当时却并没有一支可被称为"中国海军"的舰队。整个清代，中国人几乎没有关注过海军事务。清朝统治者是通过北边和西边打入中原的，他们认为威胁都会来自那里。尽管马嘎尔尼和阿美士德分别于1793年和1817年访华，清政府并没有从他们口中了解大英帝国的海军实力。清政府将沿海事务的管辖权交给地方军，这些地方军由地方官组建、听从地方官指挥，人员没有受过战事方面的训练。在此前一年的11月发生的穿鼻之战中，清廷调集来的一支最大的海军部队就被英军两艘非常普通的战舰彻底打败。

中国的战船与皇家海军的战船截然不同。中国战船体形庞大，有的超过1 000吨位，但是船只的结构和武器装备非常不同。这些战船由货船改造，适于航海，容易操纵，但并未经过彻底改装，仍然包括巨大的储物空间，船头是船员小小的寝室，船尾是船长的舱室。船尾有英军74门炮战船（即至少安装74门火炮的战列舰）的船尾那么高，桅杆也很大，周长11英尺。

最重要的是，在武器装备方面，中方最大的战船的火力都能被英军一艘六级舰轻而易举地超越，甚至被复仇女神号超越，更不用说威里士厘号那样巨大的漂移碉堡了。中方战船通常仅装备有4门到14门固定的劣质大炮，火药通过大大的红色炮弹管——发射精准的英国大炮的绝佳目标——运送到甲板上。而且，上至船长下至船员（通常为80人到100人）都是平民，而非军人，有时船上还有他们的家眷。

真正打仗的水勇没有经过海事方面的专门训练，[1]武器是长矛、剑、火绳，有时还有大型抬枪，类似于鸭枪。船首两侧画上了大眼睛，桅杆上飘扬着旗帜和彩带，船员的盾牌是用藤条编织起来的，直径为3英尺，被涂成鲜艳的绿色或黄色，挂在船舷上。对于受过专业训练的英国水兵而言，这种五颜六色的场景一点也不吓人。

麦尔威厘号从英国带来了新的海军指挥官乔治·懿律少将，他是查理·义律的堂兄，与查理·义律一道被任命为英国驻华全权代表。乔治·懿律带来了巴麦尊伯爵写给清廷的一封书信。由于该信不是一封禀帖[2]，因此，不论是在厦门还是宁波，乔治·懿律都无法将该信送至北京，这并不令人意外。由于麦尔威厘号在进入舟山港时严重受损，因此义律两兄弟换到了威里士厘号上。他们继续北上，准备前往北京。与威里士厘号同行的还有另外3艘战舰、3艘运兵船和蒸汽船马达加斯加号[3]。8月5日，义律一行到达白河口。经过一番周折，琦善最终从一位中间人手中收到此信。20日，这封信被呈给道光皇帝。英军殷切地盼望，却迟迟没有等来回复。中方慷慨地给这些焦躁不安的访客提供"阉牛、绵羊、家禽，对于此种情况下的人来说，这些东西价值不小"[20]。由于现有的兵力使得义律一行不可能再提出进一步的要求，9月15日，他们返回舟山。但是，他们的努力实际上取得了一些效果。皇帝因为英军逼近京城而龙颜大怒，罢免了林钦差，琦善取

---

1 这种情况在英国海军中也非常普遍，一直延续到17世纪。维多利亚时期的皇家海军知道这种情况源自1660年，在查理二世复辟时期。——原注
2 当时欧美人士必须按照禀的格式写成文书，经行商送交官宪。
3 尽管只有350吨位，但由于是木质结构，马达加斯加号的吃水线有11.5英尺，而660吨位的复仇女神号的吃水线为6英尺。——原注

代了他的位置。

在舟山，热病和痢疾使英军陷入混乱——在中国水域，这对英军而言见怪不怪了。又一个月的毫无战功，英军舰队返回澳门，并于11月20日抵达，6艘帆船和亚特兰大号则留守北方。从7月13日到年末，远征队中共有448名英军士兵病故。到12月，在930名官兵北上的喀麦隆步兵团中，因病死亡240人，仅有110人能够作战。[21] 5 329人入住英军在舟山的战地医院，其中有1 600名中国人，显然，这些中国人不仅仅是因为遭受轰炸和掠夺而入院。[1]

如果说北征失败令英军多少感到有些尴尬，那么商人们看待此次远征的态度则心平气和。1840年年末，马地臣写道："由于他们（义律和懿律）除了在中国销售鸦片，没有其他筹钱途径来弥补战争开销，我们认为他们将无法容忍这个结果。"[22]

---

1 当时英国本土人口为1 800万，而医院床位不到7 500张（参考普尔的著作[Pool, 1993]）。——原注

第11章　无敌战船

1840年11月25日（星期三），复仇女神号抵达澳门这一天，恰是中英双方领导层变更之时。四天后，新任钦差大臣琦善从北京赶赴广州。英方得知，海军总司令乔治·懿律染病在身，正准备搭乘窝拉疑号返回英国。因此，仅仅四个月以后，海军总司令的大权又重回伯麦准将手中，查理·义律成为唯一的全权驻华代表。

到12月初，英军大部分舰艇已经从北方返回，聚集在虎门。义律在威里士厘号上与清廷新任钦差大臣首次会面。义律非常清楚巴麦尊想要什么：在五个口岸（广州、厦门、福州、宁波和上海）享有自由贸易权，获得一笔赔款，以支付战争的全部花销并补偿被林则徐销毁的鸦片的损失。义律同时也很明白，他当然不可能达成全部的愿望。由于整个12月期间双方的谈判拖拖拉拉，义律多次搭乘复仇女神号往返英舰和澳门的家之间，借此机会评估这艘新船的航行速度和可靠性。

尽管义律是一个信守承诺的人，但是霍尔船长明显感觉到，战事很快将再次打响。因此，他即刻着手修理船只以便应战。[1]最紧要的是，船体在非洲附近海域遭受严重损毁，必须妥善修理。他安排人在明轮罩之间修建一架更宽的舰桥（大约15英尺宽）。在舰桥上架设一门6磅对测试火程有用的黄铜旋转炮、一根火箭发射管和康格里夫火箭炮，这些在热天全都用遮阳棚覆盖。除了船首和船尾安装的两门32磅的大炮，复仇女神号上目前已有四门6磅黄铜炮和一门8英寸榴弹炮。由于船员从60人增至90人，复仇女神号需要更多的小船，此刻它装载了2艘独桅纵帆船、4艘小船以及1艘"大的中国船"。由于霍尔希望在部队登陆的时候，可以利用船只吃水浅的优势直接上岸，他便命人做好一个预制舷梯搭放在船首。最后，参照当时中国战船的做法，他让人在船首两侧画上两只巨大的眼睛。霍尔船长这一做法并不表明他知晓自己战船的其他一些特质来自即将与之交战一国的文化，对于复仇女神号而言，这些特质并非装饰，它们至关重要：中国人发明的船只最先使用明轮、防水密闭舱、可滑动的龙骨和船尾柱舵轮，中国人最先使用煤炭作为燃料，中国人最早发明火药和指南针。

1841年1月初，义律命令伯麦做好袭击虎门炮台的准备。1月7日（星期四）早上8点，复仇女神号与其他运兵船一道，搭载了马德拉斯土著步兵第37团（该步兵团共600名士兵）约500名印度兵，其余人登上了蒸汽船进取号和马达加斯加号。[2] 当英舰靠近珠江入海口时，船上的人们看到了两处海角：左侧是大角山；右侧是穿鼻岛的两座小山，此处江面宽约3英里。英舰继续前进，两岸后撤，东岸是安臣湾。然后河面再次变窄，西岸是沙角，东岸是威远炮台。此处河面仅1英里宽，水流湍急，上、下横档岛横亘其中，远处是虎山，虎门由此得名。这些地方都筑有防御工事，形如字母D，平的一侧对着河面，然而设计都不好，比起如今横在它们面前的强敌，所有的武器装备也都相当落后，不堪一击。

上午9点，3艘蒸汽船上约1 500人在穿鼻岛登陆，包括士兵（三分之二是印度兵）、海军陆战队士兵和水兵，以及携带一门24磅炮弹和两门6磅炮弹的皇家炮兵队。复仇女神号和蒸汽船皇后号继续向前去轰炸一个瞭望塔,与此同时,马达加斯加号和进取号协助加略普号(*Calliope*)、拉恩号、海阿新号攻打主炮台。不到25分钟,复仇女神号上两门32磅大炮和皇后号上单门68磅大炮精准炮击瞭望塔,伴着蒸汽船上船员们的一片欢呼声,英国旗帜很快就在瞭望塔上飘扬。炮台上的清军很快被团团围住。"尽管英国军官尽了最大努力禁止士兵杀人,一场骇人的屠杀还是开始了。"马德拉斯兵团的上尉约翰·奥特隆尼看到,中国士兵的尸体从炮台的斜坡上滚落,在地上堆积了三四层,"可怕的一堆"。[3] 大屠杀的原因是中国士兵曾被告诫不要被凶狠的洋鬼子俘获,另一方面,英国军官也没能够制止手下的士兵。那些逃跑的中国士兵被开枪打死了。复仇女神号的三副约翰·加尔布雷斯看到,"在一个布满岩石的角落,中国兵躺倒在被射杀的地方。就像成堆的麻雀,整座山坡遍布尸体,一半以上尸体被火焚烧,都是焖烧,因为被射杀的时候,许多人扑倒在火绳枪上,他们的棉布衣服像引火物,一下子就被点燃了"。[4] 这样的杀戮场景在整场战争中很常见。多年后,参谋官阿迈恩·芒廷为这种行径辩护:"杀戮逃亡者不是一件愉快的事,但是面对如此之大的一个国家和人数如此众多的一支军队,我们人数有限,倘若我们与敌军交战时不给他们一点颜色瞧瞧,我们自己就会遭到毁灭。"[5]

与此同时,皇家都鲁壹号(装炮46门)、萨马朗号(*Samarang*,装炮26门)、哥伦拜恩号(装炮18门)和摩底士底号(*Modeste*,装炮18门)一起轰大角炮台。不到一个小时,大角炮台就被打哑,被英军攻占。约莫11点,霍尔看到穿鼻岛南面的炮台即将被攻占,于是他率复仇女神号驶往安臣湾。那里停着清军15艘战船。但由于霍尔太过激动,复仇女神号绕过穿鼻岛的时候,离岸太近,撞上了一块岩石,撞坏了外桨环和两根辐条。加尔布雷斯记载:"这使得船身向左倾斜得厉害，但幸运的是，这没让我们停下来。在离城墙很近的地方，两枚大炮接连发射出一连串葡萄弹和霰弹，射杀了很多人，因为我们看到他们许多人倒下……我们的炮火猛烈进攻，一直朝他们扫射，整支舰队都为之赞叹（他们无事可做，在一旁观战）……我看到我们船上32磅重的炮弹击中了一艘又一艘平底帆船。"[6]霍尔第一次下令使用康格里夫火箭炮，从舷桥上发射的首发火箭炮击中了一艘大的平底帆船，大概打中了船上的炮弹管，这艘平底帆船立刻爆炸了。巨大的爆炸声让在场的人震惊不已。"……这艘平底帆船被掀出了水面，桅杆折到了船头上方，火光冲天，浓烟滚滚，接着是一声震耳欲聋的巨响，整艘船和船上不幸的人们全都完了。"[7]到了11点半，清军投降，水兵纷纷逃上岸去。霍尔派出自己的船以及其他支援自己的船追击。清军15艘平底帆船中，仅有4艘逃走，余下的不是被炸毁，就是被俘获或烧毁。返回途中，霍尔一行又遇到了2艘被弃的平底帆船。由于潮水正在回落，其中一艘已经损坏，英军将另外一艘拖了回来。下午5点，复仇女神号带着战利品回到大部队。它的一个明轮罩上被炮弹打了一个小洞，这是它此次作战唯一的损伤。因此，如今复仇女神号有了"无敌战船"这样一个称号。

　　复仇女神号此次参战——第一艘参战的铁壳战舰——向许多人证明这种吃水浅的船在沿海地区大有妙用。义律也认为，"它的表现与两艘战列级战斗舰相当"[8]。霍尔的这艘船出尽了风头：仅12天后，《广州纪事报》[1]就对复仇女神号在战争中的英勇表现进行了一番详尽

---

1 《广州纪事报》(*Canton Register*)，马地臣1827年在澳门创办的英文商业性报刊，是外国人在中国创办的第一份英文报纸。

的描绘;3月20日,该报又刊文《声名远扬的复仇女神号》。[9] 这场战斗也将交战双方军事实力的巨大差距展露无遗。显然,英勇无畏的清军将士——上至水师提督关天培,下至普通士兵和水手——给英军留下了深刻印象。但是他们的武器落后,战术拙劣:炮台和战船上的大炮都无法移动,只能射到英军战舰的后面;火药质量低劣;士兵的枪支是英军在19世纪就淘汰的,火绳枪需要3个人才能点燃。结果,清军战士惨遭屠戮,至少400人阵亡,大约150人被俘,多人身负重伤。而英军只有38人受伤,无人阵亡。英军缴获了173门大炮,其中82门大炮是从战船上缴获的,包括10门精美的葡萄牙产黄铜炮。月末,霍尔手下的军官和船员将其中一门葡萄牙大炮送给霍尔,他们写信请求他收下这件礼物,以此"纪念他在那天的沉着冷静和敏锐判断"[10]。与之相反,可怜的海军将领关天培则面临士兵叛乱。船员们威胁着要解散,除非支付他们一笔抚恤金。关天培只好典当了自己的一些衣物来凑齐费用,给每人发放了2块银圆(不到1英镑)。[11] 而远在北京的道光皇帝不会知道这些,对他而言,这次惨败只是和英军打了一个平手而已。

第二天(8日)黎明,伯麦下令还未上过战场的三艘74门战舰溯江而上,袭击虎门炮台中最牢固的威远炮台。复仇女神号刚刚开始攻打炮台,威里士厘号就发出了停战的信号,这让复仇女神号上的船员大为气愤。显然,中方向威里士厘号上的义律派遣使者,祈求停战。而义律更关心的是抢救季节性贸易——获得茶叶,卖出棉花,而非羞辱中国人,因此义律下令伯麦停战。下午4点,复仇女神号带着来自威里士厘号的停战合约前往威远炮台。接下来的12天,谈判一直在进行。变身邮船的复仇女神号搭载义律往返于澳门与穿鼻岛的舰队之间,直到1月20日,义律才向舰队宣布谈判结果。

《穿鼻草约》包含四项主要条款：完全割让香港岛给英国；在六年内赔偿英国白银六百万两；中英双方的官方沟通直接、平等；牛年新年过后，立刻重新开放珠江上的贸易。正月初一（1月23日），进取号带着关于《穿鼻草约》的详情，驶往加尔各答，而哥伦拜恩号则前往舟山去召回那里的船只和部队。由于逆着季风而行，哥伦拜恩号直到2月8日才抵达舟山，它的到来让运兵船响尾蛇号上的外科医生克里兴奋不已，因为它带来了克里的第一批家信，此时克里已经离开英国15个多月了。[12]

尽管《穿鼻草约》需要北京和伦敦两方面的许可，但义律和伯麦可等不及了。26日，伯麦登陆香港岛，正式占领该岛，与此同时，义律搭乘复仇女神号沿河而上，会见琦善。复仇女神号在穿鼻岛与马达加斯加号会合，后者搭载了一支海军陆战队士兵组成的仪仗队和两支船上乐队，两艘蒸汽船在当晚抵达黄埔以南4英里处。第二天早上，义律终于在莲花城[1]见到了钦差大臣，他发现对方行事拘谨，但彬彬有礼。两人对会谈结果是否满意我们不得而知，但是我们知道，许多英国商人对义律非常生气，因为他没有拿到足够的赔款，而许多中国人同样对琦善的割地行为气愤有加。后来，这两人的顶头上司——伦敦的巴麦尊伯爵和北京的道光皇帝——对此极为不满。巴麦尊告诉义律，"香港显然不是贸易中心"。但这一回，巴麦尊失算了。维多利亚女王对这个结果非常满意，她私下对舅舅利奥波德说："我'拥有'了香港，阿尔伯特非常高兴。"[13]

那一天，乐队奏响，食物和酒水十分丰富，庆祝活动在复仇女神

1　今广东省番禺市莲花山内。

号鸣放的盛大烟花中结束。第二天,加尔布雷斯"和两三名军官登上莲花城。他们拿来椅子让我们坐,还招待我们糖果和茶水。一位年老的仆从拿着一大壶热水围着我们转个不停,随时给我们续杯,盛情难却"[14]。这仅仅是沙角、大角之战发生三周以后的事。后来,在复仇女神号于29日驶往香港之前,一群中国官员在行商的陪同下登船游览,并受到招待。29日,在将伯麦送回威里士厘号、将义律送回澳门之前,复仇女神号搭载两人围绕岛屿环游一圈。

第12章　入侵广州的小恶魔

> 第二日十时，洋鬼登上一艘火船，行至泥城，他们用火箭和大炮进攻泥城，焚毁数十艘货船……
>
> ——1841年6月15日，《广州纪事报》[1]

到了2月初，英军致力在香港开展各项经营活动。此时，复仇女神号大部分时间都在运送人员往来于澳门与香港之间。[2] 然而，义律知道，要确保《穿鼻草约》的其他条款得到执行，尤其是赔款部分，有必要与中方签订一则更加正式的条约。为了尽快达成所愿，2月11日和12日，义律再次在威远北面的珠江上会见了琦善，并设立22日为合约批准生效的最后期限。但是，当霍尔14日溯流而上，前去打探消息时，他看到虎门炮台正在修缮，于是急匆匆赶回澳门。

听到霍尔的汇报，义律意识到有必要再次显示军威。这一次，伯麦决定动用可供他调遣的绝大多数船只。2月19日，一支势不可挡的舰队沿河而上，开赴虎门。这支舰队包括3艘三级舰、1艘五级舰、4艘六级舰、1艘单桅帆船、1艘测量船，以及东印度公司的蒸汽船复仇女神号、马达加斯加号和皇后号，1艘运兵船和4艘运输船。第二天，英军收到消息，中方拒绝接受条约。23日，复仇女神号和4艘船载小艇摧毁了下横档岛正在修建的一处炮台，战斗再次打响。25日，霍尔的复仇女神号载上了马德拉斯土著步兵团的130名士兵，他们的任务是前往下横档岛修建一个炮台，到时可以轰炸半英里以外位于上横档岛的清军炮台。为了让这批士兵登陆，霍尔选择了一处泥滩，从船尾处抛锚，好使船只容易起航。船只牢牢地停在泥滩上，船首在泥滩上高高翘起，船尾甲板处几乎被水淹没。士兵们经由新的预制舷梯平安登陆。一夜之间，炮台就修好了，装配了两颗榴弹炮。黎明时分，英军炮轰北面的清军炮台，他们使用的弹炮和火箭炮对清军而言都是新式的。双方交战五个小时，英军无一人员伤亡。

那一天晴丽无风。过了几个小时，装炮74门的伯兰汉号和麦尔威厘号在皇后号和一些火箭船的陪伴下，来到威远炮台前，停泊在清军炮弹的射程之外。与此同时，在另外7艘海军战船的陪同下，旗舰威里士厘号停泊在上横档对岸。10点过后，英军舰队就开始猛烈进攻。我们只能遥想这样一幅模糊的画面：当时世界上最精锐的火炮队发射数百发大炮，朝炮台上一群缺乏训练、毫无还手之力的士兵轰击，寂静的天空响起震耳欲聋的枪炮声和爆炸声，火光冲天，炮声隆隆，硝烟弥漫。霍尔在复仇女神号上冷静观战，"此时此刻，双方的交战气势蔚为壮观"[3]。下午1点，轰炸进行到顶峰，复仇女神号和马达加斯加号搭载部队前往上横档岛，在那里，英军开始大肆屠杀。正如随行的船长爱德华·贝尔彻所描述的那样："我们没有遇到任何抵抗。可怜的中国士兵都缩到了战壕里，连连求饶。我多么希望他们的求饶得到了应允。"[4] 下午4时许，战斗结束，珠江两岸的所有炮台都被英军攻占，火炮或是被填塞，或是被移除，房屋尽毁。黄昏时分，英军回到各自的船上。

那一天，至少500名清军将士阵亡。"在这些人中，最有名望、最令人痛惜的是可怜的海军将领关天培，他的死令人无比同情……他是一名英勇的战士，一个楷模……"[5] 第二天，当关天培的家人找到他的尸首后,伯兰汉号将清朝国旗升至桅杆一半,并鸣响了一发志哀礼炮。比起清军的惨重伤亡,英军仅有8人受伤,1人战死。1 300多名中国士兵沦为俘虏,但让他们吃惊的是,他们很快被运到内地释放了。英军还斩获了大量武器:460门加农炮,其中包括4枚葡萄牙1627年产大号黄铜炮。中国当时的制炮技术可见一斑。

为了趁热打铁,伯麦立刻派遣"轻巧小分队"(light squadron)——7艘小船溯江而上,前往广州城。这支分队由复仇女神号率队,义律指挥。27日,刚过正午,复仇女神号在黄埔南发现了一件非常值得夺取的猎物,那就是道格拉斯船长的剑桥号。1839年9月,随着窝拉疑号和海阿新号抵达中国,剑桥号变得多余,这让道格拉斯船长非常失望。11月,船长将它卖给美国德拉诺公司。1840年年初,德拉诺清除剑桥号上的武器后,将船卖给了林则徐。林则徐认为,这艘船可作训练之用,也可供中国的造船师仿效。此刻,看到剑桥号停泊在一处四周有清军战船的炮台附近,霍尔立刻下令开火,清军随即积极反击。复仇女神号被击中了好几次,一枚子弹差点穿破蒸汽室(倘若真被击破,后果不堪设想)。下午3点30分,义律和霍尔率领一支登陆部队上岸。一名英勇的中国军官朝霍尔连发四箭,霍尔都成功地闪避了。"倘若是步枪弹,他根本无法逃脱。"[6]不到半个小时,炮台被攻占,剑桥号随即落到了英军手中。当英军从一侧上船时,船员们全都从另一侧撤退。由于这艘船的状况非常糟糕,英军决定将其焚毁。他们仔细搜寻是否还有人在船上,然后一把火将船点燃。黄昏后,大火烧到了船上的炸药库,剑桥号爆炸,火光冲天。据说,爆炸声在广州都能听见。

3月2日(星期二),"轻巧小分队"在黄埔北抛锚,离广州城仅有12英里,造成城内居民极大恐慌。巡抚请求义律休战三天,得到应

第12章　入侵广州的小恶魔

允。那一天，在珠江下游也发生了许多事：一支先前派往澳门的小分队从舟山赶来，马德拉斯皇家巡洋舰号（装炮18门）搭载郭富[1]将军（Sir Hugh Gough，1779—1869）前来统管陆军事务。[7]郭富时年61岁，身材精瘦结实，精力充沛。多年来，他处于半退休状态，只领取半薪。1837年，他被派往印度担任马德拉斯军队的副指挥。郭富极具个人魅力，英勇善战，深受部下喜爱。他不是一个战术家，更喜欢正面进攻，而非采取各种战略战术。如今，与义律和伯麦在一起，郭富立刻着手评估当前的战局。三人搭乘复仇女神号前去视察停泊在黄埔北的小分队，值得一提的是，这个小分队里没有一个人会说中文。三人在黄埔拟定一项计划——看吃水浅的复仇女神号能否找到一条直接通往广州的全新河道。

此时，伯麦和许多人一样非常清楚，这艘铁壳船不是一般的牢固，与木船相比，它不易受损。此外，防水舱可以使它承担更多风险。3月13日（星期六）凌晨3点，复仇女神号拖曳着两艘小船，悄悄离开澳门的锚地。船上载有义律、皇家萨马朗号的船长詹姆士·斯科特（James Scott，时任萨马朗号的高级军官）、一位当地的引水员、两位英国翻译官马儒翰（John Robert Morrison）[2]和罗伯聃（Thom）。接下来的两天半，复仇女神号不负众望，在敌占区充满危险的浅河水道，找到一条通往珠江的航道，同时还摧毁3处军屯驻地，打垮6个炮台，击毁9艘清军战船，毁坏115门大炮。正如伯麦后来告诉印度总督奥克兰勋爵的那样，这艘船表明，"只要我们认为合适，大英帝国的旗

---

1 又译卧乌古。
2 马儒翰为传教士马礼逊长子，曾任英国驻华商务监督处中文秘书兼翻译官，精通中国人情与政治。他热心传教事业，遵其父遗命修改圣经汉译本。

帜就可以随时随地在这些内陆水域升起"[8]。

3月18日上午，英军攻打广州城，摧毁7座炮台，把当地许多船只打得七零八落，没有遭遇到强烈抵抗。下午1点半，霍尔船长和翻译官马儒翰在英国商馆登陆，这里于1839年5月被弃。霍尔立刻从楼上窗户处升起一面英国国旗，鼓舞士气。"英国商馆恢宏的大厅内，窗间镜、画作、大理石地板、枝形吊灯等装饰物都被毁坏了，曾用作礼拜堂的大厅也被毁了。"[9] 如今，英军收复了英国商馆，大家以为义律一定会向中国人施压，特别是在赔款问题上。但是他并没有这样做，而是很快答应根据旧的条约开放贸易。这一点让郭富和伯麦非常恼火，也让绝大多数士兵气愤。我们很难揣测查理·义律的动机。与为大英帝国效力的许多人不同，他并没有留下为自己辩护的自传，也没有留下任何日记。他是一个注重私密的人，很少向同伴吐露心事。1841年上半年，霍尔即使常常陪伴义律左右，也不知道义律的真实想法。尽管没有得到商人们的钦佩，义律作为驻华商务总监的身份当之无愧，他最大的愿望是看到中英贸易恢复。就这点来说，他做得很成功。月底之前，当季的新茶就开始源源不断地运往西方，而第一箱鸦片也开始安全地运送至怡和洋行的流动仓库——伍德将军号（*General Woor*）。到了4月中旬，贸易完全恢复正常。

3月31日（星期三），皇后号搭载伯麦前往加尔各答，同行的还有马达加斯加号。伯麦希望与奥克兰勋爵私下会谈，但由于身体欠佳，伯麦离开的时间比预期的长，直到6月18日才再次搭乘皇后号回到中国。在他离开期间，伯兰汉号的船长弗莱明·辛好士（Humphrey Le Fleming Senhouse，1781—1841）担负起指挥海军的职责。由于三级舰麦尔威厘号因紧急修理而赶回英国，英军的战斗力被削弱。4月，贸易逐渐繁忙起来，但外交活动却陷入了死寂。尽管又有两名钦差大臣

14日赶到了广州，但是谈判没有任何进展。到了月底，很显然，中国军队正在重整军备，重修军事基地。因此，5月10日，义律再次搭乘复仇女神号前往广州，这一次有他妻子陪伴。但是第二天的谈判毫无结果，义律火速赶回伯兰汉号，与郭富和辛好士商讨再次进攻广州，后面两位却不乐意。正如霍尔所言："最终，就连义律上校自己也开始看清真相，尽管他不愿承认，真相开始一点一点地清晰起来。"[10]

此时，英军将领逐渐明白，若将战事局限在广州，就不会赢得胜利。不管中国人吃了什么败仗，传到千里之外远居京城的皇帝耳中，就成了胜仗或者平局；而若没有皇帝的同意，没有什么事情可以最终决定下来。因此，战斗必须在京城附近打响才会奏效。但由于赔偿款还没有到手，再次挥师北上的计划暂时搁浅。经过五天的匆忙准备，舰队再次开赴珠江，只留下都鲁壹号守卫香港。

5月20日（星期四）晚，复仇女神号搭载义律抵达广州。义律发现，广州城纷纷攘攘，市民涌出，士兵涌入。21日上午，义律下令所有外国人一律在日落之前离开商馆。那天下午，伯兰汉号由亚特兰大号拖曳（为了托载方便，蒸汽船总是和货物绑在一起），在广州城南6英里处抛锚，这是目前为止离广州城这么近的最大的一艘英舰。此时，气氛异常紧张。霍尔下令烧起锅炉，他自己睡在舰桥上。到了晚上11点左右，停泊在上游的摩底士底号（装炮18门）发现清军的火船做好了准备，于是鸣响警报。霍尔骄傲地发现，复仇女神号在九分钟之内就能起锚，舵手能够稳稳地控制住船，而一艘同样大小的帆船绝对无法做到这一点。

火船是中国军方尤为青睐的一种武器，通常由两三艘小船绑在一起组成，船里面载满可燃物，攻入敌方，希望能撞到敌船船头，将其点燃。结果只有几艘火船被点燃，一些火船被英军轮船的船载小艇赶走了，另一些火船上岸后将郊野的房屋点燃了，引得英军前来观赏这"壮丽的一幕"[11]。与此同时，在漆黑的夜色中，复仇女神号正在攻打沙面炮台。不巧的是，船首炮堵住了，船舵也淤塞了，因此，船尾炮没法发射。霍尔下令发射康格里夫火箭炮。但是第一发放进炮管且点燃的火箭炮并没有发射出去。霍尔把手伸进炮管，成功地把它拿了出来，但是他的手却被严重烧伤。倘若这发火箭炮没有取出，而是在炮管里爆炸的话，无疑会炸死舰桥上许多人，包括义律上校在内。此刻，船长下令海军陆战队士兵猛攻炮眼，在漆黑的夜里，清军的火绳枪一闪一闪，使得炮眼很好辨认。很快，炮台就被打哑了，复仇女神号也得以重整秩序。黎明时分，复仇女神号的烟囱和明轮罩上满是炮弹孔。

第二日上午，霍尔在舱室休息，皇家加略普号（装炮26门）的船长托马斯·赫伯特临时指挥复仇女神号。5月29日的《广州纪事报》如此报道："同时，许多清军战船从花地[1]对面的小溪驶来，蒸汽船复仇女神号前去迎战。但是这些战船却不愿面对如此难对付的对手，退回小溪，于是蒸汽船回到沙面增援。很快，清军战船发现了这一情况，再次出动。然而，这一次蒸汽船不再满足于把这些战船赶跑，而是追随它们到了小溪。那里战况如何，我方情报员由于视线被遮挡无法看清，但是隔不久响起的隆隆炮声和空中升起的滚滚浓烟清楚地说明摧毁的工作正在进行。不到三小时，40多艘战船着火爆炸，此景让清军将领奕山无法高兴起来。复仇女神号凯旋，后面跟着先驱号（*Herald*）以及蒸汽船自己的几艘小船，好一派热烈欢庆又滑稽可笑的

---

1 位于今天的广州城区西南，下文中的小溪指流经花地一带的花地河。

场景。蒸汽船上挂满了从清军战船上缴获的旗帜，船员们全都穿上了帅气的清军服装，戴上了他们的帽子。有一艘船上的船员，为了让他们的新装显得更加好看，每个人的帽子后面都垂下一条长辫子。我们希望这是从活着的清军士兵身上缴获的战利品，他们丢了辫子，保住了性命。此次行动清军士兵伤亡并不大，他们在船只爆炸前有足够的时间逃生。蒸汽船上有一人受伤，我们深感痛惜，那就是英勇的指挥长霍尔船长。"[12]

我们难以得知当时中方对于这场战争的任何看法，但是6月15日，《广州纪事报》却提供了22日事件的另外一个版本，该版本来自广东的一份公文的翻译："第二日十时，洋鬼登上一艘火船，行至泥城，他们用火箭和大炮进攻泥城，焚毁数十艘货船……第三日，洋鬼在花地河截获几艘运兵船。接着，他们向沙面炮台和荷兰炮台[1]以及沿河一带发起攻击。敌军使用火箭，焚毁岸上居民数百栋民房、商铺、棚屋……大火持续了两天之久。"[13]

到了5月24日（星期一）中午，英军最终准备向广州发起进攻，此时他们大约有3 500人。他们鸣响了21发礼炮，庆祝维多利亚女王22岁的生日，随后，开始登陆。外科医生克里看到，运兵船响尾蛇号停泊在离城4英里远的地方。士兵们纷纷离船，他们每个人都背着一个挎包，里面装了两天的干粮和弹药。[14]登陆部队分为两支：第一支有三四百人，他们的任务是夺回商馆，他们的小船由亚特兰大号拖曳；第二支是主力部队，由复仇女神号拖行。复仇女神号上搭载着郭富、辛好士、义律以及英军第49军团的300名士兵，后面还跟着大概

---

1 荷兰炮台即海珠炮台，位于古代珠江中间的海珠岛上。

70艘小船，载着1 700名士兵、海军陆战队士兵、武装水兵、印度兵、坑道工兵和地雷兵、炮兵、仓库管理员和随军人员——这是一幅蔚为壮观的画面。到了黄昏，约2 400名士兵安全上岸。一夜之间，他们的武器弹药也运送到了岸上，仅弹药就包括4门12磅的榴弹炮、4门9磅的野战炮、2门6磅的野战炮、3门5.5英寸的迫击炮、152门32磅的火箭炮。所有准备工作都在一个漆黑闷热的夜里完成，一场大战即将来临——这将是英军在中国的第一场陆地战争。

当时，英军在印度的部队由形形色色的士兵组成。[15]东印度公司有一些欧洲兵团，占20%的军力，也有逐渐发展起来的土著兵团，这些土著印度兵包括印度教徒、锡克教徒和穆斯林。所有的兵团都由英国军官管理。即便是最有经验的印度士官也没法对最年轻、最无知的英军少尉发号施令。在孟加拉军团，大约有三分之二的印度兵是高种姓印度教徒，而在马德拉斯和孟买兵团，情况并非如此。种姓制度对服兵役有所干扰。印度兵会拒绝某些任务，比如说挖壕沟，他们也厌恶在水上行军。东印度公司也雇用英国军队中的正规军团——女王军团，这些军团中的士兵可能已在印度服役20多年，他们自认为高人一等。

英军士兵，不管是女王的军队还是东印度公司的军队，主要来自凯尔特周边、爱尔兰、苏格兰，以及社会底层——威灵顿公爵毫不客气地称他们为"社会渣滓"[1]。[16]与之相反，军官们主要来自统治阶层、贵族、有地的乡绅和富裕的中产阶级。这种结构因鬻官制度

1　1841年大英帝国（不包括爱尔兰）人口普查显示，当时共有人口1 860万：英格兰人1 500万，苏格兰人260万，威尔士人90万，其他人10万。——原注

而延续下来。一个初级军衔至少需要花费450英镑（相当于今天的2.5万英镑），而军队中的低薪和维持门面的花费使得军官需要有自己额外的收入；显然，穷人是不受欢迎的。正如马德拉斯炮兵团的上尉威廉·劳里（William Laurie）所言："东印度公司的军官和士兵之间有一条巨大的鸿沟，后者没有希望跨越到一个更高的等级。"[17]

军团制度（理论上来说，一个军团包括8个连队，每个连队有100位士兵）是英军成功的基础。在中国和世界其他地方，英国陆军经常能够以少胜多，很大程度上取决于军团制度的良好管理、纪律性和凝聚力。女王军团的士兵不会为国家战死，却会为了军团的荣誉而捐躯。印度兵同样对军团充满热爱，而对大英帝国或东印度公司的热爱却很难培养。当然，在贫穷的地方，不论是爱尔兰还是印度，士兵都会为给他们发饷的人作战（印度兵每月薪资为7卢比[70便士]），更乐意为那些带领他们赢得胜利或者去抢掠的人效力。

当时，上战场的英国步兵全副武装，每人背负70磅的重担，不管是在英国的寒冬还是在热带的酷暑，都是统一装束。[18]血气方刚的年轻步兵少尉加内特·沃尔斯利（1833—1913）写道："皇家军队在印度的着装和在国内的一样，他们在这件事上有一种愚蠢的骄傲……在这样的纬度，难道还有比钢铁盔甲更荒谬的着装吗？"[19]难怪在东方作战时，中暑倒下的士兵比吃枪子的人数要多。士兵的主要武器是棕贝斯滑膛燧发步枪[1]，这种武器在英军中使用了100多年，枪头配着重达12磅的刺刀，结构简单，经久耐用。军官们的着装更是怪怪的，同样不适合上战场——他们要佩带一把剑和一把单发手枪。

---

1 英文名为Brown Bess，直译为"棕贝斯"。

面对一支超过4.5万人的英军入侵部队，中国当时的陆军兵力如何呢？清政府没有一支单独的军队，而是有三种军队，只有一种是英军真心佩服的，这就是八旗兵。[20] 自1644年清军入关以来，在各大城市，旗人大部分都生活在自己的聚居区，有着独特的"习惯、生活方式和特权"。旗人中世袭的士兵组成了八旗兵，他们高大威猛、骁勇善战，但总人数不到25万。他们的任务是维护一个约有4亿人口的帝国的稳定。其次是绿营兵，由各省总督从当地汉族人中招募，实际上只是一支杂牌军。最后是民兵。正如印度兵不为大英帝国作战一样，绿营兵和民兵也不为清朝皇帝作战，他们为族长和地方首领作战。这些团体之间存在着某种敌意，汉族人因着他们先前的统治者的缘故，对清朝统治者心怀怨恨。但他们都面临同样的处境——当时大清帝国摇摇欲坠，日渐贫困，士兵们经常领不到军饷，吃不饱，穿不暖，没有受过什么训练，更没有什么像样的武器装备。

中国兵尤以弓箭为傲，尽管他们也携带刀剑和长矛上战场。约十分之一的士兵配备火绳枪——这是一种滑膛枪，射程不超过200码，不使用填塞材料，火药靠缓缓燃烧的火绳来点燃。当时，这种武器早就被英军淘汰100多年了。英军使用的是燧发枪，火药由燧石撞击钢轮引燃。自1839年以来，撞击式毛瑟枪就已经在西方普及，然而在东方却没有流行开来。最重要的是，英军部队的枪尖上都有刺刀。在欧洲战场，刺刀几乎不再使用，但在印度，刺刀仍然很常见。英军在中国进行的许多杀戮都是用刺刀完成的，而印度兵则更爱用他们随身携带的刀剑来杀人。中国兵没有野战炮，有时也使用抬枪，这种重型武器要置于三角支架上，需两到三人操作，发射重达1磅的弹药。中国兵戴铁质或黄铜质头盔，有时还用锁子甲，手持画有猛兽的藤条盾牌。这些士兵深受《孙子兵法》的影响："故夜战多火鼓，昼战多旌旗，所以变人之耳目也。"[21] 他们显然希望自身这套看似凶猛的装束、空中翻滚和敲锣打鼓能够帮助他们抵御敌军的毛瑟枪和榴弹炮。

5月25日上午9点，英军先遣部队抵达广州城墙边。这座大城的城墙之高给英国人留下了深刻的印象。对于霍尔而言，"在他环游世界的旅行中，见过的最为壮观的两样事物就是尼亚加拉瀑布和广州城"[22]。到了正午，第一批重型火炮在倾盆大雨中运送至城边，但郭富估计，需要至少一天时间谋划攻城，因此他计划27日（星期四）早上7点发起进攻。然而，他和辛好士都被蒙在鼓里——义律再次和钦差大臣进行谈判，这次是在加略普号上。星期四早上，郭富和辛好士收到停战的命令。俩人都气急败坏，郭富大骂义律，称他"反复无常"[23]。当停战的消息在广州城传开时，绿营兵纷纷开始离城回乡。29日（星期六），又是闷热潮湿的一天，一些绿营兵再次聚集，抗击英军，因为他们听闻，这些入侵者"开棺暴骨"，黑人（印度）士兵强奸妇女。在潮乎乎的天气中，马德拉斯土著步兵第37团的一个连——60名印度兵和3名英国军官迷路了。他们因燧发枪在大雨中失去了功效，被绿营军团团围住。英方立刻派遣海军陆战队两个连去寻找他们，这些装备有新式防雨布伦瑞克撞击式毛瑟枪的士兵很快将被困英军营救出来，但已有1名列兵被杀，15人受伤。这些小冲突对英军而言无足轻重，他们根本就没有在急件中提及。然而在中国人心目中，三元里抗英斗争成了一场伟大胜利，时至今日仍然被不时提及。[24]

6月1日，义律下令英军从广州退至香港。英军在中国的首次陆战中，伤亡情况如下：2名军官和14名士兵战死，112人受伤。清军伤亡情况为：1 500人阵亡，4 500人受伤，这个数目有些夸张。然而，有一点毋庸置疑，那就是义律接受了中国人迫切希望的停战要求，此举挽救了双方许多人的性命。后来，义律提到，他觉得郭富可能不满仅仅夺取炮台的计划，军队可能会进城——一座城墙内外均有50万人的大城。英国士兵难以管控，而且这样的进攻会导致烧伤抢掠，如此一来，富商大户会纷纷逃亡，留下一群乌合之众洗劫城市，到时留给英军的只是一片洗劫一空的废墟。

英军害怕当地的暴民趁火打劫，因为他们希望自己可以抢掠被攻占的城市。抢掠（looting）这个词来源于印度语"lut"。军方并不赞成抢夺私有财产。但抢夺战利品，也就是掠夺政府的财产，被视作合法行为。上至军官，下至普通士兵，都可以从中获利。新加坡甚至还成立了战利品法庭。有时候，战利品的数额相当惊人：1843年信德之战后，总督查尔斯·詹姆斯·纳皮尔（人称"疯狂的查理"）获得6.8万英镑（约值今天的400万英镑）的奖励，占所有战利品的八分之一。蒸汽船彗星号的诺德中校获得了8 000英镑，约是他年薪的15倍。[25]

如果说到目前为止交战没有对入侵者造成什么重大损失，那么蚊虫和污水则持续给他们带来糟糕的影响。待舰队在香港重新聚集时，不下1 100人病倒了，主要是染上了疟疾和痢疾。伤者大批大批地死去，随军医生和助手只得在极其糟糕、难以想象的条件下进行手术。病患和伤者挤满了每处空地，医生就在这样乱糟糟的环境下动手术，没有麻药，只有一点鸦片酊和一点烈酒，清洁工作也马马虎虎。当然，绝大多数截肢者很快就死了，通常不是死于休克或失血，而是死于坏疽。

在这场瘟疫中，英军最大的牺牲是辛好士爵士的病故。6月13日，60岁的弗莱明·辛好士不堪痢疾折磨，在旗舰伯兰汉号上逝世。17日，复仇女神号载着辛好士的遗体前往澳门，在那里他被隆重安葬。同一天，与响尾蛇号半数船员一样染上疟疾的外科医生克里眼睁睁地看着

第12章 入侵广州的小恶魔 125

自己的朋友、船长威廉·布罗迪死于疟疾。[26]巧合的是，辛好士下葬一天后，乘坐蒸汽船女皇号从加尔各答出发的伯麦刚好抵达香港，他立刻重新接管海军事务。

无论义律的同僚如何评价他的行为——军中有些人，比如奥特隆尼上尉支持他[27]——义律的的确确为英国作出了贡献。尽管没有提到鸦片，没有提到香港，没有提到与广州通商，更不用说提及开放其他港口，但中方同意在6天而非6年内付清600万银圆赔款，并赔偿英国商馆的损失。[1] 义律明白，他在伦敦和加尔各答的上司尤其关心远方战场上的损耗——也许每月要3万英镑。6月初，当皇家康韦号（*Conway*，装炮28门）和加略普号从香港出发时，义律一定满怀欣慰地注视着这两艘船离去——前者载着价值250万银圆的65吨白银驶往伦敦，后者载着300万银圆驶往加尔各答。[2] 然而，广州的老百姓却对这笔赎城费有不一样的看法，尽管赎金出自商行，而非他们手中。由于与英人协商的多为满族人，有谣传称，广州人就快把侵略者击退了，却被满族官员出卖了。后来，这样的谣传有效地激发了民众的抗敌情绪，在1850年至1864年那场灾难性的太平天国运动中，时常弥漫着这样的情绪。[28]

---

1 此处指奕山与义律达成的休战协议《广州合约》。
2 分别为60多万英镑和大约75万英镑。——原注

第13章　荒凉之岛

你所取得的只是香港岛，一个荒凉的岛屿，没有人烟。

——1841年4月21日，巴麦尊伯爵写给义律的辞退信[1]

1841年1月，当英国国旗第一次在香港岛上空升起时，这个小岛大部分地区还荒无人烟——响尾蛇号的随船医生克里这样记载："一个山峦起伏的不毛之地，渔民的茅草屋零星可见。"[2]这里主要的村庄是位于小岛南岸的赤柱村，可能有2 000个居民，也许在其他地方还零零散散地住着3 000人。1816年，年仅19岁的霍尔以海军候补少尉的身份搭乘皇家赖拉号来到这里时，赖拉号就停泊在赤柱村附近。但实际上，与九龙半岛相对的北岸是一处更能提供掩护的港口，英国人开始在那里经营。到了4月，数千名中国人受雇于这座岛上。根据克里的说法，"全是一帮来自广州的恶棍流氓"。4月7日，"两艘小船在夜间带着约30个女子来到船边，但布罗迪准将不许她们停留"。医生克里非常清楚其中的风险。多年来，距离广州城南10英里的磨碟沙涌以及黄埔的长洲以它们提供的"舒适服务"而声名远播。18世纪70年代，威廉·赫基从广州行至黄埔，在那里享受了服务。赫基后来却心烦意乱，因为他被告知"那里不超过6个女人，却要满足一支有25艘船的舰队的需要"[3]。这可能导致赫基忘不了磨碟沙涌这个地名。

谈到部队的性需求，比起其他欧洲列强，英军的管理相当糟糕，因为他们大力强调辛勤工作和训练的价值观，以克服此种"不纯洁"

的思想。尽管如此，印度仍存在营妓。一等的妓女受到管理和检查，为英军服务；未受管理的妓女为印度部队服务。显然，这些女子相当辛苦。在印度的安巴拉，6名妓女要满足400个士兵的需要；而在印度的阿格拉，不到40个妓女要满足1 500个士兵的需要。体检发现，军营里超过40%的士兵染上了花柳病，这一点不足为奇。[4]

然而在香港，外科医生克里很快就能参加更加体面的娱乐活动。20天后，他"前往九龙观看海军和陆军军官举行的一场板球比赛"。他乐观地补充道："一旁的中国人看得津津有味。"

据说，在一个新的占领区，法国人做的第一件事是修建一座用于防守的碉堡；西班牙人做的第一件事是建立一座教堂，归化异教徒；英国人做的第一件事是开设商行，和所有往来其间的人通商。在香港，英国人的确是这样做的。临时仓库很快就出现在海岸线上，房屋、营房和一座医院也相继建成。义律上校花费很多时间规划这座叫作"维多利亚"的新兴小镇。他决心不容许这里随意发展，尤其是不允许这片土地与英国疏远。6月，义律组织了这里的第一桩土地销售，实际上这是一起拍卖，标的为34栋建筑。7月，他任命复仇女神号的大副威廉·佩德上尉担任港务长，管理往来各项事宜。[5]

那一个月，整个港口相当拥挤，外国商船和中国平底帆船都竞相和英军的战船、商船以及运兵船争抢好的停泊位置。到了月中，天气变得异常闷热，空中飘来大片风暴云，闪电不断。英国人饶有兴致地观看中国人开始用纸灯笼装饰家园，抵抗即将来临的风暴。中国人的平底帆船穿过九龙，驶往珠江，船员们敲锣打鼓，燃放鞭炮，直到这时，外国人才意识到，可怕的事情即将发生。[6] 7月21日（星期三）清晨，在香港度过一个平静的夜晚后，霍尔驾驶复仇女神号去九龙寻求避风港，他下令放低中桅杆，把两个前锚都放下，但不熄灭锅炉。早上8点，一股强劲的北风直吹入港口，很快，那里的船只开始遭殃。复仇女神号旁边，一艘中国平底帆船沉没了，船上所有人都沉入水中，复仇女神号上的船员看着这一切发生，却无能为力。上午10点半，风力达到顶峰，狂风怒号，倾盆大雨瓢泼而下，能见度降到几码。船员们时不时看见灾难就在眼前发生，外国和中国船只的碎片漂过他们身边，他们还看见绝望的一家人——有男人、女人和孩子，死命抓住小船的残骸。下午2点，风暴有所减弱；下午4点，天空变得明澈，人们这时才看清受灾的程度。这场风暴在岸上留下来的痕迹是可怕的：所有的临时建筑——医院、营房和仓库——都不见了踪影，港口一片狼藉。6艘船失踪，包括运输船乔治王子号；4艘船被刮到岸上；至少22艘船受损严重——桅杆折断，绳索乱七八糟地缠绕在一起。但是复仇女神号安然无恙，22日，它在港口附近航行，开展救援工作。

在风暴来临的平静前夜，20日晚，查理·义律和戈登·伯麦爵士在澳门搭乘独桅纵帆船路易莎号（由上尉托马斯·卡迈克尔指挥），前往停泊在香港的威里士厘号。路易莎号在中国购得，仅有75吨位，是驻华商务总监的专属小船，这也解释了为什么在风雨欲来时，他们会搭乘如此小的一艘船出行。当晚，风速大增，卡迈克尔将小船停泊在一座小岛旁。然而黎明刚过，他们就遇到了一阵滔天巨浪，船长被卷下甲板冲走了，小船路易莎号只得任凭风暴摆布。义律成了船长。下午，他们终于在另外一座小岛上岸。整艘船已完全毁坏，但船上的23个人都得救了。没有什么衣服御寒，所幸有8瓶杜松子酒，他们一行人度过了一个湿冷的夜晚。黎明时分，一群渔民出现了，他们来洗劫被冲到岸上的中国人的尸体。幸运的是，其中一个渔民是义律他们在澳门认识的。他领着义律一行来到一座村庄。尽管义律等人仅有的一点财物被劫掠一空,但这群渔民最终接受了义律开出的3 000银圆[1]的条件,将其中四人带回澳门。渔民们提供了两艘小船,义律和伯麦躺在其中一艘的舱底,上面覆盖了席子。后来,一艘官船经过,向渔民们打听失事船只的消息,渔民们闭口不言。要知道,义律和伯麦两人的人头宝贵——中国官方开出活人5万、死尸3万的赏金(船长的10倍,普通士兵或水手的500倍),[7]而他们居然在23日被平安送至澳门,这真是令人惊愕。义律即刻派遣一艘船接回其他人,25日,余下的19人抵达澳门。在这场风暴中,路易莎号是皇家海军损失的唯一一艘船。

1841年7月29日,一艘长长的矮船从西而来,驶入香港。无疑,那些看着这艘船驶来的人们一开始把它误认为复仇女神号。其实这是复仇女神号的姊妹船弗莱吉森号。一年前的9月,它在船长克利夫兰的率领下驶离英国。[8] 530吨位、90马力的弗莱吉森号比660吨位、120马力的复仇女神号小一点。1839年4月,弗莱吉森号的龙骨在莱尔德造船厂成功安放,但直到一年后才下水。1839年8月至1840年3月,正是复仇女神号建造、安上各样设备、出发前往中国的时间,而弗莱吉森号在船坞里待了一年,个中原因我们不得而知。当弗莱吉森号最终离开英国时,比起它的姊妹船,它有了两项显著的进步——密舱壁通过引擎室两侧,这不仅提供更大的燃料仓储空间,更重要的是,提供了更大的垂直力。一个更加有效的"断开装置"允许单个发动机为单个明轮提供动力。遗憾的是,该机制的具体情况并没有被描述,仅在1845年皮科克的一封信中提到"弗莱吉森号断开装置":"对

---

1 相当于750英镑。——原注

于小的发动机，我认为更小的断开装置还没有被制造出来。"[9]

弗莱吉森号从英国出发，前往东方，陪同它的是普罗塞尔皮娜号，后者400吨位、90马力，是龙骨可以滑动的四艘船中最小的一艘。两艘船勉强结伴航行到佛得角群岛不久，普罗塞尔皮娜号就遇到了麻烦，尽管它原计划在阿森松岛[1]或者圣赫勒拿岛停泊，却被吹到了西边，于11月20日到达巴西的萨尔瓦多（或称巴伊亚）。船长霍夫向伦敦报告："很抱歉，普罗塞尔皮娜号底板的情况很糟糕，但我必须如实相告。它的底板被覆盖上了一层厚厚的藤壶、水草和绿色黏液。早在抵达这里之前，我们就料到这种情况，它大大减少的蒸汽动力和航行距离就是铁证……我必须指出，它的航程尚未过半。"[10]

12月15日，弗莱吉森号抵达开普敦，比普罗塞尔皮娜号提前了1个月，并于29日驶离，是秘密委员会龙骨可以滑动的船只当中第二艘绕过开普敦的船。与复仇女神号一样，弗莱吉森号取道莫桑比克海峡，同样遇到了风暴天气，但由于船只横向强度增加，它并没有遭受损伤。[11]在科摩罗停留的时候，他们发现阿卢埃苏丹仍在受老问题的困扰——去年9月他向霍尔倾诉过。克利夫兰担心苏丹有生命危险，于是让他上船，欲将他带至加尔各答。弗莱吉森号经过锡兰，于1841年5月22日抵达加尔各答。在那里，它立刻进到船坞进行紧急检修。不到4周，弗莱吉森号重新起航。此时船上共有79人，船长换成大副麦克利弗蒂上尉。在继续驶往中国以前，7月15日至18日，弗莱吉森号在新加坡停留。

当查理·义律正为平安回到澳门的家中而满心欢喜时，弗莱吉森

1　南大西洋岛屿。

号带来的消息一下子令他无比沮丧。义律从急件中得知,自己费尽心力签订的《穿鼻草约》不但被伦敦方面拒绝,而且,他本人的职位也即将被他人取而代之。

义律和林则徐俩人都被顶头上司撤职,因为他们没有达到上面的期待。[12]林则徐的失败并非他个人的过错——鉴于英军的军事实力,他被要求完成的是不可能完成的任务。此外,皇帝认为,林的革职能平缓英军的怒气。而义律属于故意违抗指令,他对中国提出的要求低于英政府的期待。维多利亚女王自1837年、年仅18岁继位以来,就对她的帝国表现出了浓厚的兴趣。在中英交战一事上,女王受到了她的导师和朋友、首相梅尔本勋爵的指点。在给一位亲戚的信中,女王写道:"如果不是因为查理·义律不可思议的怪异举动,我们想要的一切早就可以得到……他完全不遵守指令,只想达成他能达到的最低条件。"[13]

英国政府在1833年就用商务自由取代了东印度公司的独裁治权,但自那以来,因为对中国的无知,政府对驻华商务总监有许多不切实际的期待。尽管在过去的5年里,总监们不断请求得到政府的指导,但他们收到的总是不准做这做那的指令。巴麦尊坚持,义律必须直接与林钦差交流,而不是通过公行的商人。然而,实际情况是林拒绝与义律直接见面,巴麦尊却没有告诉义律该怎么做。[14]

4月30日,巴麦尊告诉内阁,他对义律的耐心已经耗尽,义律必须离职。璞鼎查(Henry Pottinger,1789—1856)爵士取代了义律的位置,被任命为全权驻华代表和驻华商务总监。璞鼎查是东印度公司孟买陆军上校,在西印度度过了30年的军旅生涯,曾任信德的政府代理人。此前一年,50岁的他退休回到英国。璞鼎查很有政治手腕,他意志坚定,受人尊敬。与他同时被任命、掌管英国驻中国海军事务的是巴加（William Parker，1781—1866）少将[1]，巴加曾任海军大臣，是一位老练的谈判家和活动家，以纪律严明著称。[15] 两人被命令立刻经陆上通道赶往东方。6月4日，璞鼎查和巴加离开英国，前往孟买，与他们同行的还有6月要送到孟买的邮件。他们在孟买停留了10天，7月17日搭乘东印度公司的蒸汽船塞索斯特里斯号前往中国，甚至都没有拜访在加尔各答的印度总督奥克兰勋爵——也许这位总督即将卸任的消息早已传开。7月31日至8月2日，塞索斯特里斯号经停新加坡，8月9日（星期一）下午，抵达澳门的锚地，此时距离船上这些贵客离开英国仅仅过去67天，这是一次"令人惊叹的短暂行程"。第二天，复仇女神号搭载璞鼎查与巴加前往澳门，与义律、伯麦和郭富会谈。[16] 义律被免职的消息令人伤心。两周后，24日，在戈登·伯麦夫妇的陪同下，查理·义律携妻儿登上亚特兰大号蒸汽船前往印度，将中英关系这道棘手的难题留给后来者。回到温暖的家园，义律或许会感到一丝安慰。回国后，自信满满、广有人脉的义律显然没有受到严苛对待，他继续担任外交职务，最终以少将的身份结束了他的职业生涯。义律如此为自己辩护："众人指责我太关照中国人。但是我必须澄清，为了英国持久的声誉和实实在在的利益，我们应当更加关照这个无助、友好的民族。"他曾经在其他场合提到，这个民族是"世界上最温和、最通情达理的民族"。[17]

1　1841年11月23日升为中将。——原注

第14章　海盗北上

此前一年，英军逐渐明白，除非他们能够直接威胁到京城皇帝的宝座，否则不可能取得这场战争的胜利。但显然从1840年6月到11月，远征军没有实力做到这一切。如今，璞鼎查决意再次北上，巴加和郭富掌管的兵力已经足够强大，有较大胜算。他们有两套备选方案。方案一，经白河前往北京，直捣京城。问题在于，河水太浅，无法渡军，而且英军担心，直捣京城会造成不必要的麻烦。方案二，他们可以在长江流域切断京杭大运河的通行，间接威胁皇帝。巴麦尊起初倾向第一个方案，但在6月初，梅尔本子爵的自由党（辉格党）政府被投了不信任票，皮尔准男爵的保守党（托利党）赢得了接下来的大选[1]。璞鼎查知道，新的外交部长阿伯丁伯爵喜欢第二个方案。

历史上，中国的中心地带位于黄河流域。[1] 战国时期，许多小诸侯国形成了"中国"（Central States），这个词被误译为"中央王国"（The

---

1　大选是一个比较委婉的词，当时英国只有约7%的成年人有投票权。支持议会议员的人需要拥有自己的产业。议会议员直到19世纪80年代才领取薪水（参考库克的著作 [Cook, 1999] 和普尔的著作 [Pool, 1993] ）。——原注

Middle Kingdom）。公元589年，隋朝的建立者定都黄河之畔的长安（今西安）。西安是一个有着1 600年历史的大都市，由于官僚阶级过于庞大，从一开始，为统治阶级提供必不可少的食物和奢侈品就是一件难事。随着长江流域的南方领土逐渐得到开发，南方逐渐成为整个国家的粮仓。但由于黄河水太浅，无力提供航运，丰富的物资无法运至西安，因此政府计划修建一条大运河，将物资运往京城。公元605年，黄河之畔的洛阳与长江北岸的扬州通过运河连通。公元610年，运河的南支从长江南岸的镇江经由无锡和苏州连通至杭州，这项浩大的工程需要550万名劳工来承担。最终，在13世纪80年代，元朝皇帝忽必烈统治时期，北部支线连通了天津和北京，北京也正是在那时（1267年）首次成为全中国的首都。北起北京、南至杭州的京杭大运河长达1 100英里（1 800千米），一直处于通航状态，直到1855年的大洪水迫使淮河改道，运河的大部分河段干涸。英军计划切断京杭大运河与长江的交汇处，遏制中国政府的咽喉。[2]

　　英军新的领导者抵达香港后，立刻着手准备向北进发。不到10天，一支由40多艘船组成的舰队就集结起来了。1841年8月21日（星期六），36艘船起航北上，只留下六七艘船和1 300名士兵保卫香港。这支北上的舰队有：皇家海军的9艘战舰，其中包括三级舰威里士厘号（海军总司令巴加乘坐的旗舰）和伯兰汉号；4艘东印度公司的蒸汽船，即载着璞鼎查的皇后号，还有塞索斯特里斯号、复仇女神号和弗莱吉森号；运兵船响尾蛇号；测量舰玡鸟号；21艘运输船[1]和军需船，其中运输船马里恩号（*Marion*）是郭富将军的指挥部。船上共有

1　运输船运送部队，用煤炭作压舱物，煤炭可当蒸汽船的燃料。——原注

2 700名士兵，还有野战炮兵和一支火箭旅，400支新式撞击式毛瑟枪，上千发32磅的炮弹，成吨的火药，以及足够3 000人吃上2个月的食物。[3]

英军北上，攻陷了一个又一个沿海城镇，速度之快，被汉学家、翻译家阿瑟·韦利（Arthur Waley）比喻为"早期的维多利亚海盗"[4]。天气晴好，英军舰队一路北上，于8月25日抵达厦门，这是一个重要的商业港口，生机勃勃，城墙坚固。第二天上午，3位将领在弗莱吉森号上碰头，下午1点半，他们发出攻城的指令，理由是中方对郭富发出的"退兵"要求不予理睬。[5] 下午3点，许多炮台都被打哑了，复仇女神号载着郭富和一些士兵前往主炮台。下午5点，整个外围防御已落入英军手中。眼见大势已去，居民们开始蜂拥逃命。因此，第二天上午侵略者入城时，根本没有遇到任何抵抗。后来，厦门的失守被如此汇报给皇上：抓获6艘英军战舰，将其焚烧，但是"南风把烟吹进了士兵的眼睛里，因此厦门失守"。[6] 接下来发生了战争中非常常见的事。尽管郭富提醒他的队伍"擅自拿别人的物品在英国叫作抢劫，在中国也是如此"[7]，但劫掠还是立刻开始了，城里的人仓皇外逃，入侵者和当地的劫匪涌入城中。

在与中国的战争中，英军将领始终坚持这样一种观点——与政府和军队没有关联的普通老百姓不应该受到惊扰。随战舰北上的翻译官郭士立（Karl Gutzlaff）[1]也强有力地表达这种观点："……我们应该用明确的善行去赢得百姓的好感，用诚实的行为表明我们的基督徒身份，用我们的宗教证明我们是慈善家。"[8]

---

1 又译郭实腊，汉学家、传教士、鸦片贩、间谍。

被船员们昵称为"乐天派"[9]的郭士立是一个非凡的人物。他身材矮小敦实，常常不修边幅，韦利形容他是"集牧师和海盗、骗子和天才、慈善家和坏蛋为一身的人"[10]。那些熟悉他的人很少信任他，并对他的自负感到厌烦，但他们钦佩他精通中文，发现他其实心地善良。郭士立1803年出生于普鲁士，是一个裁缝的儿子，后来他考取了柏林的神学院，随后在鹿特丹继续学业。1824年，他被荷兰宣道会送往暹罗，在那里开始学习中文。他一生娶过三位英国妻子。1829年，他在马六甲成婚，太太不久后去世，留给他一大笔钱财。带着这些财产，郭士立前往中国传播福音和西医。1832年，通晓中文的他在东印度公司的阿美士德号上谋得翻译一职，当时阿美士德号正在中国沿海从事非法贸易。这一年下半年，郭士立在怡和洋行的鸦片船施路夫号上担任翻译。随后，他在其他鸦片船上任翻译。1834年，郭士立迎娶了第二位太太，她是一位教师和传教士。在澳门安顿下来后，郭士立在广州的商业圈里成为知名人物。1840年6月，当英军的远征队北上时，郭士立随同前往，担任翻译官，并在沿途招募了一批中国间谍。舟山陷落后，他被任命为当地的"县令"。1841年2月，他回到澳门。随后他再次随英军北上，并先后在宁波和镇江任"县令"。作为英军的三位翻译官之一，他还扮演了一个重要角色——见证了《南京条约》的签订。战争结束后，郭士立忙于行政与传教事务。1849年，第二任妻子去世后，他开始奔赴欧洲，进行有关中国传教活动的巡回演讲。1850年9月，郭士立在英国迎娶了第三任太太。1851年年初，他携妻子回到中国，当年8月在中国辞世，年仅48岁。

郭士立是一个与众不同的传教士。许多基督徒一手拿着圣经，一手拿着枪支，闯入了大英帝国在海外的殖民地，扮演了商人兼探险家的角色。他们强烈认为，当地人实际上是崇拜偶像的半野蛮人，需要救赎,这样的观点使得他们的传教工作受到阻挠,在中国尤其不得人心。实际上,传教士试图教化和劝导皈依的对象——那些自认为居住在"中央王国"的中国人,视白人为未开化之民,认为英国人只是反叛皇帝的蛮夷之辈。在这片孕育出伟大文明的土地上,从未产生一种土生土长的宗教,这里的人们也不知什么是宗教战争,他们没有兴趣改变自己的生存方式。但对于一名虔诚的传教士而言,这种讲求实际的中庸之道令人气愤。在厦门附近的鼓浪屿,一个小男孩经过基督教数月的熏陶后,问他敬拜什么样的神时,他回答说:"哦,我也不知道,那些刚好过生日的神吧。"[11] 今天,我们很难理解,郭士立这样的传教士如何相信他能把福音传给这样一个民族。但毫无疑问,他相信神迹。他相信鸦片贸易,也像其他传教士那样对鸦片的作用表示悲叹,尽管如此,他仍认为战争是上帝敲开中国大门、传递自己话语的方式。"只有基督能将中国从鸦片中拯救出来,也只有战争才能让中国归向基督。这场战争……起源于鸦片贸易。"[12] 战争结束时,雷夫切尔德牧师在伦敦宣道会上说:"上帝的旨意多么奇妙,多么神秘难测!我们这个小国居然藉着文明、道义、智慧和精神境界,充当了世界上人口众多的大国的拯救工具!"[13]

9月5日,英军舰队再次北上,留下3艘船和550名士兵驻守鼓浪屿,但复仇女神号不得不独自北上。10天前,攻打炮台的战斗打响后不久,霍尔发现复仇女神号陷入了一片珊瑚礁中,为了脱身,霍尔让船完全侧倾,朝最有可能的通道驶去。复仇女神号尽管脱离险境,但引擎室底部被划开了口。虽然从内部修好了漏洞,但船仍然漏水。霍尔决定让复仇女神号紧贴海岸行驶,而不是跟着大部队一同航行。霍尔对复仇女神号如此粗疏大意,这绝非第一次,也不是最后一次。但霍尔坚信铁壳船大有前景，正如费[1]所言，他"坚信没有什么可以阻挡他的铁壳船，确实也没有什么能阻挡"[14]。

9月中旬，东北季风突然来临，霍尔赶紧在石浦[2]附近寻找避难所。由于进港口特别狭窄，英军找来一个当地渔民当引航员，并且对他威逼利诱——如果他成功驾船驶入港口，就会得到10块银圆；如果失败，就会被从桁端上扔下船。这个可怜人从未见过蒸汽船，更不用说为一艘蒸汽船导航，对他而言，这一定是一次胆战心惊的经历。幸好一切进展顺利，他最终获得了自由，当他收到10块银圆的奖赏时，一定又惊又喜。[15]复仇女神号击毁了1个小炮台和3艘战船，木材小分队成功地从一些运载木材的中国帆船那里抢来了70吨薪柴，随后船继续北上。9月18日，复仇女神号抵达舟山附近约定的集合地点，却发现只有塞索斯特里斯号在那里，其余船只被风暴吹得七零八散，在海上漂流了一周。21日，海军司令的旗舰威里士厘号抵达，随后璞鼎查乘坐的皇后号抵达，25日，郭富将军乘坐的马里恩号才最后赶到。

英军最初的计划是进攻镇海，但由于刮起了东北季风，他们决定先夺取定海——舟山群岛的县城。对当地防御形势的一番侦察让英军大感震惊，自2月他们离开，这里很多地方都做了修缮。奥特隆尼上尉"对这些人的坚毅作出了高度评价，他们致力自己的目标，争取利益，保护自己的家园，维护顽固统治者的傲慢与权威"[16]。可以想见，其中一些中国人看到英军舰队绕了半个地球前来侵略时，也一定是这么想的。

10月1日（星期五），英军对定海发动袭击。两艘铁壳蒸汽船从

---

1 彼得·沃特·费，美国学者、历史学家，著有《鸦片战争：1840—1842》。
2 今浙江省宁波市象山县石浦镇。

黎明开始就一直往岸上运送部队。岸上的炮台被威里士厘号和伯兰汉号打哑了。郭富像往常一样带领战士冲锋陷阵,他的肩部受伤了,但不是特别严重。到了下午,所有重要的地方都被英军攻占。在霍尔的陪同下,璞鼎查和巴加从复仇女神号下到岸上。那天,霍尔遇到一个穿行在废墟中的中国男孩。尽管男孩只有10岁左右,但看上去十分沉着老练。他自称阿福,说自己的父亲是一名士兵,已经战死。他问自己是否可以和船长一同上船。霍尔答应了,第二天就把阿福送回岛上,让他去寻找其他家人。但显然岛上的居民都纷纷逃到了山上,阿福又回到了霍尔身旁。复仇女神号当时新招募了几名司炉(这是蒸汽船上大家最不喜欢的工作)——8名乘坐威里士厘号从香港来到北方的中国船员。有了这批同伴,阿福高兴地在船上安顿下来。就这样,一位英国船长和一个中国男孩开始了一段不同寻常的友谊。这个小男孩后来还见到了维多利亚女王。[17]

10月初,蒸汽船马达加斯加号失事的消息传回了远征队,这次事件揭示了早期蒸汽船面临的一项主要风险。[18] 1838年,木质明轮蒸汽船马达加斯加号(350吨位,120马力)在葡萄牙建造,主要用于商业航行。第二年,马达加斯加号驶往加尔各答。由于中英战争在即,它被孟加拉海军买下。1841年8月16日,在船长约翰·戴西的率领下,马达加斯加号带着总督给远征军的邮件驶离加尔各答,于9月中旬抵达香港。17日(星期五),它载着93名船员和6名士兵前往北方。两天后,大约晚上9点,在波涛汹涌的大海中向东航行了150英里后,在惠来[1]附近的海域,马达加斯加号的后舱开始冒烟。此前,它的煤

---

1 今广东省惠来县。

仓经常起火,而这一次是锅炉后面的水密舱壁着火了。尽管大家奋力救火,但不到两个小时,水密舱壁还是几乎被烧光,后舱的煤炭也着火了。凌晨3点,船身两侧也着火了。凌晨4点,戴西决定弃船。

马达加斯加号上有4艘小船——3艘独桅纵帆船和1艘小舢板。最先离开的是小舢板,上面搭载了7人,在波涛汹涌的海面,这艘小船立刻被蒸汽船的船头撞翻,所有人都淹死了。接下来,最小的独桅纵帆船下水了,这是一艘老船,上面搭载了20人,它也很快被大船冲翻,仅有1人获救。另外一艘独桅纵帆船也下水了,上面搭载了30人,很快,这艘船就随着海浪漂走了。船长和剩下的41人登上了最后一艘独桅纵帆船,这艘船仅24英尺长,7英尺宽。9月20日(星期一)凌晨5点,所有人都离开了马达加斯加号,此时,从船头到船尾,整艘船已经熊熊燃烧起来。

漆黑的夜里,两艘独桅纵帆船在波涛汹涌的大海中挣扎着往北驶去。它们行驶了约12英里。上午10点前,人们听到了一声巨大的爆炸声,原来是蒸汽船爆炸了。此时,海面上依旧是恶浪滔天。由于独桅纵帆船的干舷小,戴西让所有人都挨着船舷上缘坐着,形成一堵人墙挡住海水,即便这样,这艘小船几次都差点被淹没。大约中午时分,另外一艘独桅纵帆船消失了,也许沉没了。夜幕降临,还是瞧不见陆地的影子。晚上10点,人们听到了海浪拍打岩石的声音。一整夜,大家都努力不让小船撞上岩石。终于,破晓时分,人们发现了一个可以上岸的安全地带。此时,戴西一行人早已饥寒交迫,精疲力尽。

约莫过了一小时,这群人被当地人发现,被带到附近的村庄关押起来。幸运的是,船员中间有两名中国木匠,能够和看守他们的人交流。23日,他们被押着走了20英里,来到惠来。在那里,戴西一行人假称是美国人，获准给在澳门的怡和洋行送信。经过漫长的谈判，支付了6 000银圆后，他们终于在1842年1月6日抵达澳门。整个囚禁期间，这些人，包括中国木匠在内，都被照料得很好。然而，4个月前驶往北方的99人中，仅余42人归来。

尽管在战场上英军经常大开杀戒，但中英双方对待俘虏都非常友好。英军通常在抓获俘虏后立刻释放他们，郭富下令打发每个俘虏3银圆，这一点非常小气，因为中方打发每个白人俘虏30银圆，黑人俘虏15银圆。复仇女神号的两名船员（一名英国人和一名黑人）在舟山被俘，他们都平安返回了。"一个原先在澳门当奴隶的黑人小伙，后来逃到复仇女神号上。在船上，他给人印象是聪明又能干。"这名黑人的出现给中国人带来了不少乐趣。[19]

随着战争进行，大量中国士兵被杀。实际上，英军统帅也只希望军队和中国政府受损，不想伤及平民。当一艘载满木材的中国平底帆船在舟山附近被没收全部货物时，巴加下令把货钱付给船长。一些俘虏在释放前被剪掉长辫子——在清朝，剪掉辫子是要被砍头的。郭富于是下令，以后俘虏解除武装后即可释放，不必遭受此种羞辱。当然，区分士兵与非士兵并不容易。奥特隆尼记载，中国兵身上穿着蓝色的棉布衫，这是辨认他们的标志，但他们"脱下它，很快就能更换身份"[20]。

10月8日，复仇女神号和弗莱吉森号搭载璞鼎查、巴加和郭富向西行进50英里，前去勘察镇海。三人商议，海军攻打位于甬江左岸和北岸的城市，陆军攻打驻守甬江右岸的军队。10月10日（星期日），袭击开始。和往常一样，蒸汽船运载登陆部队，并拖曳帆船至指定位置。在河右岸，英军左右包抄，许多士兵（绝大部分是绿营兵）被抓获，惨遭屠杀。他们被"四面八方而来的英军包围，被围成半个圈的步枪队扫射……尽管将军及其属下军官努力让大家停止屠杀，但是停战的军号响了很久，我们的士兵才平息杀戮的怒火"。下午2点，整个城镇以及河两岸所有防御势力都落入英军手中，而英军仅3死16伤。克里估测，大约有1 500名中国兵死伤，还有数百人被俘，被俘士兵第二天全部被释放。[21]

镇海得手，英军继续向位于西南方向和河流上游12英里以外的宁波前行。宁波有30多万人口，是中国最大的商业城市之一，垄断了与日本和韩国的贸易——在1850年至1864年的太平天国运动中，这座城市变成了一座"死城"[22]。最重要的是，宁波位于杭州东面100英里处，而杭州是省会城市，也是京杭大运河的南部枢纽。英军统帅认为，威胁杭州将会给北京施压。12日，复仇女神号搭载巴加前往宁波勘察。巴加"穿着白色夹克和法兰绒长裤，头戴遮阳帽，这是他一贯的便装"[23]。巴加看到许多居民已经出逃，担心这座城市在英军到来之前遭到劫掠，因此派4艘蒸汽船拖曳4艘帆船前往宁波，船上仅载有750名士兵，还有一些炮兵和坑道工兵。由于鼓浪屿、定海和镇海三地分别驻守英军约500人，英军实力大大削弱，但他们不能再拖延下去。实际上，英军没放一枪就将宁波占领。10月13日晚，皇家爱尔兰第18兵团的乐队在宁波城东门奏起国歌《天佑女王》。随着天气愈发寒冷，士气逐渐消耗，英军决定在此度冬。

此时，复仇女神号和其他蒸汽船一样奔忙于宁波、镇海和舟山之间运送人员和物资，同时它还驶往附近河流，攻打当地炮台。1842年1月，一艘新的战列舰、载炮74门的康华丽号（*Cornwallis*）抵达中国，取代了即将前往英国的旗舰威里士厘号。不久，伯兰汉号载着璞鼎查驶往香港。1842年2月1日，璞鼎查抵达香港，他高兴地看到，这里发展迅速，一派欣欣向荣的气象。5个月前，他初抵香港，当时伦敦政府对它冷漠无情,他却积极支持,因此大大促进了此地的发展。由于在香港度冬的英军仍然生活在船上,璞鼎查下令修建永久性的营房、仓库、弹药库和一所医院。与此同时,他还征用了一些新的仓库,下令部队上岸。整个冬季,大批鸦片抵港。[24] 时任港务长和海事裁判官的佩德上尉(后任复仇女神号船长)估测,每四艘船中就有一艘运来鸦片。在停泊于维多利亚港口、怡和洋行的接货船伍德将军号上,人们忙忙碌碌。除了鸦片,中国人还购买别的物资。英国和葡萄牙商人也在积极地重整装备。据估计,在1841年10月至1842年1月,五六百门黄铜和铁质的加农炮,以及成百上千把手枪、步枪、刺刀已经运送至珠江上游。[25] 自由贸易在此呈现一片兴旺繁荣之象。

第15章　四寅佳期

> 排此阵是甚时甚节？是寅年、寅月、寅日、寅时。
>
> ——韩擒虎的故事，公元6世纪的传奇人物[1]

随着冬季来临，宁波局势恶化，中英双方的军队施加了诸多暴行。士兵遭绑架、被谋杀，房屋遭掠夺，乡绅被欺辱，民众纷纷外逃，宁波城陷入中方乌合之众和贪婪的入侵者手中。清军枪杀逃难的民众，将他们视作猎物。

1月，霍尔率复仇女神号前往舟山进行检修。船被拖到一处沙滩，接下来的几周，在厦门附近损坏的底板被重新更换，其他修补也有条不紊地进行，当地中国工匠给予了热忱的帮助。2月10日，克鲁人汤姆·利物浦去世，这是离开英国以来复仇女神号上的第一起死亡事件。月底，当复仇女神号搭载第26步兵团回到宁波时，有传闻说当地清军加强了防范。尽管如此，3月3日，霍尔还是受命搭载郭富和巴加再次前往舟山。就在离开的前一天，3月2日，人缘颇好的大管轮约翰·麦克杜格尔不慎遭枪杀身亡。发给麦克杜格尔家人的抚恤金的详细清单列出来了，但是如何把抚恤金转交给他的家人，我们不得而

---

1 韩擒虎是隋朝名将。以上文字选自《韩擒虎话本》，载黄征、张涌泉校注《敦煌变文校注》，中华书局，1997年，第302页。

知。这份清单包括：因着1840年8月他在德拉瓜湾的表现，多付一周的薪资5英镑；孟加拉政府发放的津贴50英镑；销售他个人物品所得14.79英镑；总计69.79英镑。[2]

5日，复仇女神号在舟山与皇家克莱奥号（Clio，装炮16门）相遇。后者"离开香港仅14天，带来邮件和军中人员晋升的喜报……由于大家在珠江立下的战功"，"（霍尔）表现尤为突出，海军部颁发了枢密令，擢升他为上尉"，晋升时间从1841年1月8日算起。[3]

1841年年底，道光皇帝收到镇海和宁波失守的消息，他下令亲信奕经准备反击，以期收复失地。奕经学识渊博，精于作画，处事温俭，深受皇帝信任，却无军事经验。奕经赶到清军集结的苏州，在那里招募当地学士担任幕僚。其中有一位30岁左右的年轻人贝青乔[1]，战争结束之后，他撰文描述了这次惨烈的反攻，从中国人的视角看待这次反攻，给我们留下了一份珍贵的史料，后来这份史料经由阿瑟·韦利的妙笔译成英文。可喜的是，这份译稿的风格不是维多利亚时代的人们喜欢的字面翻译。[4]

奕经最初计划在苏州集结一支1.2万人的旗兵和3.3万人的绿营兵，在2月9日，也就是除夕那天发起反击。1月31日，奕经下令谋士撰写宣布胜利即将来临的文告，还乐此不疲地将收到的30篇文章按优劣排序。贝青乔说："是时捷者之至，若可计日而待也。"[2] 然而，当奕

---

1 贝青乔于扬威将军奕经南下驻节苏州时投效其麾下，先后"入宁波侦探夷情""监造火器"等，颇受重用。军务之暇，他把随军见闻和感想记录下来，名曰《咄咄吟》。
2 见贝青乔《咄咄吟》，载中国史学会主编《中国近代史资料丛刊·鸦片战争（三）》，上海人民出版社，1957年，第185页。

经在杭州关帝庙求签时，签上提到了老虎。由于在中国传统迷信中老虎与战争获胜相关，奕经决定，对英军的进攻推迟到四寅佳期，即壬寅年壬寅月戊寅日甲寅时，也就是1842年3月10日凌晨3时到5时。[1]

贝青乔的首要任务是前往宁波侦察敌军的兵力，并汇报攻城的最佳方式。他发现城里只有不到300名外国兵，港口只有2艘战舰，然而"没有哪个地方的夷军掠夺情况比宁波更甚"。他的另外一项任务是督造500具飞火铜枪，然而他很难为情地提到，由于完全缺乏各方面的经验，武器根本造不出来。

与此同时，在宁波西北80英里开外的先锋营，一切进展不顺。此次大袭击的指挥官、奕经委以重任的张应云根本不是合适人选。张应云的官衔比地方指挥官低，他们完全不听命于他。张应云还吸食鸦片，关键时刻根本无法指挥作战。此外，密探正在向入侵者传递情报，并向清军大本营传递虚假消息。当密探传递的虚假战情与官员传递的同样的虚假战情重叠在一起时，难怪奕经会觉得，收复镇海与宁波这两座城市"易如反掌"。[2]

另外的问题是，要集合一支主要由地方部队组成的军队困难重重。大部队由于不熟悉地形而走散了。有人和自己人开火，误以为对方受雇于敌军。每一位指挥官及其随从都需要保镖，贝青乔推测，每10个士兵当中就有6个要负责这项工作。3月5日，先遣部队最终出

---

1 无独有偶，当代也有这样的迷信事件发生。在缅甸，试图推翻军政府独裁统治的学生要求大规模示威游行于1988年8月8日上午8时8分开始（参考丹敏乌的著作[Myint-U，2007]）。——原注
2 见贝青乔《咄咄吟》，载中国史学会主编《中国近代史资料丛刊·鸦片战争（三）》，第187页。

发,他们没有随身带粮米,因为前营官兵以为所过之处"村井繁富",士兵可以养活自己。然而根据贝青乔的记载,"讵意乡民闻官兵过境,迁避一空,我兵绝粮,屡欲溃散"[1]。

部队所需的武器和辎重需经姚河运输。由于河道浅,只有小船可通行,而小船不够用,因此雇用役夫经陆地搬运。"故凡军装器械,皆藉役夫搬运,而所雇役夫二千四百人,半系乞丐,体羸力弱,日行三四十里。……加以连日淫雨,道路泥泞,中途已逃亡过半矣。"[2]

起先是派遣火船袭击英舰,但这招如同在广州那次一样,彻底失败。另外一个新的点火方法也没有什么效果。有人建议在猴子尾巴绑火药,再把这些猴子扔到英军船上,猴子将会朝各个方向迅速传播火花,幸运的话,火焰将会蔓延到弹药库,届时整艘船都会爆炸。于是,清军抓来了19只猴子,把它们带到先遣营。但是,正如贝青乔所写的那样,"盖无人敢近夷船,故虽有此策,而未及行也"[3]。

3月9日,时任宁波"县令"的郭士立得到了攻城在即的情报,一些在兵营里帮忙的当地兵丁也证实了这则消息。但是英军并没有特别留意。因此,第二天凌晨3点,清军同时袭击南门和西门,打了英军一个措手不及。这是英军首次与旗军正面交战。旗军体格强健、遵守纪律、英勇善战,给英军留下了深刻印象,但旗军的战术和武器还是太陈旧。许多士兵没有携带枪支,仅携带刀剑和长矛。南门很快被清军攻占,清军打到了集市,而后被英军击退。在西门,手持刀剑、

---

[1] 见贝青乔《咄咄吟》,载中国史学会主编《中国近代史资料丛刊·鸦片战争(三)》,第189页。
[2] 同上,第189—190页。
[3] 同上,第198页。

长矛和火绳枪的清军被大约130名装备撞击式步枪和两门榴弹炮的英军赶到了窄巷。在那里,英军开始了一场骇人的大屠杀。旗军进攻时,两门榴弹炮在距离他们不到30码的地方开火,接连发射了三轮葡萄弹,而后英军训练有素的野战排又继续开火。后面的旗军不知道前方发生了何事,继续向前涌来,结果死伤无数,士兵的尸体堆满了整条街。"士兵扭动身躯、痛苦呻吟",这副惨状让上尉奥特隆尼见了也害怕。"尸体堆积在窄巷,绵延数米。战事结束后,一匹原本由一位中国官员乘坐的马驹从死人堆里被解救出来,毫发无伤,它被埋得严严实实,以至于一开始并没有被人发现。"[5] 在这场激战中,英军仅有一名士兵战死,一些人受伤,而清军的损失估计在400人到600人之间,另有39人被俘。

在这次夺回宁波和镇海的战斗中,清军用兵不超过5 000人,不到该地区军队人数的十分之一。镇海的情况也好不到哪里去。在黑暗中,突袭的大部队迷失了方向,在袭击被击退12小时后才抵达战场。败军在慈溪(位于宁波北面18英里处)附近的山坡上重新集合。3月15日,他们再次被击溃。

9日晚上,当时唯一一艘在宁波的蒸汽船塞索斯特里斯号轻易地避开了火船的袭击,并于翌日黎明时分离开宁波,送信给舟山的英军首领。郭富立即随塞索斯特里斯号返回宁波。14日,巴加率复仇女神号、弗莱吉森号和皇后号一同返回。此时英军在宁波的人数已增长至1250人——900名陆军听从郭富的指挥,另外350名水兵和海军陆战队士兵则是随巴加从舟山过来的。15日,复仇女神号、弗莱吉森号和皇后号搭载1 000名士兵(郭富与巴加在复仇女神号上),溯河而上数英里,前去攻打驻守慈溪的旗军大营,当时那里约有守军7 000人。凭借着优越的战术和先进的武器,英军再次取胜,仅3死22伤,而清军死伤则又是数以百计。船长霍尔的朋友 W. D. 伯纳德认为，这是整个战争中最经典的一战。当时，许多当地农民聚集在附近的山头饶有兴致地观战，毫不害怕。17 日，英军再次返回宁波。

此时，奕经试图夺回舟山群岛的定海，但这又是一场更加糟糕的败仗。清军从沿海各地调来 276 艘小船，派郑鼎臣指挥。然而，绝大多数船只完全迷失在未经勘探的浅滩和沙洲中。当那些晕船的水勇听到岸上打了败仗的消息时，"他们完全丧失了作战的心志，再次出海时，他们在海上漫无目的地转了一个月，没有勇气再次发起袭击"[6]。不用说，这不是奕经听到的版本。当郑鼎臣听闻自己要受军法审判时，他突然上报说，他派火船袭击英军，打了胜仗，毁坏英舰 1 艘，小船 21 艘，消灭上百英军，仅有 3 名清军战死。尽管人们对此表示怀疑，但当这则消息传到京城时，郑仍被提拔为四品官，并赏戴花翎。

清军的大反击过后，接下来的两个月，中英双方鲜有战事。复仇女神号主要负责运送人员和物资，偶尔也袭击清军战舰和火船。有时候，在怀疑它性能的人面前，它也会亮亮底牌。有一回，在舟山南部，它正全速行驶，突然撞上了一块圆锥形的礁石。当时正值落潮，船头被礁石卡住，船尾深陷水中，部分龙骨也露出来了。没有岩石也没有水支撑，在这种情况下，一艘木船显然会面临灭顶之灾。当潮水上涨之际，大家希望复仇女神号会随之漂浮起来，然而，撞击礁石而形成的大凹口将船死死卡住。于是，霍尔派遣小船前去寻求当地舢板工的帮助，并很快得到了救援。即将涨潮之际，6 艘舢板位于船身两侧，3 艘向左转舵，3 艘向右转舵，粗缆索系在舢板之间。涨潮时，复仇女神号摆脱了困境，除了一个大凹口，没有其他损坏。

在船上，小阿福的英语突飞猛进，他成长为一名得力的翻译。比起先前那两名广州籍的翻译，他要可靠得多，因为那两人经常欺骗当地的物资供应商。1月15日,霍尔正式将阿福算作一名船员,每月发他1.5英镑薪水。[7] 某天晚餐时分,马德拉斯步兵第41团的查理斯·伯德特爵士挑战阿福,要他读出自己的名字,如果念对了,就奖励一把手枪。这个男孩从霍尔那里学了一会儿,骄傲地回到查理斯爵士身边,准确地念出了后者的名字,得到了奖赏。几天后,阿福发现了奖品的用途。他随霍尔前往宁波,担任陪同翻译。他们走进一间分派给英军住的房子,却发现有一个中国兵赖着不肯走。阿福突然掏出手枪,对着这个人大喊:"再不走,我就要开枪了。"这个士兵吓了一大跳,大声喊:"不要开枪!我走!我走!"随后跑出了屋子。这件事把在场的所有人都逗乐了。其实,手枪里并没有装子弹。[8]

英军只想攻占宁波作为度冬军营。5月7日,他们撤离宁波,继续北上,13日在杭州湾以北的乍浦抛锚。17日,英舰向内陆靠近。康华丽号(装炮74门)、布朗底号(装炮46门)、阿尔吉林号(装炮10门)、哥伦拜恩号(装炮18门)、摩底士底号(装炮18门)、珩鸟号(装炮10门)和椋鸟号(装炮6门),总共装载了182门大炮。18日(星期三)黎明,英军向乍浦发起了攻击,复仇女神号和弗莱吉森号再次向岸边运送部队。中国守军大约有7 000人,然而他们的武器装备极其落后,很快就撤退了。但是旗军的冷静和勇敢给英军留下了极为深刻的印象。后来,英军进到一些旗人家里,发现旗人因为不愿被俘,整家整家地自杀身亡,这让英军惊愕不已。这一次,清军损失仍旧极为惨重。霍尔估测,中方大约有1 200战士伤亡,而英军仅有13人战死(包括复仇女神号上的2名船员),52人受伤。虽说英军在中国战场损失甚少,但在大英帝国的其他地方情况就不太妙了。

第16章　腹心之患

> 扬子江乃咽喉之地，天下大局，全在于斯。彼既断我盐漕，绝我商旅，非疥癣之疾，乃腹心之患也。

——张喜，伊里布长随，1842年8月[1]

1842年1月12日，在宁波以西几千英里外的地方，一位独行侠骑马进入西印度的小镇贾拉拉巴德。这位名叫威廉·布莱顿（William Brydon）的苏格兰医生带来了一则消息——英军在喀布尔的守军几乎全军覆没了（见第20章）。[2] 这个灾难让英国政府和民众大为惊愕。整个1842年，吸引英国和英属印度统治者注意的不是中英之间的冲突，而是派往阿富汗报仇雪恨的英军的进展。但印度总督埃伦巴勒勋爵（他在那一年初接替奥克兰勋爵上任）也注意到与中国的战事耗费太多财力，必须速战速决——这同时也是致富的一战，因为阿富汗战争的开支显然会极其浩大。因此，他下定决心加强在中国的英军力量。尽管阿富汗战场有需求，驻守中国的英国陆军还是从英国得到了一个团、从印度得到了六个团的增援，此外还有更多炮兵、坑道工兵、地雷兵的加入。因此，年初手下仅有3 000人的郭富，到了6月

1　见张喜《抚夷日记》，载中国史学会主编《中国近代史资料丛刊·鸦片战争（五）》，第363页。

开始统率1万人的队伍。

海军势力也同样大为扩张。[3] 幸运的是，不论是皇家海军还是东印度公司的海军部队，当时都没有卷入其他地方的战事。因此，四五月间，舟山附近的英舰得到了扩充，战舰、运兵船和补给船也都加入进来。4月2日到5月26日，总共有55艘船离开新加坡赶赴中国。蒸汽船舰队的数目几乎增长了两倍，从4艘增至11艘。东印度公司的6艘蒸汽船加入了复仇女神号、弗莱吉森号、皇后号和塞索斯特里斯号的行列中。木船丹那沙林号（769吨位）来自孟加拉海军，这艘船前一年建造于缅甸的毛淡棉市，是皇后号的翻版，此外还有秘密委员会的2艘铁壳蒸汽船冥王号和普罗塞尔皮娜号。印度海军也派来了3艘船——1840年造于孟买的木船奥克兰号（*Auckland*，964吨位），以及造于莱尔德造船厂的阿里阿德涅号和美杜莎号。自1841年8月以来，东印度公司的第十二艘蒸汽船胡格利号（*Hooghly*，158吨位）就开始在香港服役。6月底，皇家海军在东方战场服役的第一艘蒸汽船皇家雌狐号（*Vixen*，180英尺长，1 065吨位，280马力）加入东印度公司。这艘木质明轮船于1841年2月下水，12月开始服役，直接开赴中国。

战事停止后，另外两艘从英国来的蒸汽船抵达中国。1842年5月22日，东印度公司的阿克巴号（*Akbar*）从法尔茅斯出发，于8月25日抵达新加坡。这趟行程耗时95天，其中80天在海上航行，大多数时间使用风帆。同一天，雌狐号的姊妹船，皇家德赖弗号（*Driver*）抵达长江。这艘船日后成为第一艘环绕地球航行一圈的蒸汽船，在环球航行时它主要还是使用风帆。德赖弗号途经婆罗洲、新西兰和里约，于1846年5月14日抵达英国，航行75 696英里。在这次航行中，149名船员中有32人丧生，47人患病，充分说明那个时代船员的悲惨命运。[4]

6月中旬，秘密委员会的6艘滑动龙骨船全都集结在舟山附近海域。1840年9月，普罗塞尔皮娜号与弗莱吉森号一同离开英国，于1841年6月抵达加尔各答。普罗塞尔皮娜号往来航行于加尔各答和缅甸的毛淡棉市之间，直到1842年5月11日，才在约翰·霍夫的率领下前往中国。1841年10月，在约翰·都铎的率领下，冥王号离开英国，直接驶往中国，正如复仇女神号那样。冥王号于4月下旬抵达新加坡，5月15日抵达香港。[5]

阿里阿德涅号和美杜莎号奔赴战场的行程充满了戏剧性。这两艘平底小铁船显然不适合在海上远航。[6]自从1840年在孟买下水以来，它们就一直作为邮船在孟买和印度河三角洲之间往来航运。或许是1841年7月璞鼎查和巴加前往中国、途经孟买之际，听闻了复仇女神号的卓越表现，于是命令阿里阿德涅号和美杜莎号这两艘船开赴东方。9月29日（星期三），阿里阿德涅号和美杜莎号一起离开了母港。较大的美杜莎号由上尉哈利·休伊特率领，阿里阿德涅号由上尉约翰·罗伯特率领。10月19日至22日，这两艘小船经过了新加坡，月底，它们航行在南中国的海域，往北朝菲律宾驶去。由于逆风行驶，它们的行进速度非常缓慢。11月2日（星期二），离马尼拉不到120英里的地方，阿里阿德涅号耗尽了煤炭，休伊特下令罗伯特率船返回新加坡。

阿里阿德涅号上只有2名军官和15名船员。它首先往南航行，在靠近巴拉望的岛屿处获得了一些薪柴。但是"因为船只排水量小"，一阵强劲的风暴把它往东吹了90英里。11月12日，阿里阿德涅号勉强回到婆罗洲的最北边。船员们再次上岸获取薪柴，却遭到当地人的袭击，杀死3名袭击者后，他们夺回了船只。11月底，阿里阿德涅号回到巴拉望。船上食物所剩无几，烈酒和燃料耗尽。但因为成功获得了薪柴，罗伯特决定再次往北。12月8日，他们在途中偶遇康华丽号，后者正在前往与舟山附近英舰会合的路上。阿里阿德涅号从这艘三级舰上得到了一些煤炭和供给，然后向马尼拉进发，在那里补给更多的燃料后，最终于1842年1月22日抵达澳门。它在那里待了几个月，可能在5月和姊妹船一同前往北方的舟山。

11月2日，和阿里阿德涅号分开后，美杜莎号立刻驶往马尼拉，第二天就到了，此时燃料已极度匮乏，而在马尼拉可用的也仅剩一丁点劣质的煤炭和一些木材。美杜莎号装了30吨物资，就连船舱里面也装满了木材。9日，它再次向北方驶去。13日，距离香港仅剩一天的行程，它遭遇了一场可怕的风暴。由于船上的指南针不准确，燃料又几乎用尽，它被吹往西边靠近今天中国海南省的位置。恶劣的天气使得船只无法导航观测，越往岸边行驶就越危险。休伊特此时放弃了抵达香港的希望，决定将船开回新加坡。他下令船员寻找一切能够找到的燃料，他们拆下船舱的配件，甚至木质的舷墙。船被吹往南边，在18日（星期四），最终平安到达了交趾支那的金兰湾。休伊特一行人在那里歇息了6天，修好了指南针，补充了木材和水。但木材太嫩，不好燃烧，因此在往南行驶的途中，他们大部分时间使用风帆航行。12月6日（星期一），他们终于再次抵达新加坡，此时距离当初离开已经过去了充满焦灼的45天。

在新加坡，休伊特得知，就在他们离开一周后，蒸汽船福布斯号（302吨位）从加尔各答赶来，带来了口信：他们这两艘船不用前往中国，改去英属缅甸的毛淡棉市，因为那里可能发生骚乱。因此，经过一番必要的修理之后，美杜莎号于19日离开新加坡，前往丹那沙林[1]海岸，然而它发现自己在毛淡棉市毫无用武之地。正如《印度之友报》

---

[1] 如今称作德林达依，位于缅甸的最南部。

在12月2日报道的那样:"阿富汗山雨欲来,在东部前线威胁我们的小风暴算不了什么。"[7]于是,美杜莎号驶往加尔各答。4月,它忙于帮助把开赴中国的部队运到集结在港口的运兵船上。24日,美杜莎号离开加尔各答,再次前往东方;5月5日,抵达新加坡;两天后,在雌狐号和皇家狄多号(Dido)的陪同下,再次前往中国。这一次,跨越南中国海的行程风平浪静。

1842年5月19日,美杜莎号终于抵达香港。九天后,它驶往北方,可能有阿里阿德涅号相伴。但这两艘船注定不会在一起共事太久。6月23日,阿里阿德涅号在舟山附近触礁,船身撞了一个大洞,海水灌进了引擎室,3名中国船员被淹死。人们赶紧用一片风帆堵住洞口,然后塞索斯特里斯号将其拖曳回港。但在进入舟山港的时候,阿里阿德涅号沉入30英尺深的水中,消失不见了。

5月9日,道光皇帝派遣的两名特使伊里布和耆英抵达杭州,他们特地来查看英军的侵略情况。得知乍浦失守的消息后,20日,伊里布和耆英通过一名职衔较低的军官传话,表达求和的愿望,但璞鼎查拒绝接见这名军官,坚持只和特使面谈。此时,英军援兵的主力部队已经抵达,英方决定沿长江前往南京,那里是古都,是长江边最大的城市。29日,舰队在距乍浦40英里开外的地方停泊。6月8日,雾气弥漫,整支舰队在长江口集结。复仇女神号(郭士立在船上任翻译官)由弗莱吉森号和摩底士底号陪伴,前去侦察吴淞口附近炮台的防御情况。吴淞口位于长江南岸,黄浦江从南而来注入长江,上海位于黄浦江十几英里开外的地方。

6月13日(星期一),英军舰队(包括战舰和运兵船)最终停在吴淞口。16日清晨,5艘战船被5艘蒸汽船拖至炮台对面:旗舰康华丽号由塞索斯特里斯号拖曳,五级舰布朗底号由丹那沙林号拖曳,未分级战船摩底士底号、哥伦拜恩号和克莱奥号分别由铁壳蒸汽船复仇女神号、弗莱吉森号和冥王号拖曳,美杜莎号备战。随后,阿尔吉林号(装炮10门)和北极星号(*North Star*,装炮26门)加入。英舰攻打炮台长达两个小时,然后水兵和海军陆战队士兵登陆,夺取了炮台。那天,在英舰的轰炸中,清军久经沙场的陈化成将军战死。这位伟大的将领迄今仍被中国人视为民族英雄。让海军气恼的是,陆军没有参与作战。不过,海军收获了满意的战利品——250门大炮中有42门黄铜炮,这让他们的怒火稍微平息了一些。

与此同时,复仇女神号不再拖曳摩底士底号,它沿河而上,去袭击一支中国平底帆船舰队。让复仇女神号上的船员们既惊讶又好笑的是,这支舰队中有5艘新造的"轮船"。这种奇怪的船只由两组直径为5英尺的明轮驱动,这些明轮通过手工操作,由甲板下方的绞盘经由木齿轮带动。英军还以为这是中国人仿照他们明轮蒸汽船的杰作。事实上,这种船早在公元5世纪就在中国出现了。1161年,在山东南部海岸,宋朝的海军打败了金国来犯的一支舰队。宋朝战船使用车轮桨,配备当时非常高端的武器——铁夯、火箭、发射燃烧弹的弩炮、使用火药的炸弹、火船。[8] 显然,中国古代的海军英勇无敌,但这次霍尔不给他们施展实力的机会,他下令发射船首的葡萄弹和霰弹,大败对方。混战中,阿福来到舰桥上看热闹,流弹飞舞,霍尔立刻命令他下到甲板去。

6月14日,皇家狄多号(装炮18门)抵达舟山。[9] 这是一艘"帅气的轻巡洋舰,西蒙兹[1]设计的最好的一艘船",船长是亨利·凯珀尔。

---

1 维多利亚时代英国著名的船舶设计师。

我们之前了解过一些有关凯珀尔的消息——他是一位伯爵的儿子，我们曾经拿他的快速晋升与霍尔相比——现在将对他有更多了解。凯珀尔身高不足5英尺，有着一头鲜亮的红头发和一双炯炯有神的眼睛。他不仅魅力非凡，而且是一名好水手，精力充沛，英勇善战。凯珀尔深受大家的尊重，上至女王、下至船上的见习军官都喜爱他。他最终成为英国海军元帅亨利·凯珀尔爵士，维多利亚女王的"小元帅"。1904年，凯珀尔去世，得享高寿，荣誉满身。[10]

1月23日，狄多号离开法尔茅斯，途经里约、开普敦和新加坡，后随雌狐号和美杜莎号离开新加坡，于5月30日抵达香港。这段航程用时127天，而18个月前，同样的航程复仇女神号花了245天。3个月后，狄多号的航行记录被皇家复仇号（装炮50门）轻松打破了。后者从英国出发，只用90天就抵达香港，其中有两次在一天之内航行了296英里。[11] 到了香港，凯珀尔立刻向璞鼎查报告，后者指示他带领一支从印度而来、装载2 500名士兵的运兵船队前往北方的舟山，并在6月16日把士兵从舟山运送到那天刚攻陷的吴淞。

6月15日，善于交游的凯珀尔在旗舰上与海军司令一起用餐。18日，他与陆军司令一起登陆。"滑铁卢纪念日[1]。陆军总司令郭富乘坐我的快艇上岸，我见识了战争的残酷。几百具士兵和战马的尸体堆积在一起。房屋烧毁，村落废弃，到处弥漫着一股浓烈的灾难气息。有个中国人与其他人不在一起，郭富命一名传令兵去查看他是死是活。这个下士把刺刀插进此人的身体，将之翻转过来，回答道'长官，死

1　1815年6月18日，英荷联军和普鲁士军队击败拿破仑。英军一些军团在每年的这一天都会举行庆祝活动。

了'。那毫无疑问是具死尸。"[12]这显然有悖郭富的命令："不管什么国籍、什么肤色的手无寸铁之民和求饶者，真正的英国士兵都要赦免他们。"[13]

军队人数日益增长，有必要进行一番演练以提振士气。6月19日（星期日），英军分成两组前往上海。一队从黄浦江左岸登陆，这支部队装备有马拉的火炮，战马从印度运来，还有当地居民自发帮助移开被卡住的枪炮，搬运云梯。"这里的居民文明程度高。乡间四野一望无垠，可媲美伦敦周围的花园。"[14]另一队乘船，战船再次由蒸汽船拖曳。塞索斯特里斯号搁浅，船舵毁坏，被留在了后面。丹那沙林号拖曳北极星号，3艘铁壳蒸汽船还是和在吴淞一样，拖曳同样的船只。这支队伍由美杜莎号率领，上面搭载郭富将军、海军总司令巴加和善于交际的凯珀尔。英军没有遇到任何阻力，毫不费力地占领了上海城。这些入侵者看到了巨大的仓库、存货丰富的木料厂，他们惊叹于这里的富庶。当时气温升到了97°F（36℃），他们还惊讶地发现了一些冰屋，里面堆放了许许多多的冰块，这原本是中国人用来保存鲜鱼的，这些感激不尽的入侵者赶紧用来冷镇饮料。[15]郭富再次发出了禁止劫掠的命令。这支3 000人的部队在城里待了四夜，许多人住在商店和民宅，毫无疑问，他们所到之处都被洗劫一空，许多战利品又被卖回给中国人。

上海一位当地的学者曹晟帮助组织了一支自卫军，并用文字记录了那天的场景。[16]谣言四起，说旗军将要屠城，因为暴民干掉了官员——满汉关系由此可见一斑。"午后闻纪中军进西门，比户喧惊曰：'屠城矣！'惊未定，闻炮声不绝。又喧曰：'屠城矣。'不知中军已去，此盖洋炮也。予知事已无可为。……俄见县署前火起，而洋兵水陆毕至矣。其始至也，水行之舟凡六，其二即所谓火轮船也。至大浦之南码头而止。"[1]

第二天,曹晟"由小径归,比及门,已有数洋人持械破门,予念家眷在,纵死不宜两地,挺身阻之,为所执。入室倾箱倒箧,凡一切银钱首饰,细而软者,虽微必攫"。其他没有被英军抢走的东西,则被本地劫匪抢劫一空。21日,"漏下约二鼓(晚上9点)许,雨渐止,月明灭。众土匪推破垣入,声言避雨,不下二三十人,倾箱倒箧,更甚于敌,凡洋人之不取者,悉卷而去。予只手不能谁何,任之而已。去后检点一切,无一文钱,无颗粒米,被袴衣履,凡可食可用者,十去八九,真所谓难中之难也"。

入侵者显然洗劫了一切,但是他们不是特别嗜血。"洋人但掳掠财物,奸淫妇女,至屠戮之事,因入城时,无与之敌者,(而未肆行)……[2]但洋人方捉民当差,凡运炮位、火药,及动用等物,一切扛抬劳务,悉驱百姓,无分僧道绅富,偶为所得,竟日夜不能脱。"

21日,复仇女神号搭载海军总司令巴加、其他军官和一支50人的海军陆战部队,溯河而上,前去勘察通往苏州(英国人认为这是中国最重要的制造业城市)的航道,同行的还有弗莱吉森号和美杜莎号。凯珀尔记载道:"船行60英里,未遇阻碍。乡村人烟稠密,当地人看到船惊讶万分。"由于河道太浅,几艘船只好折回,后来他们才知道,当时他们已经非常靠近苏州,城内居民甚至从城墙上望到了蒸汽船冒出的黑烟。[17] 英军的蒸汽船行驶在人烟稠密、树木稀少的地区时,

---

1 此段及以下两段所引,见曹晟《夷患备尝记》,载《中国近代史资料丛刊·鸦片战争(三)》,第130—133页。
2 括号中文字为英译本所加,《夷患备尝记》原文为"故于十三日未申后,其头目已将器械收去"。

根本不用担心煤炭的问题，因为中国很多地方都有煤矿。

6月中旬，璞鼎查带着更多援军从香港返回舟山。22日，他搭乘皇后号抵达吴淞，与巴加和郭富会面。普罗塞尔皮娜号也大约在此时从舟山来到长江。现在，切断京杭大运河、威胁帝国的第二座大城南京的准备工作已经就绪，离游戏结束不远了。自从去年10月英军攻占宁波以来，中国军队加强一切力量巩固京城的防护，显然没有意识到英军对南京这座防守薄弱的城市的野心。

6月底，恶劣的天气让水流强劲的长江更加变化莫测，非常不适合舰队航行。长江是世界上第三大河流，发源于青藏高原，蜿蜒4 000多英里，流入大海。它带来了大量的泥沙，随着眼下夏季季风的来临，这条大河还带来了充足的江水。英军决定率领一支由几十艘船组成的舰队沿河而上，包括2艘装炮74门、吃水至少23英尺的战列舰——巴加的旗舰康华丽号和如今成了运兵船的贝莱斯尔号。29日，弗莱吉森号与两艘测量船打头阵，前去勘测最合适的航道。它们航行到大运河，并标出航道，几天后返回。如今，准备前往内陆的英军舰队，是一支有着73艘船的大部队：11艘帆船战舰、4艘装有武器的运兵船、10艘装有武器的蒸汽船、48艘载着9 000名士兵和3 000名海军（其中2 000人可以上岸作战）的运兵船。除此之外，还有2艘战船封堵吴淞的河流，一些小船防卫舟山、镇海和厦门的营地（每一处都留有500名守军）。与11个月以前在香港集结、准备北上的英军——36艘船（包括5艘蒸汽船），作战部队2 700人——相比，此次英军速战速决的决心十分明显。

毫无疑问，英军此番远征经过了精心的策划，展示了高超的航海技术。后勤准备相当充足：70多艘船，13 000多名不同级别的士兵，服装和食物，战斗物资——这一切都是在远离英国数千英里的地方准备好的。而英军在一切必需物资上供应充足。从第一手的文献资料可以看到，英军中没有什么抱怨之声。举例来说，每艘运兵船上的军官可以"每日喝三瓶啤酒、一瓶红酒、一品托白兰地"。[18] 这场战争很"成功"，战争结束时这些物资还没消耗完。

向长江挺进的舰队被分为6组：先遣部队和5支小分队。5艘铁壳蒸汽船都在先遣部队里，包括海军总司令巴加乘坐的康华丽号，每支小分队都有一艘木质蒸汽船。第一分队的运兵船马里恩号搭载陆军总司令郭富，第三分队的皇后号搭载璞鼎查。[19]

7月6日（星期三）黎明时分，浓雾升起，但随后很快消散。这一天将要见证整场战争中最气势恢宏的阵势。英军舰队在长江中一字排开，每一组都和另一组井然有序地隔开。狄多号在阵列末尾，船长凯珀尔充满激情地写道："整支舰队排成一条线，留有转向的空间。这是一幕壮观的景象。舰队从旗舰处收到抛锚的指示后，不到几分钟，就看到绵延长达3英里的烟雾从河面升起。当水手爬上高处去解开帆叶时，士兵们在帆叶和绳索处各就各位。顶风转向，桅杆如林，与白云相接。"[20] 运兵船上的上尉奥特隆尼也大为惊叹，"没有什么干扰可以毁坏这惊人的气势"。[21]

复仇女神号率先遣分队前行，通过信号旗告诉后面航行的船只水有多深，因此行进非常缓慢。绝大多数船都搁浅了不止一回，由于底下是泥滩，所以没有撞毁。有些船需要两三艘蒸汽船合力将它们拖出来，才能继续上路。7月8日，他们赶上了海潮，逆着时速5—7海里的洋流还有风向航行，就像蜗牛在爬行。贝莱斯尔号（装炮74门）上的坎宁安船长写道："我们陷入了其中一个漩涡，让我们这样载重极大的蒸汽船都难以应对……这就是涡流的威力，而我们却深陷其中。尽管当时有强风，每一片船帆都逆风鼓胀开来，船却依旧纹丝不动，

第16章 腹心之患　165

仿佛被施了什么法术一样。"[22]

过了两周,整支舰队才在镇江集合,这座有着高大城墙的城市位于长江左岸、大运河南支的入口,距离吴淞150英里。这里的河道宽约1.5英里。加略普号被派去堵住扬州附近大运河北支的入口。在这次前往镇江的航行中,英军舰队截获了不下700艘中国平底帆船,这说明在这个区域,河运贸易至关重要。

18日,在复仇女神号的陪伴下,璞鼎查乘坐皇后号,停泊在一个叫作仪征的县城。一位当地官员被邀请登上复仇女神号参观,他带了一些小礼物登船,对这艘船表现出了浓厚的兴趣。阿福担任翻译,他已经在船上待了9个月,现在可以说是"几乎被霍尔收养",能说一口流利的英语。19日,狄多号与奇尔德斯号加入了复仇女神号的行列。那天晚上,霍尔带着凯珀尔和其他人上岸,拜访了这名地方大员。在一处有着许多庭院和楼宇的地方,一行人受到了热情的接待。凯珀尔哄诱这名官员主动提供新鲜补给,并表明英军愿意购买这些物品,一个小型市场就此形成。但并非每一次采购食物的过程都如此彬彬有礼。几天后,凯珀尔写道:"与复仇女神号的霍尔进行一次觅食远征……最佳方案是逮住一个有钱的中国人,通常是一村之长。这些人总说没钱。我要他下午4点前准备25头小牛,否则就把他的辫子剪了,这一招果然有效。"[23]但是凯珀尔有失公允。当时中国军队正在保卫镇江,就地征粮,食物确实短缺。

在这场战事中,值得一提的是中国人对待入侵者的殷勤态度。外科医生克里有次在舟山和一支猎杀野鸭的部队外出,他们在一家肉铺买了食物,屠夫的妻子为他们做好饭,一群友好的村民看着这些外国人大快朵颐。镇江沦陷后,克里穿行在这座城市的废墟中,不时有当地人向他售卖新鲜的水果和蔬菜。[24]有天下午,伯纳德"走了五六英里，深入腹地，一群农民加入进来，他们体格健壮、心怀好意，没有殴打和侮辱我"[25]。上尉福布斯走村串户搜集钱币，发现自己置身于这样一群人中——"他们和地球上的任何一个民族一样，友好、善良、好客，在某些方面比我们先进，某些方面比我们落后。"[26]

7月21日（星期四），仍在享受仪征地方官款待的霍尔、凯珀尔及同僚，听到河下游传来火炮声。那天凌晨时分，英军对镇江的袭击开始了。登陆过程十分混乱。夜色茫茫，一些英军士兵被运送上岸，却上错了地方，另一些直到战斗结束才登陆。那是异常闷热的一天，战斗一直在继续。这一次，面对强敌，旗兵同样表现得非常英勇，"冷静沉着、勇气可嘉"。据估计，他们有2 000人到4 000人左右。[27] 到了晚上，战斗结束，中方士兵死伤无数，而英军入侵者仅有40人战死（其中17人死于中暑），128人受伤。气温上升到了100°F（38℃），第98分队损失尤为惨重。"我们损失了5人，都是被敌军的火炮打死，但到夜晚之前，第98分队约有20人死于中暑。这确实是一件悲伤的事情，不过我们很快就对这样的场景感到麻木，因为在这一周结束之前，分队里又有40多人死于霍乱……"[28] 比起坎宁安船长，克里医生对中暑可没有那么乐观。"此外，某分团的士兵被要求站在太阳下，他们衣服上的扣子系到了脖颈处，打着绷紧的皮绑腿，戴着厚重的高筒军帽，扛着3天的给养和60发子弹，直到其中十来人中暑倒地。"[29] 霍乱是一种令人恐惧的疾病，腹泻导致脱水，进而迅速死亡，无法治愈。有时，发病不到5个小时就会丧命。克里爱莫能助地看着"两名年轻的水手奄奄一息，面容憔悴，双眼深陷，大口大口地喘气。另外三人被绞痛折磨，在床上翻来覆去，痛苦呻吟"。

诗人朱士云[1]生动地描绘了指挥旗兵的将领海龄的行为，尽管这描述失之偏颇。[30] 7月9日，海龄贴出告示安抚民众："本副都统立即提兵出击，已有制胜奇策，尔民无得摇惑迁徙等语。"然而，"至是虽亦调兵防守，然仅于城四门添设枪炮外向，城中日夜捉行路者作汉奸而已。每有妇人孺子见旗兵惊走，即追而杀之，向都统报功获赏矣"。[2]两天后，"而都统仍深坐城中，为醇酒妇人之乐，外事不问也……""是夜二更（14日晚上9点）时，闻逃兵填塞街巷，开门询之，则曰：'圌山隘口已失，乡兵逃归，故相率走也。'盖夷船至圌山，施放大炮，击去炮台，弁兵遂轰然而散，溃入城中，圌山竟不复设备。圌山虽有兵数十，并未预储火药，至是遣急足至，乞火药，而都统不发，故溃也。而夷船得以长驱直进矣。连日都统连府县各令宅眷出城逃去。"到了20日，许多士兵接连五日没有进食。"是夜刘提督麾下兵以城闭乏食，故大众至城下，欲开枪炮攻城，取都统生啖之。"实际上，海龄已经死于战乱——或战死或自杀而亡。

战火刚一停息，劫掠随即开始。入侵英军和当地劫匪都趁火打劫。到了第二天，这座约有20万居民的大城一片凄凉。"我们沿运河到达西门边，那是大爆炸发生的地方，到处是一片可怕的废墟——所有的民房被毁，鞑靼兵拼命守卫的城门和守卫塔成为冒着浓烟的废墟。"[31] 旗人家中随处可见自杀和被杀的可怕场景。在一栋房子里，奥特隆尼见到了16具妇人和孩童的尸体，他们不是被毒死，就是被割喉而死。那天，凯珀尔乘坐狄多号登陆。"进入城中，街角到处都

---

1 镇江人朱士云著《草间日记》，生动记录了战争实况。
2 此处以及以下三处所引，见朱士云《草间日记》六月初二至六月十三的记载，载中国史学会主编《中国近代史资料丛刊·鸦片战争（三）》，第75—79页。

是中国士兵堆积如山的尸体。正在打量其中一堆尸体时,一具尸体突然跃起,在空中打了个滚——这是一个中国士兵,他的火绳点燃了弹药。"[32]

尽管镇江遭遇了如此惨重的损失,中方仍然不愿派出高级别的官员进行谈判。英军将领决定继续前往南京。不过,他们非常高兴能与北岸扬州的地方官员进行谈判,英军答应,如果对方支付50万元赎金,就不会攻城。直到26日,21日的战事终于传到京城,震惊朝野。正如伊里布的随从张喜所写:"扬子江乃咽喉之地,天下大局,全在于斯。彼既断我盐漕,绝我商旅,非疥癣之疾,乃腹心之患也。"直到这时,他们似乎才愿意面对现实,同意谈判。

由于一直在吹西风,英军舰队直到八月初才开赴南京城(在长江上游40英里开外,离海200英里),留下一支小分队保卫镇江。如今乡村一片荒芜,不像入侵者早些时候看到的繁盛景象。3日,巴加搭乘康华丽号来到城外。两天后,璞鼎查和郭富搭乘皇后号拖曳的马里恩号来到这里。这座城给郭富留下了深刻印象:"这座城市有居民100万,四围有高墙,长达20英里,有些地方城高70英尺。整座城市有15 000人守军,其中有600个鞑靼人,不包括民兵组织。"[33] 9日(星期二),舰队做好了攻城的准备。接下来几天,部队登陆,包括从马德拉斯首次来的、装有阿拉伯炮架的骑乘炮兵团。尽管骑乘炮兵团在船上待了4个月,但状况依旧良好。此时,中国的两位特使伊里布和耆英收到了来自京城的指示。11日,他们在无锡向英方传话,愿意出赎城费300万银圆,求英军放过南京,并表达亲自和谈的意愿。这正是璞鼎查等候多时的消息。

从这一刻开始,战事迅速接近尾声。璞鼎查立即邀请两位特使登上皇后号谈判。璞鼎查声称,倘若没有一个满意的结果,英军会在8

月14日（星期日）攻城。大约凌晨1点，他收到了中方的积极反馈。15日，璞鼎查与两位特使再次会面。17日，璞鼎查通知郭富暂时停火，并称英军"暂时侵占一个友好的国家"。[34] 与此同时，中方快马加鞭向京城送信。三四日内，驿站快马就能将消息传递到766英里外的京城。19日，美杜莎号被派往一条运河边接中方代表团到江上，巴加的专用艇再接他们上康华丽号。中方代表团受到璞鼎查、郭富和巴加的接待。英方礼节周到，人人身着盛装，船上还鸣响数发礼炮。双方发表演讲，喝了许多樱桃白兰地。中方代表团被领着参观战舰，除了男孩子年纪轻轻就可以担任海军候补少尉学习战事，而非在书院乖乖学习这点，他们没有发现什么让人特别吃惊的地方。三天后，中方回馈了英军的热情款待，100多名英国军官身着全套军礼服，由仪仗队陪同，在南京城内的一处寺庙受到隆重招待。

与此同时，那些没有参与谈判的人员可以尽情欣赏城内风光，这里的风景给他们留下了极为深刻的印象。最受欢迎的是"极负盛名的大报恩寺宝塔"，欧洲人以前可能从未见过这座气势恢宏的建筑，只可惜几年后遭到太平军的毁坏。这座八边形宝塔有9层，高261英尺。站在塔顶，可以一览南京这座拥有100万人口的大城风光。令许多英国人同样惊讶的是，他们所到之处"每个角落都挤满了人，但我没看到任何粗鲁无礼之举……南京城里城外，每个阶层的人都给予我们最大礼遇"。[35]

27日，中方收到京城传来的结束谈判的许可。8月29日（星期一），在一大群高级军官的见证下，《南京条约》在康华丽号后舱签订。船长霍尔也被邀请参加签字仪式，尽管他不在指定军衔之列。两天后，塞索斯特里斯号在丹那沙林号的陪伴下，带着这"好消息"火速赶往加尔各答。9月10日，塞索斯特里斯号离开香港，21日离开新加坡。

9月15日（星期二），英军收到皇帝签署生效的条约，第二天，蒸汽船奥克兰号前往孟买和苏伊士，通过陆路将条约带往伦敦。此时，自九龙战役打响以来，已经差不多过去三年。

第17章 抵达印度

《南京条约》使得英国最终确立了对香港的占领,获得了广州、厦门、福州、宁波和上海的贸易权和居住权,以及一笔2 100万银圆的赔偿。这项条约在各种书中多有论述,在此我们不再赘述。[1]但值得一提的是,英国的这次胜利是由一支非同寻常的军队取得的,这支军队没有统一的指挥。参与作战的有皇家海军和东印度公司海军,以及两支陆军。海军和陆军之间、它们的指挥官巴加和郭富之间并没有正式的关联。此外,璞鼎查扮演了一个政治领袖的角色。这三人非常独立,但他们有聚餐的习惯,他们的军队成功集结,打到南京,签下《南京条约》,让远在英国、好战却又无知的上司非常满意。

对于英军而言,这是漂亮的一战,他们狠狠地教训了中国人。正如伯纳德指出:"中国人……一开始倾向于相信,我们只不过是一群寻求自身利益、无法无天的强盗,他们不知道,其实我们为一个大国效力,匡扶正义。"[2]但对于中国人而言,这次失败是一场极大的悲剧。中国南方因为这场战争造成的社会动乱持续发酵,最终导致了1850年至1864年的太平天国运动,这场运动也许是中国历史长河中最悲剧性的事件。确实,对于许多中国史学家而言,1842年是历史的一个分水岭，预示着一个新的纪元。这是一次屈辱、痛苦的调整，显而易见，中华文明不能再自认为是世界的中心。[3]

考虑到中国已经彻底战败，《南京条约》的条款算不上特别严苛。条约中没有提到鸦片，这个遗漏让人吃惊，毕竟，这场战争确确实实是一场"鸦片战争"。条约根本就没有禁止鸦片的销售。事实上，《南京条约》签订仅七天后，诗人朱士云就写道："夷人……并令百姓往圆山买烟，其价甚廉，无自误云云。"[4]1 这场战争如何影响到鸦片的销售呢？历史学家费给出了一组可信的数据，列出了鸦片战争两年期间头半年在加尔各答销售、运往中国的鸦片数量和每箱的价格：1839年，销售了18 563箱鸦片，均价为537银圆；1842年，销售了18 362箱鸦片，均价为768银圆。[5] 尽管前方战士浴血奋战，中国人死伤无数，鸦片的销售数额却没有受到影响，价格还稳步增长。1843年，怡和洋行有一支由30—40艘船组成的舰队，攫取利润20万英镑。[6] 第二年，100万人在英属印度从事鸦片生产，4.8万箱鸦片被运送到中国。随后30年，鸦片销售持续增长，1872年达到顶峰9.3万箱。鸦片贸易最终止于1911年，但这一次，既非出于官方控制，也非出于需求减少，而是因为中国人自己生产了他们所需的鸦片。20世纪30年代，毛泽东及其战友在长征途中经过中国乡村时，看到了大片大片的罂粟田，"一眼望不到边"。[7]

1842年，英国民众的眼睛都盯着阿富汗战场，而不是与中国的征战。尽管如此，与鸦片战争一样，《南京条约》招来了猛烈的批评声。

---

1 此处译文为朱士云《草间日记》八月初一的记载，见中国史学会主编《中国近代史资料丛刊·鸦片战争（三）》，第88页。

1842年12月3日,《泰晤士报》的一篇社论评论道:"我们在道义上亏欠中国,我们在那个国家攻城略地,滥杀无辜。倘若不是我们这个国家犯了罪,这场战争本不必打响。"在议会上,艾希里勋爵(后来的沙夫茨伯里伯爵)动情地说:"我无法从战争的胜利中获得喜悦,我们取得了有史以来最不守法纪、最不必要、最不公平的一场胜利。"他后来宣称,鸦片贸易"完全与一个基督教国家的荣誉和职责不相称……我深信,国家卷入这场不法贸易,也许比鼓励奴隶贸易还要糟糕"。然而,这个基督教国家的外交大臣却指示璞鼎查:"让中国特使牢记,让贸易合法化将对中国政府大大有利。"另一边,道光皇帝告诫特使伊里布,"那些蝇营狗苟之徒,为着私利和享乐,让朕(禁烟)的期望落空,但无一物能让朕征收(烟)税,置朕的子民于水火之中"。[8]1

当然,问题就在于收入:大英帝国及其商人从贸易中赚了个盆满钵满,他们可不愿看到收入减少。因此,怡和洋行不得不要求鸦片舰队的指挥官小心行事:"鸦片贸易在英国不受欢迎,我们要悄悄做事,尽可能避开大众的关注。"[9]

在条约签订之时,威廉·格莱斯顿在日记中吐露:"我们对中国犯下了罪孽,我非常害怕上帝的审判降临到英国。"[10]倘若他得知英军取得胜利后整个部队的状况,他一定会觉得上帝的审判正在施行。6月,当英军攻占吴淞的时候,部队的健康状况还十分良好,但到了7月20日,船长凯珀尔注意到,"船上如今满是老鼠,越来越多的船员病倒了"。随船医生克里的记述里也提到,蚊子"又多又毒"。[11]当舰队于8月抵达南京的时候,痢疾和疟疾(间歇性发热)让部队遭受

---

1 此为译者翻译,未查到原文,疑有误。

重创，仅有3 400名士兵能够作战，为当时兵力的三分之一。到了9月中旬，据凯珀尔记载，在狄多号145名船员当中，有97人病倒了，他自己也由于疟疾而病倒。

大约在这个时候，第一艘英军船贝莱斯尔号撤离南京，沿江缓慢而下。在此前一年的12月，运兵船贝莱斯尔号载着约1 300人离开英国，前往中国。其中有第98兵团的650名士兵及其装备和补给，此外还有87名被带至香港的家眷。在英国，妻子经许可可以和丈夫同住兵营，但人数受到严格控制，通常只有8%的骑兵或者12%的步兵可以带家眷，由抽签决定。[12] 离开南京时，搭乘贝莱斯尔号的坎宁安船长（陆军少将萨尔顿的助手）记载，250名船员中50人去世，120人病倒，只有80人能够作战。在兵团中，150人去世，380人病倒，仅有120人能够作战。到了年底，第98兵团中又有另外100人去世，损失了三分之一的兵力。尽管坎宁安承认大部分人死于痢疾和间歇性发热，但他还是责怪中国人"将被遗弃的女子送到军中来，只为传播疾病，手法如此野蛮，借此来摧毁我们的士兵"。[13]

如果说欧洲兵遭受重创，那么，印度部队的损失则更为惨重。在6月抵达中国的900名孟加拉志愿兵中，仅有400名返回加尔各答，损失过半。印度兵（主要是高种姓兵）面临一些特殊的问题——天气冷，他们穿不暖，不喜欢船上的饭菜，又不愿和别的士兵一起吃饭，也不愿和别人同喝一个水桶里的水，因此他们经常又冷又饿，营养不良。穆斯林士兵则相对健康一些。[14]

就在英军舰队跟随贝莱斯尔号缓慢前行的时候（平均每天只能航行20英里），一艘小船从台湾出发，驶往厦门的英军兵营。小船上载着10个人，有欧洲人也有印度人，他们急着要讲述一个奇怪且令人不安的故事。[15]

1842年3月8日，怡和洋行的双桅横帆船安因号（Ann）从舟山出发，载着5万两白银回到香港，这是前往北方销售鸦片的战绩。船上共有57人，船长德纳姆和54名船员——16名欧洲人、4名中国人、34名印度水手，此外还有船长霍尔的朋友格利及其中国仆人弗兰西斯。3月10日风雨交加，午夜过后，安因号搁浅，很快就开始四分五裂。大船上仅有3艘小船，第一艘救生小船很快就被冲走，第二艘被大船上掉落的桅杆撞烂。黎明时分，船上的57人都成功地搭乘第三艘大艇离开，抵达5英里以外的岸上，登陆时只有2人失踪。他们在位于台湾东北海岸的淡水登陆，但很快就被抓获，并被押解到台南（途中又有2人死亡），投进监狱。他们惊讶地发现，监狱里居然还有另外150名印度水手。

　　原来，在此前一年的8月下旬，运兵船纽布达号（Nerbudda）从加尔各答抵达香港，船上搭载了29名欧洲人、2名菲律宾人和243名印度雇员，后者主要是为北方英军服务的随营人员——担架兵、清洁工、护理员，而非士兵。在香港装载水和食物之后，纽布达号再次出发。但在1841年9月的那场台风中（这场台风使得复仇女神号在石浦寻求避风港），纽布达号损坏，停泊在台湾附近。第二天早晨，船缓缓下沉。船上的欧洲人（船长斯莫特、两名大副和管理印度兵的军官）以及菲律宾人和3名印度人手持刺刀强占了所有救生小船，并把它们开走了。沉船上其余的240人立刻着手制造筏子，约150人最终成功漂流到岸上，但他们很快就被逮捕入狱。

　　与此同时，经过8天的漂流，那些乘坐救生小船的人被纵帆船黑天鹅号救起，带至香港。1841年10月16日，《广州周报》报道了纽布达号失事事件，却没有谴责船长斯莫特。香港的高级军官尼亚斯上校立刻派皇家宁录号随斯莫特去寻找纽布达号的下落，但什么也没有找

第17章　抵达印度　　177

到——这不足为奇。谣言立刻在香港流传开来，质疑斯莫特船长所说的故事的真实性。他被逮捕，随后的命运不为人知。

在台南，200多名俘虏面临的状况非常糟糕。1842年6月，他们迁到一个设施稍好的新监狱。德纳姆和格利开始通过卖画来换取食物。8月12日和13日，当地官员姚莹下令，除了德纳姆和安因号上的7人（4个欧洲人、2个印度兵和1个中国人）以及纽布达号上的2名印度水手，其他人都被拖出去当众砍头——总共是197人。为什么斩杀这么多人，为什么有10个人幸免于难，至今仍然是一个谜。有传闻说，这10个人将要押赴京城受审。8月31日，香港有媒体报道，"复仇女神号蒸汽船准备前往台湾，去接回安因号和纽布达号上的船员"。但出于某种原因，复仇女神号并没有前往。10月，几位幸存者从台湾被送回英军在厦门的兵营。

这则悲惨的故事展现了中英两国军官不近人情、残忍冷酷的一面。对于海军军官而言，丢下船员和乘客弃船逃生的举动应该受到严厉斥责。纽布达号的这起事故极大地震惊了英国。中国人屠杀囚犯之举与他们一贯的做法大相径庭——大多数时候，囚犯都会得到很好的照顾并很快被释放，因此，台湾这起屠囚事件激起了英国人的愤怒。幸运的是，这起暴行在两国停战后才传到英国人耳中，因此，没有激起进一步的流血事件。

10月底，舟山港口挤满了至少150艘船——它们是英国政府的财产，或者受雇于政府，还有一些鸦片船。伯纳德描绘了这幅"鼓舞人心"的场景："我从未见过如此壮观的场面。港口里里外外都挤满了战舰、运兵船、蒸汽船……士兵们登上运兵船，小船来来往往，乐队奏响，整个队伍中洋溢着一种友好的气氛……还有一种打胜仗的真正的满足感。"[16] 复仇女神号被再次拖到岸上检查，大家发现整艘船状况良好。心情轻松的凯珀尔前往宁波和寺庙林立的普陀山（尤以观音寺出名）兜风，还在船上用餐。10月25日，他在狄多号上宴请霍尔和其他军官。凯珀尔和霍尔两人私交甚好，回到英国后，他们经常聚餐，直到1878年霍尔去世。11月4日，凯珀尔与巴加共进晚餐。巴加"提到让我去担任海峡殖民地的高级军官，我非常喜欢这个主意"——这个职位将再次把凯珀尔和复仇女神号密切联系到一起。有意思的是，与霍尔一样，1844年2月返回加尔各答途中，凯珀尔在槟城收养了一名中国男孩。他记载道："将我的中国男孩筷子留在槟城的学校，继续航行。"筷子，多么有趣的名字！[17]

11月中旬，璞鼎查搭乘皇后号前往香港。随后，郭富搭乘马里恩号，与另外4艘海军船只驶往香港。船上搭载着中方的首批赔款6万银圆，它们终将被送往加尔各答和伦敦。就在这个月，余下的5艘龙骨可以滑动的船也分道扬镳，直到10年后发生在缅甸的另外一场殖民战争才将它们重聚在一起。11月底，复仇女神号、冥王号以及舰队中余下的大多数船只在香港抛锚停泊。12月5日，普罗塞尔皮娜号也加入了它们。这艘船一直待在香港附近，直到1845年3月不得不返回加尔各答进行维修，并在那里度过接下来的生涯。弗莱吉森号和美杜莎号并没有马上离开北方，它们留下来测量那些未经勘测的水域。1843年年初的某个晚上，弗莱吉森号在福州港作业时，停泊在5英寻深的水中。很快，在翻腾的海浪中，它不停摇摆，船尾被狠狠撞击。船长的管家跑下去一看，发现后舱灌满了水，他连忙把防水密闭舱封上。后来船被拖至岸上，发现船底的破洞不小于12英寸×8英寸。倘若当时不是这样紧急处理，整艘船连同船上人员都将沉没。这次意外弄倒了麦克船长的二三十个装红葡萄酒的箱子，所幸箱子里面不是船员接下来几个月的工资。[18] 经过一番临时修理，弗莱吉森号于1843

第17章 抵达印度　179

年5月前往加尔各答，在那里进行彻底维修。美杜莎号在北方待了3年，测量舟山附近的海域。1845年11月，它终于从香港出发，前往孟买，并于12月到达孟买，接下来的6年一直在那里服役。[19]

复仇女神号在香港遣散了8名中国司炉，他们当时已经在船上待了约15个月。据霍尔记载，这些人很乐意为他做义勇兵，每个月挣12银圆；当北方的中国人被英军袭击时，他们没有流露出丝毫的怜悯，反而为有机会上岸抢劫而兴奋。[1] 但小阿福一直待在船上。[20] 可能正是在这个时候，霍尔遇到了生活在澳门的画家乔治·钦纳里（George Chinnery，1774—1852），他为霍尔创作了一幅油画，这也是霍尔唯一一幅肖像画。[21]

15个月前，当复仇女神号驶往北方时，被英国占领还不到6个月的香港在7月21日的一场台风中遭受重创。如今，归来的英军看到这里发生了可喜的变化。维多利亚港欣欣向荣，滨海大道沿着北边海岸绵延4英里。码头旁矗立着用石头垒成的大仓库。什么最壮丽？坎宁安船长给出了答案："比其他建筑更恢宏、位置更好的是被誉为'远东商业王子'的怡和洋行的仓库。它们位于城市的东边，向外无限伸展开去。"[22] 此外还有一个热闹的中国集市和欧洲市场，一个天主教堂和一家美国浸信会教堂。另外，一家有50个床位的海军医院和一所学校——马礼逊学校也正在建设之中。说英语的居民还可以享用两家欧洲旅馆和一间台球室，读到三份报纸——《香港钞报》(*Hong Kong Gazette*)、《东方环球》(*The Eastern Globe*)和《香港纪事报》(*Hong*

---

1 第二次鸦片战争期间，为英军效力的"广州苦力团"（Canton Coolie Corps）对外敌忠诚，看到北方同胞受到欺凌却没有同情心（参考盖尔伯的著作 [Gelber, 2004]）。——原注

Kong Register)。《广州纪事报》仍然在澳门发行。(坎宁安这样写道:"澳门,可怜的澳门,从临近岛屿插上英国国旗的那天起,你的命运就被封死了,像果阿[1]一样腐化和死亡。"[23]) 香港用了一年多时间就取得了如此成就,而且还是在战争期间。

翌年4月,璞鼎查被任命为第一任香港总督,但他在任期间是否成功值得商榷。当璞鼎查于1844年6月离开香港时,《广州纪事报》用一段讽刺的话欢送他:"才华横溢的璞鼎查要么是完全没有一丝道德感……要么是故意离群索居,仅生活在一些崇拜他的寄生虫之间,这些寄生虫有限的智慧全部用来取悦、满足这位大人物的虚荣心。"[24]

1842年圣诞节前一周,许多船只(包括冥王号)都前往新加坡和印度,只留下几艘船和约1 250人驻守这块新近斩获的领地。12月23日凌晨3点,复仇女神号独自离开澳门。它并非在夜间悄悄驶离,而是伴着庆祝的礼炮离开。船上有霍尔的朋友W. D. 伯纳德,他们于那一年在中国相识。正是在这次行程中,霍尔建议伯纳德可以根据自己的日记素材写一本关于复仇女神号远东航行[2]以及在中国作战的书[3],所得稿费可以部分捐给在船上战死或去世的船员家人。[25] 事实上,自从离开英国以来,船上共有5起死亡事件,都发生在1842年。

复仇女神号紧贴着中国海岸向西航行,然后转向南方,沿着海南岛东岸航行。圣诞节那天,他们驶入了一处避风港陵水[4],随后,霍尔、

---

1 果阿是印度的一个邦,历史上曾是葡萄牙的殖民地。
2 该书持续确保了复仇女神号的声名,但由于该书经常被引用来表明侵略者的威力,故比起东印度公司的其他蒸汽船而言,复仇女神号的作用可能被过分强调。——原注
3 伯纳德后来根据霍尔的日记,著有《复仇女神号轮船航行作战记》一书。
4 今海南省陵水黎族自治县。

伯纳德和其他人上岸。他们发现当地人非常友好，热情地向他们销售新鲜的物产。第二天，在一个美丽的港口，他们搭乘两艘小船，逆流而上，行进了几英里，然后走路深入腹地。"这里人口不多，但所到之处，人们都很有礼貌，富有幽默感。山上树木郁郁葱葱，有很多野鹿和山鸡。"他们在一家茶馆喝茶，伯纳德惊讶于当地人的文化水平，而当地人看到陪同霍尔而来的西非克鲁人时，也大为震惊。回去的路上，一位当地乡绅骑马赶上霍尔一行人，他立刻下马，把马让给一位年轻的海军候补少尉骑。

从海南开始，复仇女神号一直往南，驶往越南沿海。12月29日，抵达美丽的港口绥和；1843年1月5日，抵达新加坡。驶入锚地时，复仇女神号上装饰着中国旗帜。就在前一天，在加尔各答的时候，新年的第一笔鸦片销售就让政府赚得50万英镑的可观利润。[26] 一周后，它继续出发，往北驶向马六甲，在那里，霍尔与朋友萨蒙德一家待了几个晚上。17日，复仇女神号在槟城停泊，然后不紧不慢地沿着英国领地丹那沙林的海岸驶往毛淡棉市。毛淡棉市是一个迷人的地方，一条从古都莫塔马而来的河流贯穿城内，一排低矮的小山穿过城市，城内庙宇和高塔林立，有的正在修建，有的已经衰败。载着郭富将军返回印度的恩底弥翁号也在此停泊。30日，在总督的带领下，霍尔和一群海军军官一起游览了当地美丽的石灰岩岩洞，洞内还有壁画。霍尔一行时而乘船，时而骑大象，开心不已。[27]

1843年2月6日（星期一），复仇女神号终于首次驶入加尔各答。船上再次装饰着中国旗帜，沿胡格利河而上，福特·威廉朝它鸣礼炮致敬，岸上有上千名群众观看它的到来，因为有关它的战绩早就传开了。随后，复仇女神号载着郭富沿河而上，去视察巴拉格布尔的兵营。郭富当时任印度陆军总司令，即将前去指挥锡克战争。"尽管白发苍苍……他总是出现在战火最激烈的地方。"他最终平安退休回到印度，加封子爵，年薪4 000英镑。[28]

辛苦作战三年后，复仇女神号被彻底检查，人们发现它状态良好。回到英国后，霍尔于11月在复仇女神号上亲自向海军部汇报："这艘船在很大程度上展现了铁壳船的优越性。它的底部留有多次上岸的痕迹，船身板多处凹进，一两个地方凹进几英寸……底部的腐蚀情况没有我料想的那么严重，它像瓶子一样严实。"[29] 后来，1847年，海军上将乔治·科伯恩告知评估特别委员会，霍尔的报告，以及来自孟买和朴次茅斯船坞的报告，是19世纪40年代中期委员会决定为皇家海军订购大批铁壳船的主要因素。一年以后，在评估特别委员会面前，霍尔亲自给出了更多的证明，声称复仇女神号曾经被击中14次。"有一发枪弹从一边打进去，从另外一边出来，穿过了整个船身"，却没有碎片。"就好像你将手指穿过了一张纸……另外几艘木质蒸汽船也同时在服役，它们总是需要入船坞进行修理，而我在24小时之内就可以修好复仇女神号，然后又可以投入战斗。确实，许多蒸汽船都不得不离开中国海岸，前往孟买进行修理。如果说修理一艘木质蒸汽船需要几天时间，修理我们这艘船只需要几个小时。"[30]

在前往英国的前夜，霍尔船长受邀作为荣誉贵宾去市政厅参加一次豪华的告别晚宴，他被赠与一把精美的佩刀，很受感动。"复仇女神号的船员赠与他们的指挥官一把漂亮的礼服用佩刀、一对帅气的肩章，还有一顶三角帽，以表达对他的尊敬，以及对他在中国战场的英勇表现的钦佩之情。剑上刻着如下文字：'献与霍尔船长，蒸汽船复仇女神号的指挥官，全体船员敬赠，1843年3月4日。'"[31] 第二天，霍尔最终"离开心爱的复仇女神号，前往英国"。他搭乘蒸汽船丹那沙林号，与朋友伯纳德以及中国男孩阿福向南驶去。他们首先抵达马德拉斯，然后到孟买，经由路上航线回到英国。途中，他们在埃及游览了金字塔，经过法国，最后回到伦敦。

那年7月19日，在英国西部，阿尔伯特亲王搭乘火车从伦敦抵达布里斯托港，在那里为当时世界上最大的一艘蒸汽船举行下水仪式。1838年，木质明轮蒸汽船大西方号在处女航时穿越大西洋，它的设计者伊桑巴德·金德姆·布鲁内尔深受鼓舞，决心为大西方蒸汽船公司建造一艘更大、更奢华的船。起初他决定还是采用木质船身设计以及用明轮驱动，但那年下半年，莱尔德造船厂的铁船彩虹号安装了艾里的罗盘校正器，来到了布里斯托港。东印度公司的董事们被布鲁内尔说服——他的新船可以用铁来造。因此，1839年7月19日，大不列颠号的龙骨安放成功，又一艘铁壳蒸汽船诞生了。但随后又有一项变化。1840年5月，由螺旋桨发动的木质船阿基米德号驶入布里斯托港，这艘船给布鲁内尔留下了深刻印象。他决定，自己的新船也用螺旋桨来发动。可以说，在1843年7月的那一天，阿尔伯特亲王宣布下水的大不列颠号的确是船舶设计的一个先锋。这艘铁壳船由一个巨大的螺旋桨来发动，有5个防水密闭舱，长322英尺，3 675吨位，2 000马力，是当时世界上最大的一艘船，和之前的铁壳蒸汽船先锋复仇女神号完全不一样。而复仇女神号在过去的三年，已经向世界证明了它这艘小型铁壳船在沿海地区的作战能力。[32]

第18章　复仇女神号的霍尔

　　1842年8月29日（星期一），《南京条约》在停泊于长江的康华丽号上签订，就在同一天，英国女王和阿尔伯特亲王搭乘蒸汽火车从温莎来到伦敦，[1]登上了停泊在泰晤士河畔的皇家游艇乔治号，开启了他们的首次苏格兰之旅。乔治号是一艘330吨位的帆船，二十年前，国王乔治四世出访苏格兰时正是搭乘此船。皇家海军的第一艘蒸汽船皇家彗星号拖曳乔治号沿泰晤士河而下，随行的有9艘海军舰艇，其中7艘是明轮蒸汽船，包括皇家海军第二艘蒸汽船闪电号。乔治号一路被拖引着，沿着英国东海岸缓慢前行，三天后才到达爱丁堡的利斯港。[1] 接下来，王室一行浩浩荡荡地在北部的疆土上巡视，十分开心，但是女王觉得此次乘船出行的方式既过时，又有损她的尊严。于是，回程的时候，他们包下了明轮蒸汽船三叉戟号（1 000吨位）。9月21日，女王就船只一事致信首相罗伯特·皮尔准男爵，措辞严厉，

1　就在两个月前，1842年6月13日，女王首次搭乘火车出行，沿着已修建一年的大西部铁路从斯劳前往伦敦，火车由机车弗莱吉森号牵引。——原注

首相第二天即回信,承诺为女王提供一艘全新的蒸汽游艇。于是,10月31日,伟大的船只设计师、皇家海军总测绘师、海军准将威廉·西蒙兹爵士订购了一艘新船,11月9日,这艘船的龙骨在彭布罗克成功安放。头一年,这艘船被简单称为皇家游艇号,后来才被叫作维多利亚和阿尔伯特号。这是一艘木质明轮蒸汽船,1 034吨位,于1843年4月25日下水。该船的建造速度与复仇女神号一样快,对于一艘木船来说可谓神速,这说明如果订单来自一位有背景的人士,没有什么事情办不到。[2]

1843年4月,威廉·霍尔与阿福抵达伦敦。霍尔立刻安排这个男孩与曼彻斯特广场三号的乔纳斯·波普博士同住。波普博士是一名鳏夫,与27岁的女儿艾格尼丝生活在一起。他可能是船长霍尔的朋友或者亲戚(他的中间名也是霍尔)。他答应教导阿福书面英语,并对他进行宗教方面的教育。经圣马里波恩教堂牧师的推荐,阿福入读教区的附属中学,据说他非常聪明乖巧。1844年3月,阿福以"李昂·威廉·阿福"的名字由牧师施行洗礼。之后,霍尔将他转入位于西伦敦汉韦尔的一所有名的寄宿学校。阿福在那里也表现优异,深受老师和同学的喜爱。[3]

6月10日,霍尔上尉得知自己升任中校的消息,欣喜不已。这次升职仍然是通过枢密令下达的,海军部将霍尔在复仇女神号的任职视作和在女王的船只上服役一样。三周后,7月1日,霍尔被任命为维多利亚和阿尔伯特号指挥长,船长是阿道弗斯·菲茨·克拉伦斯勋爵。我们此前提到过这个人,他背景强大,是威廉四世的私生子。1830年,在其父亲登基之时,年仅28岁的他就被任命为皇家舰艇的船长。1843年,三分之二的皇家海军上尉上岸后只能领取半薪或任更低的职位,将近一半的上校舰长从未以此职衔在海上服役,霍尔能够迅速晋升，表明他很有威望。[4]

1844年9月9日（星期一）上午9点，维多利亚和阿尔伯特号从泰晤士河畔的伍利奇船坞出发，前往苏格兰东海岸的邓迪，两天的行程里有时还遇上暴风雨。[5]船上搭载着女王和亲王，他们在两年前第一次游览苏格兰高地的时候就深深爱上了那片土地。女王刚生完第四个孩子阿尔弗雷德王子，她丈夫觉得她需要休假，于是向格伦林恩勋爵询问是否可以借用佩思郡的布莱尔城堡居住三周。阿尔伯特写道："他们希望悄悄前往，就像其他贵族去狩猎一样，不要铺张声势。"

陪同女王夫妇的有他们的大女儿——快要四岁的维多利亚公主，此外，随行的还有首相皮尔准男爵、外交大臣阿伯丁勋爵、利物浦勋爵、女王的侍从查理斯·韦尔斯利、亲王的侍从爱德华·伯瓦特、女侍臣夏洛特·坎宁夫人、侍女卡罗琳·科克斯小姐、亲王的财物主管乔治·安森、皇家医师詹姆士·克拉克爵士，以及从皇宫跟随而来的60多名仆从，"毫不铺张声势"。10辆马车和40匹马将王室一行人从邓迪带到了布莱尔城堡，在那儿，格里扬勋爵为他们准备了管家、侍女、洗衣女仆、挤奶女仆、帮厨女仆，以及狩猎所需的猎场看守人。

在皇家舰艇上的还有来自舟山的阿福，如今他已经13岁了。在这次北上的旅程中，王室夫妇注意到了他，问起他家里的情况。小公主想与阿福握手，"而且在被父亲阿尔伯特亲王告知阿福的父亲已经去世时，向他表示了同情"。也许此时的阿福会因为这种特殊的关注而感到欣喜，但是有时候，他似乎觉得"中国男孩"这个称呼是一种负担。就在9月早些时候，当船停在泰晤士河畔做远行的准备时，霍尔被叫去海军部，阿福也不见了，这令船员们万分惊愕。霍尔一回到船上就四处喊他。"先生，我在这里。"这个孩子立刻在霍尔的舱室里应道。船长问他为什么将自己锁在房间。"你一离开，许多人来到船上，大家都想看看中国男孩,但是中国男孩不想见他们。他们不是你的朋友,不是任何人的朋友。我感到厌烦,就去你的房间,关上门,等你回来。所有的船员都出来找我,喊我的名字,我就是不理,直到我听到你的声音。"船到了邓迪,有一天,阿福光着脚跑到甲板上,询问霍尔他是否可以去岸上玩。"没有穿鞋子和袜子就想去岸上玩,当然不行!""苏格兰的女人也没有穿鞋子和袜子,为什么我就不行呢?"[6]

与王室一行回到英格兰后,1844年10月22日,霍尔终于被升为上校舰长,这天对他来说是一个大喜的日子,因为自此以后,如果那些职位比他高的人去世,他就可以自动晋升。如今真正的"霍尔船长"——通常被称为"复仇女神号上的霍尔",以区别于其他的霍尔船长——于1845年4月30日,迎娶了新娘卡罗琳·宾,这位新娘是霍尔34年前的老船长乔治·宾的三女儿。乔治·宾后来成为海军少将,并被授予托灵顿子爵贵族头衔。[7]

霍尔一家定居在肯特郡,离老丈人一家不远。由于发明了铁污水舱和"霍尔专利锚",1847年,霍尔当选为英国皇家协会[1]会员。那一年,霍尔负责指挥皇家可怖号长达四个月,这是为皇家海军修建的最大的明轮战舰。1846年3月1日,在可怖号下水后不久,凯珀尔船长参观了这艘船。"我乘坐蒸汽船前往伍利奇参观可怖号,这是一艘庞然大物,1 847吨位(旧吨位量法),3 189吨位(排水量),800马力。"[8]后来,霍尔主管明轮护卫舰皇家天龙号(1 297吨位),接下来的两年,这艘船一直负责运送食物去往遭受饥荒的爱尔兰。1850年,霍尔率该

---

1 英国皇家协会是英国最具名望的科学学术机构,协会宗旨是促进自然科学的发展,在英国起着全国科学院的作用。

船前往地中海。

1854年3月，英俄战争（克里米亚战争）爆发，霍尔无法接管一艘与他的资历相称的船，只得接受皇家赫克拉号（815吨位），这是一艘小型明轮单桅帆船。3月28日，赫克拉号离开朴次茅斯，加入了位于波罗的海的英国舰队。接下来的几个月，它在那里参加了各种战役，直到10月31日才"带着战火留下的痕迹"回到朴次茅斯。如同在中国时一样，霍尔似乎乐于身处险境。在一次突袭中，一颗步枪子弹穿过了他的衣领，一颗冲力已尽的子弹擦伤了他的右腿。6月21日，在攻打奥兰群岛的博玛尔森德时，一颗点燃的炮弹落到了赫克拉号的甲板上，这艘奋斗在战场上的船差点被击沉。幸运的是，一名叫作查理斯·卢卡斯的年轻人及时将炮弹扔下船。[9] 因着这次英勇的表现，卢卡斯立即被擢升为上尉。1857年6月26日，他被女王授予了第一枚维多利亚十字勋章。就在同一天，维多利亚女王从巴麦尊勋爵处得知印度发生暴乱的消息，那是印度民族大起义的第一把燎原之火。1879年，卢卡斯上校（后来晋升为海军少将）迎娶了霍尔的独生女多丽，后者出生于1851年4月23日。

1854年11月18日，回到朴次茅斯后，霍尔终于担任一艘和他职衔相称的船——皇家伯兰汉号——的船长。早在13年前在中国服役的时候，霍尔就熟知这艘船。尽管造于1808年的伯兰汉号已经老旧，但它仍是一艘大船——几年前，这艘三级船被改造成一艘螺桨阻塞船，拥有60门大炮，可搭载600人。1855年4月4日，伯兰汉号从朴次茅斯出发，前往波罗的海，在那里与英国舰队一起服役，直到11月才返回朴次茅斯。在波罗的海，霍尔获得三等巴斯勋章。（英国的表彰制度非常复杂，简单地说，巴斯勋章是海军军官唯一能够获得的一种勋章，分为三个等级：三等勋章、爵级司令勋章、爵级大十字勋章。）1856年年初，伯兰汉号前往里斯本。4月23日，参加在索伦特海峡举行的海军大阅兵后，伯兰汉号于1856年6月3日退役，这也是霍尔军旅生涯的终结。1863年4月，霍尔晋升为现役海军少将，并于第二年退役。1867年3月，威廉·霍尔爵士获得爵级司令勋章。1869年7月，退役的霍尔晋升为海军中将。1875年12月，霍尔晋升为海军上将。1878年6月25日，海军上将、复仇女神号的霍尔船长在伦敦家中去世，享年80岁。

如果说我们对霍尔的职业生涯有了一点了解，那么我们如何来评价他这个人呢？最好的资料是他的私人日记。1853年，他每天写一页日记，直至1869年，都是简单的琐事记录，显然这仅是写给自己看的。霍尔去世后，他的日记连同一些剪报和书信，被家人赠予伦敦的国家海事博物馆。霍尔显然是一位爱家的人——"再次停泊在家、温馨的家，这是多么令人快乐的改变啊。"他的母亲，永远是"亲爱的妈妈"，晚年时与他们一起生活在希普伯恩。1868年，母亲去世，霍尔非常伤心。他的妻子，永远是"我的爱妻"或者"亲爱的茜拉"。"可怜的多丽患了麻疹——我整晚都在照顾她"，这可不是维多利亚时期每一位父亲都会为女儿做的事情。霍尔还是一位敬虔的基督徒，他定期参加英国圣公会的礼拜仪式，如果天气恶劣，就会在家中做礼拜。

霍尔关于复仇女神号的书很畅销，因此，盈利可以用来资助那些在中国战死或受伤的船员的家人。1839年，霍尔在利物浦为复仇女神号招募一批新船员，这是他头一回在这个港口做这样的工作。当他看到这里船员们的处境时，大为惊愕：肮脏的住宿环境，酒鬼成堆，兵贩子欺负新来者并夺走他们辛苦挣来的钱。1843年在加尔各答之时，正如他所承诺的那样，霍尔安排仅剩的两名克鲁人托马斯·本阿里和杰克·威尔逊经由伦敦返回非洲,并给每人发20英镑作为路费。但当霍尔到达伦敦后,这两人身无分文地来见他,他们的钱全都被兵贩子抢走了。霍尔后来亲自护送他们回到家乡普林西比岛。[10]

霍尔一直挂虑海员的处境,于是他着手行动。1835年,在伦敦成立了第一家"海员之家",之后霍尔将其拓展到其他港口,到1853年,共有8家"海员之家"成立。"海员们在这里可以找到住宿、俱乐部、学校、教会、银行、船运办公室,一应俱全。"1852年9月,"英国、印度和殖民地主要港口建立海员之家和贫困海员收容所机制"启动,霍尔任主席和常务董事(同时捐赠了200英镑);第二年,霍尔创办了《海员之家期刊》(*The Sailors' Home Journal*)以及《皇家海军和商船纪事报》(*Chronicle of the Royal Navy & Mercantile Marine*)。因此,在1852年10月21日的特拉法尔加晚宴[1]上,人们向霍尔船长这位"热忱、成功的'海员之家'的拥护者"敬酒。当时出席晚宴的有各种委员会——内陆印度委员会、红海委员会、P&O委员会、救生船委员会。同样令人感动的是,霍尔还把期刊上的资料剪下来,分门别类地记入日记,标题分别是:"早起""健康""悲伤""年轻人寄语""成功""一个勇敢的人""女人的爱""白手起家的人"。可以说,作为一名海军军官,霍尔勇敢果断,而平日里,他心地善良,充满同情之心,力求过一个有意义的人生。

关于"中国男孩"后来的故事,我们只能得到零碎的线索。1848年3月22日,霍尔的日记记载:"我和阿福与海军大臣共进晚餐。"1866

---

1 英国皇家海军的传统,庆祝特拉法尔加海战的胜利,纪念在战争中阵亡的海军将领纳尔逊。特拉法尔加海战使得英国海上霸主的地位得以巩固。

年8月22日，一些物品被埋在希普伯恩的新天文台的奠基石下，在物品清单上有这样的签名——"阿福，霍尔上将的中国译员"。当时阿福应为35岁。我们可以推测，阿福定居于伦敦，与霍尔家族的人关系亲密。

第 19 章　印度河上的舰队

1843年4月6日（星期四），霍尔船长前往英国一个月以后，复仇女神号由冥王号陪伴，离开加尔各答，前往孟买。威廉·费尔上尉任代理船长，托马斯·华莱士（Thomas Wallage，1815—1851）任大副，后者在复仇女神号后来的故事中扮演了一个重要角色。2月19日，冥王号从中国抵达加尔各答，在那里，都铎上尉将该船的指挥事宜移交大副乔治·艾雷（George Airey）上尉。在接下来的八年，艾雷一直任该船的船长——尽管1841年10月艾雷在英国被任命为船长时，他就从皇家海军获准休假两年。5月10日，复仇女神号和冥王号双双抵达孟买，它们很快就进入船坞接受彻底的大检修。[1] 修整好之后，两艘船都被用作邮船，运载部队和文书往来于孟买和西边的印度河三角洲。

旁遮普是五大河流经之地，位于印度的西边。[2] 北面有喜马拉雅山环绕，又有印度河和象泉河的河水浇灌，这里总是战事不断。在这片土地上，有一个特别的民族——旁遮普人，他们信仰一个独特的宗教——锡克教。锡克教起源于15世纪，经过与穆斯林邻居数百年的冲突，它发展出了一个军事组织——卡尔沙。1801年，20岁的兰吉特·辛格自称为旁遮普大君，定都拉合尔。兰吉特被誉为"旁遮普之狮"，他时刻留心南部和东部的强邻，同时将卡尔沙打造成一支坚不可摧的队伍——武器装备强大，训练过硬。兰吉特利用卡尔沙，将国土扩展到北部和西部，到了克什米尔和白沙瓦。

1836年，当新的印度总督奥克兰勋爵抵达加尔各答时，东印度公司的三个管辖区覆盖了印度国土面积的一半以上。对于统治整个次大陆的英国人而言，在印度各州之中，只有旁遮普带来真正的威胁。但是奥克兰勋爵同样认识到，印度还面临外部的威胁，那就是围绕阿富汗的争战。喀布尔的埃米尔[1]多斯特·穆罕默德一直受到东边兰吉特的威胁，但是英国不愿施以援手，因为兰吉特非常强大，同时也是他们名义上的盟友。多斯特·穆罕默德遭到拒绝，但他急需朋友，于是转向西边的俄国及其盟友波斯寻求帮助。于是，"大博弈"开始了，英国与俄国为控制中亚这个通往印度的门户展开了一场较量。[3]

奥克兰勋爵有伦敦梅尔本内阁政府撑腰，尤其有外交大臣巴麦尊勋爵和东印度公司控制委员会主席约翰·霍布豪斯的支持，他认为现状已经不可维持。由于不能引起锡克人的不安，他们认为唯一的方式就是选一名亲英的统治者来取代多斯特·穆罕默德。于是苏贾·汗被选中了。他之前是阿富汗的一位统治者，当时正流放于旁遮普，一支军队把他护送回了喀布尔。1839年3月10日（星期日），"印度大军"——1万名士兵以及约4万名随营人员对阿富汗发动进攻。就在同一天，在遥远的东方，钦差林则徐抵达广州，准备镇压鸦片贸易。经过一番艰难险阻，8月6日，这支军队终于到达了喀布尔的城墙边。

1　对穆斯林统治者的尊称。

多斯特·穆罕默德逃往北方，苏贾·汗取代了他。新任统治者对锡克人友好，却极不受锡克人欢迎，因为他是英国政府强加给锡克人的。因此，英军不得不留下来维护他的统治。他们安营扎寨，过起了典型的前哨部队的生活。英国军官自信满满，把家眷也接过来一起生活，忽视了整座城市的防御工作。第二年，东印度公司债台高筑，削减了驻军的规模和拨给士兵以维持他们忠诚度的年度津贴。1841年11月2日，当叛乱爆发的时候，英军完全措手不及。被困在没有防御能力的兵营里面的是4 500名士兵（其中有700名欧洲人）以及1.2万名随营人员（包括30名欧洲妇女和儿童）。经历了两个月的困苦生活，最终，在1842年元旦，英军与阿富汗人达成协议，英军赔偿14.5万英镑，阿富汗人放这些人一条生路，让他们去往东边80英里外的贾拉拉巴德。要到达那里，他们必须经过被皑皑白雪覆盖的高山。

1月6日，英军从喀布尔的大撤退开始了。寒冬凛冽，1.5万人离开兵营，缺衣少食。尽管有事先约定好的协议，他们还是遇到了狙击兵的猛烈炮火。1月9日，成千上万人丧生于炮火和严寒中。到了11日，一行人只剩不足300人。1月12日，30岁的军医威廉·布莱顿最终抵达了贾拉拉巴德的炮台。在这场大撤退中，他逃脱了死亡和被俘的命运，是唯一返回贾拉拉巴德的欧洲人。

而在伦敦，此前一年的8月，梅尔本勋爵的辉格党政府被皮尔准男爵的托利党打败，阿伯丁伯爵代替巴麦尊当上外交大臣。英国新政府意味着印度将迎来新总督。3月，奥克兰勋爵受这场灾难拖累，被埃伦巴勒勋爵取代。埃伦巴勒勋爵比他的前任更加强硬，他立刻组织了一支"清算军"。这支军队开赴阿富汗救援余下的英国驻军，他们在9月攻占了喀布尔，将那里变成了废墟。考虑到西方对印度的态度，埃伦巴勒勋爵坚决主张，信德这个位于印度河下游的独立地区，必须完全置于东印度公司的管辖之下。尽管统治信德的两位埃米尔刚刚签订了一项极有利于英国的条约,但查尔斯·詹姆斯·纳皮尔将军还是在埃伦巴勒的授意下,在2月入侵信德,次月将这两位埃米尔打败。纳皮尔的军队只有2 500人(仅有500名英国人),却要和有3.5万人的俾路支军队作战。纳皮尔卷入了一场"不见生机,只有屠杀;不是你死就是我亡的战争"。"我们没有权力侵占信德,"他说,"然而我们要这样做,这是一起有利、有用、符合人性的恶行。"[4] 由于这场恶行,纳皮尔得到了7万英镑的奖赏,成了信德的总督。纳皮尔举止怪异,他发送了一封只有一个词的电报——"Peccavi"(我犯罪了),向总督汇报自己取得的胜利,遗憾的是,这种说法并不真实。兼并了一处新的领土,埃伦巴勒非常高兴,然而,他在伦敦的上司可不这么想。一想到要花费一大笔钱管理又一个叛逆的省份,他们就吓呆了。因此,第二年,埃伦巴勒被召回国,取代他的是他的连襟,亨利·哈定上尉。尽管哈定不是勋爵,却是威灵顿公爵和皮尔准男爵的朋友。

由于英国兼并了新的领土,1843年9月,复仇女神号从孟买出发,前去帮助维护信德这个新省的稳定。现在,船长换成了威廉·奥利弗。接下来的一年,复仇女神号与冥王号搭档,主要往来于信德和西北550英里外的印度河河口之间,每趟行程往返需要两三周的时间。(目的地表面上是卡拉奇,实际上是位于印度河三角洲靠近盖蒂本德尔的某个地方。)有时候,它们也会跑短途,去往孟买以北150英里的苏拉特或者以南180英里的文格乌尔拉。我们可以从船长奥利弗的航海日志中一窥当时的行程。[5] 1844年2月16日,复仇女神号从印度河抵达孟买,在那里待了四周,然后向西北方向航行。

3月15日(星期五)。孟买。补充35吨煤炭和1000加仓水。

3月16日（星期六）。孟买。凌晨4点，搭载第78苏格兰高地兵团前往卡拉奇，包括74名军官、2位女士、110名普通士兵、21名公私随营人员、15名妇女以及18名儿童。5点，点火。6点20分，燃起蒸汽。8点，起锚，全速驶出港口，全程一帆风顺。

3月17日（星期日）。上午10点，集合，做礼拜。每隔一小时关掉锅炉。

3月18日（星期一）。午夜，清风。凌晨1点30分，孩童大卫·怀特离世。中午，清风，晴。温度计显示112°F。升起三角帆和斜桁帆。

3月19日（星期二）。强风、大浪。发现气泵的十字头和连杆弯曲。船底排水泵被煤灰堵住。由于船只剧烈颠簸，加之船舱进水，许多物资受损。垂下舵在白天裂开。收起斜桁帆。降下桅杆。

3月20日（星期三）。强风、大浪。船只艰难前行。舱底排水泵不能正常作业，因为不时被煤仓飘出的煤屑堵住。上午10点55分，停掉发动机，取下蹼板，熄火。

3月21日（星期四）。海面平静，航行速度加快。一天航行约120英里。黄昏时抛锚（印度河三角洲北纬24.06°处）。

3月22日（星期五）。彗星号前来，卸下前往印度河的乘客和行李。

3月23日（星期六）。凌晨零点30分船只搁浅。天亮后开始刮掉船底的许多藤壶。中午12点35分，船开始浮起。4点40分收到邮件。5点45分起锚，朝着航道浮标漂浮。从彗星号接到5名欧洲军官、1名本地军官、3名医护人员、148位来自孟买各个军团的普通士兵和伤兵。

在孟买服役期间，复仇女神号的船员为75人：6名军官和6名轮机官——都是欧洲人；14名机舱房船员和49名其他船员——都是亚洲人。[6] 3月16日又有240人上船。男人和女人之间、88名欧洲人和亚洲人之间有必要隔离。当时的气温达到了112°F（45°C），风暴又大，很难想象这315人是如何度过这7天的行程的——这艘又长又窄的船不停颠簸，引擎砰砰直响，狂风呼啸，绳索颤动。此外，舱口被封住[1]，在密不透风的漆黑中，孩童哭闹，夜壶翻倒，呕吐连连。然而，可惜的是，航海日志并没有向我们讲述这些细节，尽管里面稍稍提及了大卫·怀特。

到了1844年，形势已经很明显，两艘在中国的铁壳蒸汽船必须

---

1 暴风雨来临时，船只通常钉上扣板密封舱口。

返回印度进行维修。英军决定，用复仇女神号取代普罗塞尔皮娜号，用孟加拉海军的冥王号取代印度海军的美杜莎号。于是，1844年年底，复仇女神号被召回加尔各答。11月7日，它最后一次离开孟买，往南驶去。后来，孟买的印度海军向伦敦报告说："除了稳定和敏捷等诸多优点，我们认为，铁壳船在运送部队的过程中多次节约了成本。"[7]这趟环绕印度的航程充满了风雨。复仇女神号一抵达加尔各答，就不得不去船坞接受修理，直到1845年4月，它才又向大海进发。此时，船上的印度水手多被欧洲人取代。5月1日，复仇女神号正式进入皇家海军的编制，船长为约翰·罗素，大副仍然是托马斯·华莱士。为了节省燃料，复仇女神号由进取号拖曳，沿胡格利河而下直到海边，"在这条沉闷的河中行驶了80英里"。两周后，冥王号也离开了孟买，它并没有驶向加尔各答，而是前往新加坡，在那里以及婆罗洲服役，直到9月中旬抵达中国。[8]

此时，孟加拉海军拥有17艘蒸汽船，7艘用于河道航运，10艘出海——4艘龙骨可以滑动的铁壳船以及进取号、丹那沙林号、恒河号、伊洛瓦底江号、戴安娜号和胡格利号。尽管这些船只为皇家海军而非东印度公司服役，但是，在中国海域服役的铁壳蒸汽船——在中国服役的普罗塞尔皮娜号和美杜莎号以及在新加坡附近服役的弗莱吉森号的运营费用，一直由东印度公司承担。这笔费用数额巨大。1845年4月30日，载着大批印度水手、驶出孟买的复仇女神号花费了3 683英镑（36 831卢比）的运营费用；翌年，因船员增多（主要是欧洲人），花费高达5 135英镑；此外还有维修费用。自复仇女神号于1844年年末从孟买返回后，维修船身的费用达到1 015英镑，维修引擎的费用为724英镑；1847年到1848年的大修花费了6 718英镑。[9]1844年，东印度公司高兴地与英国政府达成一项协议——今后，当公司的船只为政府效力时，将由政府支付费用。这不仅包括所有运营费用，还包括年费，即船只"初造费"的百分之十，以支付日常的维修费用。从随后的数目当中，我们得知，复仇女神号的"初造费"为28 943英镑（见第4章）。

第20章　苏丹与殖民地

1840年10月，当复仇女神号首次穿越马六甲海峡时，英国在该地区的影响主要源于三个殖民地：槟城、马六甲和新加坡。而第四个殖民地在婆罗洲，当时正在孕育之中，性质却与前三个完全不同。前三个殖民地自1826年以来就被英属印度政府统治，统称为海峡殖民地。当时，东印度公司统治印度，同时对中国表现出越来越浓厚的兴趣，海峡殖民地成为重要的补给站。马六甲是最老的殖民地，深受欧洲影响，然而，到了19世纪，却成为最不重要的一个，而建成仅21年的新兴殖民地新加坡却成为中心。[1]

第四个殖民地的历史及其状况则完全不同。从许多方面看来，位于婆罗洲西部的沙捞越更像一位英国绅士的私人领地，而非一个英国殖民地。詹姆士·布鲁克出生于印度贝拿勒斯，父亲是高等法院法官，母亲是苏格兰人。[2] 12岁时，他被送回英国接受教育。他拒绝在学校上学，跟随私人家教学习一段时间后，1819年，以少尉身份进入东印度公司第六轻步兵团服役，并回到印度。在第一次英缅战争中，他在阿萨姆邦作战（见第27章）；1825年2月，他在伦格布尔遭受重伤，被送回英国家中疗养。

在英国，布鲁克发现没有什么事情能激起他的兴趣，他迫切渴望回到印度。1829年，他搭乘的卡恩布雷号在英国海岸附近失事，回印度的首次尝试夭折。第二年，亨特利城堡号成功将布鲁克带到印度，这时，他五年的休假期刚好期满。布鲁克辞去职务，经马六甲海峡到达广州，直到1831年6月才返回英国。随后，他在英国待了几年，四处折腾，有次还购置了一艘双桅横帆船与中国人做贸易，但由于缺乏商业头脑，这笔投资打了水漂。布鲁克一心向往东方，他后来称自己那几年纯属虚度光阴。

1835年年底，布鲁克的父亲去世，留给布鲁克这唯一的儿子一笔3万英镑的巨额遗产。布鲁克拿出一部分钱购买了保皇党人号（*Royalist*）游艇，这艘游艇142吨位，载有4艘小船，装有6门6磅大炮和许多旋转炮。重要的是，由于保皇党人号曾经隶属皇家游艇俱乐部，因此它拥有和战船一样的特权，可以悬挂英国皇家海军旗。1836年至1837年，詹姆士乘保皇党人号前往地中海，享受了做自己船只的船长的感觉，然而，他依旧梦想着回到东方。1837年，布鲁克偶然读到乔治·温莎·厄尔新近出版的《东方海域见闻》(*The Eastern Seas*)一书。[3] 厄尔在书中强烈反对在巴达维亚[1]的荷兰人，称巴达维亚是一个极度病态的城市，被奴隶制和惩罚性税收毁了。他在书中宣扬"白种人的负担"[2]，并声称，不管是否赚钱，英国都有使命去平定这座城市，使那里的居民得到教化，英国人应该与当地人以及中国移民一

---

1 即今日的雅加达。
2 原来指西方殖民主义为亚非"未开化民族"带来现代文明的"责任"，该说法缘起印度出生的英国诗人兼诺贝尔文学奖得主吉卜林于1899年发表的同名诗歌，后来演变成西方文明称霸世界的一种道德优越理论。

道，把那里建设得繁荣富强。布鲁克觉得这正是他心中所想，因此他决心去那片海域碰碰运气。1838年12月16日，布鲁克搭乘保皇党人号从德文波特出发，随船的有他精心挑选的19名船员。布鲁克此行的目的地是新加坡，这个港口是由他心中的大英雄斯坦福·莱福士爵士在二十年前建立的。

布鲁克是一个魅力非凡的人，他英勇无畏，精力充沛。他的好友亨利·凯珀尔认为，布鲁克年轻时缺乏管教，活泼随性，当不了一名好士兵。显然，布鲁克喜欢当领导者，而非追随者。"他太随心所欲，对干涉他计划的行为极不耐烦。"布鲁克身边很快就聚集了一群亲朋好友，用凯珀尔的话来说，这些人都是"无用的溜须拍马之徒"。[4]尽管缺乏正规教育的严格熏陶，布鲁克依旧博览群书。他喜欢各类题材的书籍，尤其迷恋历史、法律、神学和生物学。然而他显然不是一个生意人——"作为一个混迹商业圈的人，我是个傻子。"[5]他对错综复杂的商业和金钱没有多少兴趣，但这些对他即将开展的宏图大业非常有帮助。再用凯珀尔的话来说："我的朋友布鲁克对生意有多少概念就好比一头奶牛对一件干净的衬衫有多少概念。"[6]

保皇党人号经由里约和开普敦，于1839年6月1日抵达新加坡。此时，船长病倒了，船只急需维修。人脉颇广的布鲁克很快受到当地英人团体的欢迎。当总督塞缪尔·博纳姆听说布鲁克决定继续向东航行后，便询问他是否可以给婆罗洲西部沙捞越的统治者带去一封感谢信，因为近期有艘失事船只上的船员在那里受到了友好的接待。7月末，保皇党人号离开新加坡，8月15日，它终于停泊在小镇古晋（有时自身亦称"沙捞越"）的沙捞越河畔。在那里，布鲁克受到当地统治者慕达哈心的欢迎，后者是文莱苏丹的叔叔。

文莱（有时被称作婆罗洲）在15世纪被当作马来西亚的苏丹领地，

是随马六甲苏丹领地的兴起而兴建的。在贸易快速增长的时期，文莱的战略位置使其得以迅速发展，成为该地区最大的市场，顶峰时期居民超过10万人。然而随后衰落来临。因此，到了19世纪初，尽管文莱苏丹仍然是婆罗洲整个北部海岸（从西部的丹绒达都到东部的马鲁都湾）名义上的统治者，但是他所控制的地方只不过是微不足道的都城而已。

1819年成立的新加坡及其快速崛起影响了文莱这片苏丹领土。1828年，新的苏丹奥马尔·阿里·赛福鼎二世即位。在他长达24年的统治期间，他的权力被削弱，而英国在该地区的统治增强。奥马尔·阿里明显是一个软弱、优柔寡断的统治者，与他打交道的英国人认为他精神错乱。英国人有这种想法，一方面是因为他们觊觎阿里的领土，另一方面是因为阿里身体有缺陷——他患有口腔癌，还有一只手是畸形的。《海峡时报》(*Straits Times*)甚至对他恶言辱骂，称他为"下贱的婆罗洲苏丹"[7]。然而，奥马尔·阿里却受到臣子的尊敬，在位长达24年，最后平静地去世。在苏丹领土的西部，沿沙捞越河一带，人们发现了金属元素锑，这种物质被新加坡商人看中。由于沙捞越临近人口富饶的荷属婆罗洲的三发地区，它成为向荷兰领地走私货物（尤其是鸦片）的一个便利之地。不幸的是，总督班根丁·马哥达因贪污腐败使得当地的马来官员起来反抗，因此苏丹派遣自己的叔叔哈心前去平定叛乱——对哈心而言，这是非常艰巨的一项任务。

布鲁克对哈心很有好感。哈心大约45岁，个子矮小，聪明温和，却不适合这份他不情愿承担的差事。布鲁克被哈心的一群宗亲包围，耐心地听哈心讲述他那痛苦的故事，了解到他的问题源于宫廷内部的阴谋以及外部的威胁。但布鲁克觉得自己爱莫能助，除了提供一点建议，他无法提供实质性的帮助。布鲁克在沙捞越待了六周，在这期间，他探索了周边地区，让他欣喜的是，他头一回见到了真正的达雅克人（Dayaks），之后，他返回新加坡。

1839年11月底，保皇党人号再次离开新加坡，接下来的六个月，它航行在马来群岛之间。[8] 5月下旬，保皇党人号返回新加坡，发现码头上挤满了远征中国的船只。布鲁克再次病倒，他希望好好调养，补充船上物资，在返回英国之前前往菲律宾和中国一趟。去往东方的途中，布鲁克决定最后一次去探望他在沙捞越的朋友哈心。1840年8月29日，他在古晋再次停泊。布鲁克获悉哈心的处境比去年更糟：他不断受到马哥达的威胁，而海盗和猎头族非常猖狂，让他不堪其扰。直到这时，布鲁克才深切体会到厄尔之前所阐述的观点。是的，他能在这里做点事情，他可以为这里带来和平。然而，若要这样做，他需要时间和权力。显然，哈心不再愿意接管沙捞越的问题，他想甩手不干，回到文莱，然而，把一切交给这个热心肠的白人，哈心还是有点不放心。

11月4日，就在复仇女神号驶离新加坡、沿婆罗洲海岸前往中国那天，布鲁克告诉哈心自己真的要离开了。哈心听到这个消息后大吃一惊，承诺把沙捞越政府交给他。不到几周的时间，布鲁克及其追随者就平定了叛乱。和平恢复，贸易增长。当地一些人发现他们抢劫和贩卖奴隶的机会减少了，另一些人则欢迎这个外国人带来的安全感和新气象。布鲁克渴望追逐更大的权力，然而哈心却一直在拖延。终于，1841年9月24日，詹姆士·布鲁克在古晋成为沙捞越拉者（即总督）。次年7月，布鲁克去文莱觐见苏丹，苏丹正式授予他总督头衔。

此时，詹姆士·布鲁克管辖的领土东起三东河，西至丹绒达都，包括沙捞越河流域。这里主要居住着四个民族。土著达雅克人是生活在森林里的部落——内陆达雅克人（Bidayuh）主要生活在西边的内陆地区,远离河流;沿海达雅克人(Iban)比他们的兄弟更野性勇猛,居住在东边沿河的大长屋[1]里,他们最为好战,超出沙捞越的管辖范围。马来人信奉伊斯兰教,主要是渔民和农民,他们中出现了一批控制河口的首领,由此掌控着贸易,特别是食盐这种对于内陆居民而言尤为重要的物资。最后是中国人,他们占据了古晋的商贸,主要居住在沙捞越河上游石隆门的锑矿附近。

接下来的几十年,布鲁克的影响逐渐扩大到东北,覆盖了文莱大部分领地。如果说这一切都是通过武力实现的,是没有疑义的。但是这种武力打击海盗和奴隶买卖,禁止割取首级作为战利品的习俗,为当地带来了和平与法制,这正是当地大部分居民所渴盼的。毫无疑问,布鲁克将他的王国视作可以为当地居民带来文明的工具,而非牟取利益的产业。关于欧洲在这些群岛的影响,布鲁克的观点十分尖锐:"西方人最初到来的时候,这里繁荣富强,有已经稳固建立的政府,贸易兴盛,通往世界各地。而贪婪的欧洲人却将这里变成了现在的样子。他们的政府破裂,旧的国家由于背叛、贿赂和阴谋而瓦解。他们的财富被手段卑劣地夺走,贸易遭限制,恶行被鼓励,美德受压抑,没有生机,一片绝望。"[9]

詹姆士·布鲁克和外甥查理斯(第二代总督)统治下的沙捞越就像最早期的东南亚社会一样——各个民族的人围绕着一个强大的统治者,形成曼陀罗[2]国家。这显然是一个不同寻常的国家:一个效忠英国王室的英国人在异国任封地领袖。那么,沙捞越及其总督的合法

---

1 当地人的传统住宅。
2 源自梵文,指圆形之物或聚集的意思。

地位如何？这个国家是独立于文莱呢，还是文莱的附属国？如果，正如总督声称的，它是一个独立的国家，那么，作为英国子民的领导者能否效忠于维多利亚女王，并且请求英国政府和海军的援助呢？随着复仇女神号在当地事务中扮演越来越重要的角色，这些问题困扰了詹姆士多年。

第21章　海盗与利润

> 如果我在海上航行过，我将深刻懂得，战争、贸易和海盗就像三位一体，密不可分。
>
> ——歌德《浮士德》

自一个现代的新加坡在1819年建立以来，那里的商人就一直受到海盗的骚扰。[1] 这当然是个很现实的问题。沿海一带从事贸易的船只经常不堪其扰——那些顺着东北季风从中国、交趾支那、暹罗而来的船只频频受到抢劫，往来于中国的欧洲船只也不断受到袭击。肇事者有很多。最令人望而生畏的是住在棉兰老岛伊利亚那湾的伊拉农人，以及苏禄群岛（从西南的棉兰老岛到婆罗洲）的巴拉尼尼人。这些海盗的舰队通常从5月开始聚集，持续好几个月，抢夺财物和奴隶。在西南季风期，海盗们往往趁着东风（又称"海盗风"）扫荡整个群岛。他们乘坐的快速帆船体形庞大，通常有90英尺长，10英尺宽，载有60名划手、奴隶以及许多兵士，从船头到船尾堆放着枪支弹药，还有无数的小黄铜炮。30艘这样的船一齐行动，每船平均装载35人，在沿海一带烧杀抢掠，袭击并截获大货船，造成了极大的恐慌。

其次，海盗还有马来人和奥朗劳特人，前者来自沿海村落，有时是渔民，有时当强盗，后者居住在小船里，是漂泊在海上的游民。在欧洲人眼中，与他们结盟的马来人首领是守法的统治者，而那些与之利益相抵触的人则是海盗。[2] 1825年，新加坡的统治者拉罕去世，他的继任者年仅15岁，对附近海域奥朗劳特人的控制削弱。正如厄尔所说："马来海盗在新加坡附近横行，无数小岛以及仅有他们才知道的纵横交错的海道为他们提供了安乐窝，因此他们可以肆意突击毫无防御能力的商人……"[3]他们的快速帆船通常比苏禄舰队的小，但是武器装备优良：船头设有1门12磅大炮，船侧各有6门黄铜炮，以及无数步枪。在马来半岛附近，4月至5月西南季风盛行期间，海盗们流窜于有着天然庇护的东部海岸，6月到9月，他们南迁至柔佛（柔佛东部的兴楼有最大的奴隶市场），10月至次年1月的东北季风期，则返回马六甲海峡。

此外，还有从中国来的海盗。19世纪30年代，他们的活动范围似乎还局限于中国海岸和交趾支那，但是到了40年代，随着鸦片战争的结束，中国海盗的舰队开始驶向更远的地方，到了50年代，这些人成了南中国海的一大祸害。

最后是婆罗洲沿海的达雅克人海盗。他们割取首级作为战利品的做法让维多利亚时代的人既好奇又震惊。他们把人头取下、晒干，并将它们展示在首级屋——凯珀尔称之为"骷髅房"。[4]沿海达雅克人的长舟"班空"有时和快速帆船一样长，但更快更轻。这种船由藤条将厚木板捆绑在一起，因此很容易松散。沿海达雅克人海盗往往轻装上阵，带着一门黄铜炮，或者几把步枪。船上一般有60—80名船员，他们技艺非凡，能以每小时6英里的速度划桨18个小时，一天航行100英里，倘若接近猎物，速度可达每小时12英里。

19世纪20年代，当蒸汽船到达东方海域时，新加坡的居民马上意识到，如果有一艘蒸汽船停泊在此，将会带来诸多便利。这不仅会改善新加坡和马六甲、槟城之间，以及和印度政府之间的通信往来，在与土著首领谈判时，这样一艘船还会极大地提高英国人的威望，遏制海盗和奴隶贩卖这两大恶行。[1]从19世纪30年代初开始,加尔各答就不断收到来自新加坡的诉求,最终同意派遣一艘小型蒸汽船驻守新加坡,该船隶属孟加拉海军。到了1836年10月底,木质明轮蒸汽船戴安娜号在加尔各答附近的一个船坞下水。这是第二艘戴安娜号,168吨位,它的两台16马力的莫德斯莱蒸汽机来自第一艘戴安娜号。1837年2月5日,戴安娜二号离开加尔各答,于3月2日抵达新加坡,很快交付给了塞缪尔·康高尔顿上校。

当时,在新加坡,塞缪尔·康高尔顿(1796—1850)早已因抗击海盗而知名,他的大胆无畏和幽默风趣也帮助他赢得人心。新加坡有一位年轻的测量员约翰·托马森非常崇拜康高尔顿,他喜欢在戴安娜二号上喝热咖啡吃饼干,享受康高尔顿的宠物红毛猩猩和被驯化的水獭的陪伴。托马森这样形容康高尔顿:"他个子不高,但体格结实,很有活力,曾经在桑德兰一所与煤炭行业相关的条件艰苦的学校当学徒。他情感细腻,道德高尚,作风老派,坦率耿直,举止得体,机敏睿智,谈吐生动活泼。"[5]康高尔顿出生于北柏威克[2],年少时离家去当水手,首先从事沿海贸易,后来在一艘开往加尔各答的船上担任炮手,此后一直在港脚船上做事。1821年,康高尔顿在槟城加入东印度公司装载武器的纵帆船杰西号,并搭乘此船参加了第一次英缅战争。此后,他一直为东印度公司效力。1826年3月,他首次掌管纵帆船和风号,很快,开始在半岛沿海一带追捕海盗。确实,正是由于和风号打击海盗的成功才激励新加坡商人呼吁拥有一艘属于他们自己的打击

---

[1] 值得一提的是,当时,英国的殖民地邻居、荷属东印度群岛的荷兰人正在为在巴厘岛和龙目岛的种植园购买奴隶,每人仅20英镑。——原注

[2] 位于苏格兰爱丁堡市郊外。

海盗的蒸汽船。因此，当戴安娜二号于1837年驶入新加坡港时，它被交到了康高尔顿这个熟知海盗行踪的人手中。令人欣慰的是，康高尔顿的月薪从掌管纵帆船时的100银圆增长至350银圆。

过了一年，康高尔顿才有机会在一支海盗舰队面前检验这艘新船。蒸汽船上的船员是由康高尔顿招募的，包括2名欧洲军官和30个马来人。1838年5月18日，停泊在半岛东岸丁加奴（今称登嘉楼州）的皇家野狼号（装炮18门）——这艘船在过去的两年里一直帮助康高尔顿从事打击海盗的工作——发现一支伊拉农人的快速帆船舰队正在袭击一艘中国平底大帆船。《新加坡自由西报》报道："皇家野狼号是一艘帆船，因此，当然是小蒸汽船率先攻击。6艘大快速帆船上的海盗看见蒸汽船冒出的浓烟，还以为是一艘帆船着了火，于是，他们丢下中国平底帆船，朝蒸汽船逼近，一边前进，一边朝它开火。令他们害怕的是，这艘船逆风朝他们驶来，然后突然在他们对面停住，朝他们开火。这艘船完全逆风而行，把许多海盗打翻在甲板上。在海盗眼中，一艘不依赖风和船桨的船显然是个奇迹。"后来，人们从被囚的海盗口中得知，快速帆船上共有360名海盗和奴隶，其中90人战死，150人受伤。6月7日，18名海盗在新加坡受审、判刑，并被运送至孟买。后来，《新加坡自由西报》不满地报道，年底当野狼号离开新加坡之际，本城的商人送给船长爱德华·斯坦利一柄镶有100几尼[1]的剑，并且邀请他作为嘉宾参加宴会——而康高尔顿却没有受到任何表彰。印度海军军官所作出的贡献没有受到褒奖，这显然激起了不满。1843年5月23日，还在中国作战的海军总司令巴加觉得有必要致信总督埃

---

[1] 英国发行的一种金币，于1813年停止流通。

伦巴勒，呼吁奖励东印度公司蒸汽船上军官的英勇表现，"如同皇家海军以及女王和东印度公司陆军部队的军官一样"[6]。

由于詹姆士·布鲁克获得的沙捞越总督身份在1842年7月得到文莱苏丹正式认可，他开始信心满满地施行新政。在他当政期间，他拥有绝对权力，也很人性化地行使权力。无论是在上级、同僚还是下级的眼中，布鲁克都是一个富有魅力的人。但他的弱点在于他不能听取批评，在外交事务上缺乏耐心，对待敌人残酷无情。

此时的布鲁克，正如他的朋友斯宾塞·圣约翰后来写道的那样："……非常孤单，仅有4位跟随者：来自马六甲的属有色人种的翻译官；不识字的仆人彼得；船难幸存者、爱尔兰人克林布尔；医生麦肯齐，他是一位良伴，但对这个国家没有兴趣（后来被中国海盗杀害）。"[7]但布鲁克很快就喜欢上了沙捞越以及这里的人民，他很喜欢和马来乡绅做伴，尤其喜欢内陆达雅克人。"我尤其觉得，没有哪个民族像内陆达雅克人遭受如此压迫，没有哪个民族像他们这样更需要同情：尽管他们的国土富饶，所得的物产却全都贡献给了压迫他们的人；尽管他们勤勉努力，却从来没有收获自己所播种的；尽管他们深爱家人，却没法保护妻儿，他们的妻儿经常被掠走。"[8]布鲁克也敬佩沿海达雅克人，敬佩他们高昂的情绪、开放的胸怀、对自由的热爱和冒险精神；他也敬佩马来人的温文尔雅、举止端庄，敬佩中国人的勤劳肯干和商业头脑。

随着布鲁克在沙捞越地区的影响扩大，他逐渐认识到去更远的地方采取行动的必要性。尤其令他烦恼的是位于沙捞越东边、沙里拨河和实哥郎河一带的沿海达雅克人，他们在马来人的帮助下，不断掠夺沙捞越内陆达雅克人，把他们变成奴隶。布鲁克觉得有必要好好教训沿海达雅克人，但他需要比现在更强大的兵力。"这一必要性会带来怎样的一系列反思啊！我真的喜欢作战吗？这是我问自己的一个问题。我回答——'当然'——有哪个男人不喜欢呢？而且，的确，难道还有别的什么能在我的同胞中催生更多的航海者和勇士吗？"[9] 这是19世纪非常深刻的一个反省。

1843年3月，布鲁克再次回到新加坡，有天晚上在当地要员威廉·纳皮尔家中用餐。纳皮尔是新加坡首位诉讼代理人，他于1835年创办了新加坡第一份报纸《新加坡自由西报》。一同用餐的还有狄多号上的亨利·凯珀尔，他和布鲁克两人惺惺相惜，结下了终生的友谊，这段交情对布鲁克影响深远。5月，布鲁克搭乘狄多号返回古晋，他非常喜欢朋友的这艘船——"这是我见过的最帅气的一艘船。"[10] 凯珀尔对布鲁克总督的招待很满意，却对与慕达哈心的第一次会面感到困惑："我们围成半圆形就座，抽雪茄、饮茶。哈心拉者嚼着香蒻叶和槟榔，跷着二郎腿，玩弄他的脚趾。这次会面我们交谈甚少，面面相觑地坐了半个小时，彼此都很惊讶。说了一番希望双方的友谊天长地久之类的客套话之后，我将狄多号和一切不属于我的东西提供给他，以交换他的房子，随后，我们便离开了。"[11]

这恰是布鲁克增强威望的时机：一艘出现在沙捞越的战船，船长是自己的好朋友，船员有145人，个个身经百战。就在此时，凯珀尔收到了哈心的来信，恳请他帮助打击海盗沿海达雅克人。凯珀尔爽快应允。于是，7月初，布鲁克和凯珀尔就带领一支队伍从古晋来到沙里拨河，将狄多号留在海上，在当地勇士的协助下，乘坐小船扫荡了整条河，在接下来的两周里，袭击并焚毁了三处达雅克人的聚居地。因为这次行动，新加坡的法庭奖赏狄多号上的战士795英镑的人头奖：杀死23个达雅克人，每人值20英镑；与另外67个达雅克人交战，每人值5英镑。回到古晋，凯珀尔发现，这里的居民听到沙里拨河的达雅克人被袭的消息后兴高采烈，但他很遗憾自己不得不立即前往中国，不能帮助好好教训实哥郎河的达雅克人。

人头奖？回想一下，奖励士兵攻击或杀死海盗的人头奖与达雅克人受人唾弃的"猎头行为"并无区别——婆罗洲人带着人头凯旋，而英国人则对每个人头慷慨地奖励20英镑。《1825年法案》旨在镇压西印度群岛的海盗，在该法案的鼓励下，凡是参与了抗击海盗的行动，皇家战舰上的船员都会受到奖励。[12] 但是此种奖励是否会激发暴行，甚至影响海军军官对于对手数量和性质的判断呢？（但愿不会如此。）对手真的是"海盗"吗？难道不是抵御外来侵略的当地勇士？我们可以从爱德华·贝尔彻上校搭乘皇家萨马朗号（装炮26门）航行时所写的日记中窥见一斑。贝尔彻精明能干，但脾气糟糕，在皇家海军中不受欢迎。（正如他的讣告作者所写的那样："也许没有同样有才能的军官像他这样遭受排挤的……"）[13] 1844年，萨马朗号在新几内亚岛西部的济罗罗岛（今哈马黑拉岛）进行勘测工作。6月3日凌晨2点，萨马朗号上的小船——一艘载有6人的小船和一艘载有20人的驳船遭到袭击。贝尔彻记下了这次暴行，还创作了一幅蚀刻画，描绘了5艘像维京海盗船那样巨大的海盗船，冲向一艘骄傲地悬挂着英国国旗的小船。贝尔彻成功击退了这次夜袭，第二天早晨，他派出4艘载有47人的小船，前去追击海盗的残余部队——5艘更大的船和另外10艘小船。尽管当地的荷兰军官否认附近有海盗出没，贝尔彻却坚称海盗就是令人望而生畏的伊拉农人。一返回英国，贝尔彻就申请领取奖金，他声称率队与1 580个海盗交战，杀死350人，捣毁27艘海盗船。对于几十个驾驶小船去迎战最凶猛海盗的英勇英国人而言，这是一个不错的战绩，尤其还是在夜里进行的。因此，萨马朗号上的全体官兵得到了1万英镑的奖赏，贝尔彻上校因为负伤，还获得了每年250英镑的退休金。

让我们把目光拉回沙捞越。1844年5月22日（星期二），就在弗莱吉森号离开新加坡一年后，它再次停泊在新加坡的锚地，如今，它已经过全面检修，归于约瑟夫·斯科特的掌管下。那年3月，得知自己即将作为高级军官返回海峡，亨利·凯珀尔在加尔各答视察了弗莱吉森号，决定让它驻守新加坡，协助康高尔顿和戴安娜二号打击海盗。与此同时，狄多号已经从印度航行至中国，如今从澳门返回，7月19日，加入了新加坡的弗莱吉森号行列。

六天后，狄多号和弗莱吉森号前往婆罗洲。8月1日，它们抵达了沙捞越河。凯珀尔立即开始与布鲁克筹划去年未完成的计划——攻打实哥郎河的达雅克人。5日，远征队离开了古晋，这是一支由蒸汽船弗莱吉森号拖曳的船队：狄多号的船载艇、弗莱吉森号的4艘独桅纵帆船和布鲁克在当地造的小船快乐单身号。蒸汽船上共有13名军官、108名水兵和16名海军陆战队士兵。在狄多号的军官中，有一位第一次来到婆罗洲的海军候补少尉查理斯·约翰逊，他是詹姆士·布鲁克的外甥，也就是后来的查理斯·布鲁克，第二代沙捞越总督。[14] 与蒸汽船同行的还有许多艘小船，载着300个当地人，他们都效忠于布鲁克，听从贝多因（他是哈心的兄弟和他眼中的红人）的指挥。当晚，这支船队在约4英里宽的鲁巴河河口停泊。第二天，弗莱吉森号往东沿河而上，在达雅克人位于帕图森的炮台处，停泊在步枪可以扫射的范围内。当天晚上，达雅克人的聚居地就被扫荡一空，焚毁殆尽。远征队俘获了56门大炮，其中有些是黄铜炮，后来在新加坡拍卖得了900英镑，这是一笔可观的奖励。有谣传说，一些大炮实际上被达雅克人买回去了。

8月11日，这支船队继续溯鲁巴河而上，驶往鲁巴河与北边的实哥郎河、南边的丰洛河的交汇处。12日，人们将弗莱吉森号留在了鲁巴河上，在船队从实哥郎河出发袭击主要目标前，先行袭击了丰洛河上的一处堡垒。实哥郎河几乎无法通行，无数大树掉落下来堵住了河道。19日（星期一）的行动是这次远征的一次典型场景，被凯珀尔生动地描绘了下来：

> 由于溪水湍急，我们上岸，等待第二艘独桅纵帆船的到来。我们的船载艇和第二艘小船已经航行过去了。我们等待了一刻钟，听到了几声枪声，这说明碰上了海盗。我们立刻上船，继续前行。我们船上的枪炮声越来越密集，数千个达雅克人的号叫声让我们明白碰上了什么。
>
> 很难描述我遇到的情景。大约20艘小船挤成一团，像一团乱麻——一些船翻了个底朝天，另外一些仅看见船头和船尾，乱糟糟地与大木筏挤在一起——在这当中，几乎都是我们的先遣部队。无头的躯干，以及没有躯干的头横七竖八地躺着。人们举着矛枪和波形刀[1]互相乱刺。有人奋力在水中挣扎。在这幅混乱景象当中，能看见我们先遣部队的船只。两旁河岸上，数千个达雅克人冲进来加入这场屠杀，他们朝船上投掷矛枪和石块。
>
> 这个时候，我不知道该采取什么行动，才能将我们的人从此种境况当中解救出来。所有人都顺着溪流往下漂，船与船之间没有空间可供通行，新加入的小船只会使局势

---

[1] 波形刀是一种有着波浪形刃边的匕首，在马来半岛一带被民众广泛佩带在身上。——原注

第21章　海盗与利润　217

更加混乱。幸运的是，在这个关键时候，其中一条木筏抓住了一个木墩，打破了这座流动的桥，开出了一条通道，让我的小船（由明轮而不是桨推动）——号兵约翰·伊格坐在船头——能够通行。

布鲁克和我同时意识到，我们前进的小船可以吸引海盗的注意，从而让其他小船脱身。我们达到了预期的效果。岸上的炮火都调转了方向，似乎想抢夺他们发现的新目标。我们在河流中央行驶，矛枪和石块从岸上朝我们砸过来。布鲁克的大炮没法发射，因此，我把船柄绳给他。舵手帮我把弹药填满枪炮，我有时间看清楚这帮野蛮人的头目，对他们接连开火。

乘坐第二艘小船的艾伦（R. C. 艾伦，狄多号的船长）火速赶来，用康格里夫火箭炮接连朝敌军发射，这种颇具毁灭性的炮火迫使敌军退回到临时屏障后面。在对帕丁吉·阿里发起攻击之前，他们就隐藏在那些屏障后。他们向我们投掷长矛和其他"导弹"，其中有种"导弹"是用短竹筒制成，一端装满了石头。整个过程大约持续二十分钟。敌军还使用毒矢吹管，虽然我们这边有几个人被击中，但没有造成致命的伤害。我们的助理外科医生比思先生巧妙地切除了伤者的伤口，余下的毒汁被其他伤者吸吮出来。

然而，随着我们的人数增加，实哥郎人开始撤退，而且无法再鼓起勇气集结。他们的损失一定相当大。如果可怜的老帕丁吉·阿里遵守规则，我们的损失本来可以很轻微，但他过于自信。我特别指示让他撤退，但他并没有听从。敌军一露面，他就发起攻击，他的一些小船紧随其后，通过狭窄的通道。于是敌人立刻出动大竹筏,截断他的退路。6艘战舰——每边3艘,对帕丁吉忠实的追随者发起攻击。17名船员中只有1个逃回来报告战情。

我方的先遣部队最后一次见到管家先生和帕丁吉·阿里时,他们正登上敌军的船只(他们自己的船已全部沉没)。毫无疑问,他们和其余29人会被敌人杀害。我方的伤亡人数增加到56人。

溯流而上,几英里开外就是加拉岸的首都,我们没有再遇到其他抵挡。此次远征的目的既已达成,我们轻松地沿河而下,睡在船中,因为岸上有很强的保卫力量。20日,我们到达蒸汽船停泊处,第二天一整天我们都在照料伤者。[15]

直到9月4日,远征队才最终离开鲁巴河,弗莱吉森号拖曳小船返回古晋。尽管布鲁克一直希望有一艘吃水浅的铁壳蒸汽船前来援助,但他后来却埋怨弗莱吉森号:"我们待在一艘低效的蒸汽船上,船员都是令人讨厌的黑人,船还受令到处转移,耽搁了十多天,因为要在各处砍伐木材……船员中见过大炮发射的不超过5个人。"[16]

早在一年前,布鲁克就意识到,慕达哈心及其家人——13个兄弟、家眷、各色仆从——应该离开古晋,返回文莱。尽管布鲁克喜欢哈心等人的陪伴,对他们援助自己打击沿海达雅克人心存感激,但他逐渐明白,哈心等人在古晋继续待下去将有损自己的权威。同时,哈心等人也渴望回到家乡。因此,1844年10月14日晚,哈心一行登上了停泊在古晋的弗莱吉森号。帆布篷撑开了,船员只准在船头活动,以维护24名女眷的清白。在整个航程中,可怜的女乘客全都挤在船长的舱室里，即使人数只有一半，这个小小的空间也显得很拥挤，结果，有一个人死在里头。布鲁克非常想帮助哈心应对文莱宫廷的内斗，还安排萨马朗号的贝尔彻上校陪伴哈心一行。他自认为这两艘装备有精良武器的蒸汽船将促成与苏丹的成功会谈。

  但是布鲁克此行还有另外一重目的——为英国而非沙捞越夺取文莱海岸附近的纳闽岛（现为纳闽联邦直辖区）。他认为，占领纳闽岛不仅会促进贸易、遏制海盗，还会促使英国政府和海军在婆罗洲事务上采取更加积极的态度。布鲁克的策略取得了成功。弗莱吉森号的大炮瞄准了皇宫，这一举动促使苏丹同意割让纳闽岛，尽管过了两年以后，英国国旗才在这个新殖民地升起。

  由于布鲁克占领了纳闽岛，1845年年初，远在伦敦的外交大臣阿伯丁伯爵任命布鲁克为英国驻婆罗洲特使。3月，新任命的布鲁克前往新加坡，与新任海军总司令托马斯·科克兰少将[1]商议要事。布鲁克尤其担心位于文莱的哈心及其家人的安危。由于哈心与布鲁克交好，这使得哈心树敌众多，尤其招来他的堂兄、"首相"班根丁·乌索普的嫉恨。与乌索普密谋的是婆罗洲最北部马鲁都湾的混血阿拉伯人谢利普·乌兹曼，他是2 000多名残忍的海盗（大部分是强壮的伊拉农人）的头目。事实上，从很多方面来说，乌兹曼是当地首领的一个典型代

---

1 在当代的记录中，海军上将科克兰有时被简单地称作"托马斯"，有时被称作"托马斯爵士"。他出生于1789年2月5日，1796年6月15日加入海军时年仅7岁，据传在其父亚历山大·科克兰指挥的皇家忒提斯号（装炮42门）任初级志愿兵。1812年5月29日，年仅23岁的科克兰被封为爵士，彼时，其父亚历山大已荣获爵级司令勋章，科克兰成为其父的代表。托马斯直到1847年10月29日才荣获爵级司令勋章。因此，1845年，他既被称作"托马斯"，也被称作"托马斯爵士"，这在英国的表彰体系中非同寻常。——原注

表，他是一名勇士，在动荡时期，吸引了一大批追随者。布鲁克非常希望连根拔除他视为眼中钉的这支当地部队，科克兰同意提供援助。布鲁克还需等待，尽管他烦躁不安，但直到8月，剿匪的事情才最终实现。

第22章　炮舰外交

1845年，秘密委员会五艘龙骨可滑动的船都来过新加坡。那一年，弗莱吉森号驻守新加坡，往来于槟城、交趾支那和婆罗洲。3月19日，从中国返回、准备前往加尔各答进行大检修的普罗塞尔皮娜号抵达新加坡；11月29日，同样从中国返回、欲前往孟买的美杜莎号也抵达新加坡。此外，还有7月14日从加尔各答赶来的复仇女神号、6月3日从孟买赶来的冥王号，这两艘船都是首次去婆罗洲服役。

7月14日，当复仇女神号驶入新加坡港时，它的姊妹船弗莱吉森号正好停泊在港口，这是自1842年11月两艘战船离开舟山以来的第一次相会。7月初在槟城，大副托马斯·华莱士在船长约翰·罗素和随船医生罗宾逊的见证下立下遗嘱。此时，托马斯已经在复仇女神号上待了三年，也许他意识到，未来的日子要比最近在印度度过的岁月更加精彩。与托马斯一起旅行的是他的妻子伊丽莎白以及他们一岁的儿子，但是当17日复仇女神号从新加坡起航时，原本要前往中国的伊丽莎白母子留在了岸上。[1] 这对母子可能在8月4日（星期一）那天见证了一次历史性的事件，那就是明轮蒸汽船玛丽·伍德夫人号（*Lady Mary Wood*，533吨位，230马力）的到来，这艘船八天前刚刚离开锡兰加勒。新加坡人盼了很久终于把它盼来了，因为它预示着由半岛东方邮轮公司（Peninsular & Oriental Steam Navigation Company，俗称P&O邮轮公司或大英火轮公司）提供的从英国到印度、新加坡和香港之间每月定期邮轮航运服务的开始。当玛丽·伍德夫人号驶入港口时，欧洲居民早已聚集在新加坡河口附近的邮局。很快，他们欣喜地得知，家人从伦敦寄来的信件只花了短短41天就到了这里。

自从拿破仑战争结束以来，英国海军部就一直负责运送邮件前往地中海。1830年，海军部雇用了第一批蒸汽船运送信件，1835年，航线从马耳他扩展到了亚历山大港，通过陆路运送邮件至苏伊士，然后，东印度公司的蒸汽船胡夏米号前来收取这些邮件，再将其运送至孟买。这条线路显然比经由开普敦运送邮件的远距离航线更令人满意。然而，单靠胡夏米号一艘船，无法保持定期的航运服务。

1837年9月1日，海军部与新成立的半岛邮轮公司签订了运送邮件往来于英国和直布罗陀的合同。三年后，当公司将它们的航线拓展至亚历山大港时，它们原来的名字上被加上了"东方"两个字。[2]然而，要让"东方"二字名副其实，需要更多高效的蒸汽船运行在苏伊士与印度之间。1842年9月24日，P&O邮轮公司的蒸汽船印度号（2 018吨位）满载邮件离开英国，途经开普敦，前往孟买。1843年年初，印度号包揽加尔各答蒸汽航运公司运送来自苏伊士的邮件的任务，它首先驶往锡兰加勒，在那里留下给孟买的邮件，然后经过马德拉斯，前往加尔各答。同年年末，1839年在孟买建造的木质明轮蒸汽船维多利亚号（230吨位）开始了印度和马六甲海峡之间的蒸汽船航运服务。然而新加坡的高官认为，P&O邮轮公司提供的服务能更好地满足他们的需求。于是，他们和P&O邮轮公司签订了一份合同，详细规定了港口之间航运所需的时间——从加勒到槟城大约6天，到新加坡2天，在新加坡停留2天，然后再到香港需7天。如今，邮件离开伦敦50天后，人们就可以在香港接收，而不再需要等待四五个月。

1845年8月5日，当玛丽·伍德夫人号向东出发时，《新加坡自由西报》报道："P&O邮轮公司开始了邮政服务，并正在建造30艘蒸汽船——26艘用于海运，4艘用于河运。其中，14艘为1 200—2 000吨位，450—520马力……所有船只都能够运载武器，之前提到的14艘船和任何一艘蒸汽护卫舰一样重。"但是伊丽莎白·华莱士及其儿子不在玛丽·伍德夫人号上，原因是这段航程的票价昂贵。此前一年，船长坎宁安从中国战场返回英国，从加尔各答到南安普敦这段航程，他向P&O邮轮公司支付了163英镑的船费，这是一笔巨款。[3] 而华莱士在17日搭乘一艘港脚船考尔吉家庭号前往香港，这艘船并非豪华轮船，因此票价便宜。

离开新加坡后，复仇女神号和冥王号首先不是驶往中国，而是前往婆罗洲，因为海军上将科克兰答应为布鲁克总督提供帮助。1845年8月8日（星期五），一支英国小分队抵达了文莱河河口，阵势足以威慑最乐观的苏丹。科克兰的旗舰皇家阿金库尔号（装炮72门）由维斯塔尔号（装炮26门）、狄德勒斯号（装炮20门）、巡洋舰号（装炮18门）、貂熊号（装炮16门）以及蒸汽船皇家雌狐号、复仇女神号和冥王号陪同。[4] 让布鲁克高兴的是，班根丁·贝多因亲自出来迎接他们。雌狐号的外科医生克里记录了这有趣的场景："贝多因……坐在他的小船里面，那是一艘长且低的快速三角帆船，有18个明轮，船首放着一门4磅大炮，一把红丝绸雨伞点缀绿色流苏，一面黄色大舰旗……一些大人物穿着天蓝色夹克和黄色宽松裤。阿金库尔号鸣奏了7发大炮向贝多因致敬，海军总司令把他送回复仇女神号。"[5] 第二天早上，3艘蒸汽船沿河而上，载着科克兰、布鲁克、约500名水兵和海军陆战队士兵。河流蜿蜒流经森林,有些地方的森林被焚毁,露出草地。城镇沿着河岸铺沿几英里,木头房子架在水上的木桩上,这是一个有着约一万人口的地方,城市中心就是皇宫。早上6点,蒸汽船停泊在皇宫对面,海军总司令和布鲁克总督身着华服上岸。"海军总司令……有时的服装不合时宜,喜欢浮夸炫耀。他这位老兄好像一直衣冠楚楚。"[6] 在皇宫的谒见上,科克兰让苏丹放心,他的军队不会给文莱带来威胁,但他必须好好教训作恶多端的乌索普。苏丹说自己没有实力攻打乌索普,但他授权海军总司令去做他必须做的事,而这正是科克兰所希望的。第二天,蒸汽船继续沿河而上,来到乌索普的寨子。见他没有投降的意向,英军的大炮在15分钟之内就把寨子夷为平地。乌索普逃跑了,几周后,他被那些他想寻求庇护的人杀害。英军从他的房子里收缴了20门大炮,随后在新加坡进行拍卖,收益用作官兵的奖金。尽管英军部队中无人被敌军伤到,但是"……因为操作不当,复仇女神号上一个不幸的家伙被大炮击中了"。[7]

离开文莱河,舰队首先停泊在纳闽岛,为蒸汽船补充木材,然后继续向北行驶。8月17日(星期日),驶入马鲁都湾。第二天,3艘蒸汽船拖着24艘船载小艇前往马鲁都河河口,并在那里过夜。这些小船共搭载了550名水兵和海军陆战队士兵,其中有9艘船是装备齐全的炮艇。19日黎明,小船单独向上游谢利普·乌兹曼的要塞出发,因为河水太浅,铁壳蒸汽船无法通过。9点过后,领头的几艘船绕过了一个弯道,发现面前是难以应付的防卫阵势。河对岸有一条浮木挡栅,由铁绳将大树干捆绑在一起而成,系在岸上的树上。两个堡垒的大炮瞄准了浮木挡栅——4门18磅大炮,2门12磅大炮,3门9磅大炮。一个堡垒在前面河水分岔的陆地上,另外一个较大的堡垒在左岸。接下来的一个小时,布鲁克的部队冒着枪林弹雨,努力在浮木挡栅中开出一条通道。河中的炮艇与左岸的火箭车轰鸣不断。外面的人可以看到，在堡垒里，身着鲜艳衣服的首领正在英勇地指挥下属开炮。但浮木挡栅被打开了一个缺口，小船涌入，很快就占领了小堡垒。这个小堡垒地势更高，可以指挥那个更大的堡垒。很快，防卫者就全面撤退，胜利者进入了堡垒和村庄，看到了他们屠杀的后果：身着彩色战衣的伊拉农人的尸体；戴着白色头巾、身着白色长袍的谢利普家人的尸体；一个中国奴隶的尸体；一名仍在奶孩子的妇女，她的手臂被霰弹打伤了。尽管没有找到乌兹曼的尸体，但据机密消息报道，他和他儿子已经被杀害。英军8死13伤，正如科克兰向海军总司令汇报的，"敌军的阵势令人震惊，但是，值得感激的是，我军损伤不大"[8]。

防御工事被英军尽数毁坏，大炮要么被钉上大钉，要么作为战利品被运走。然后，小船队返回了海湾的蒸汽船旁。人们把五具士兵的尸体运了回来，在复仇女神号上对他们进行了恭敬的海葬——每具尸体被缝入生前各自的吊床，脚上套上两枚钢珠。随后，这支小分队在巴兰邦岸岛集结。巡洋舰号在那里搭载布鲁克返回古晋，然后驶往新加坡，而其他船只则往北驶向中国。9月11日，复仇女神号返回香港，它是第一艘抵达中国的船只，随后不久，它就开赴舟山。[9]

远在广州，一起风波正在酝酿之中。[10] 自1842年《南京条约》签订以来，广东和香港一直被一个难题困扰——在英国人眼中最独立又好惹麻烦的广州人拒绝与外国人通市——而这是条约中很重要的一项条款。条约还规定，当英方收到2 100万银圆赔款中的最后一笔时，必须归还舟山。此刻，最后一笔赔款的日期——1846年1月22日即将来临。因此，英军以开放广州城相威胁，拒不交出舟山。清朝官员感觉到英军赢得了舟山的外交胜利，最终屈从于英军的要求。1月13日，中方同意让夷人进入广州城内。

当时，广州人中盛行这样一种观点：倘若清军坚守防卫，就一定能够打败入侵者，而统治者却只知屈辱地向夷人磕头赔罪。1月15日，广州知县刘新[1]与英国人议事之后，在回来的路上被一群愤怒的暴民追赶至官邸，他的住处被夷为平地。刘新从后花园逃出，跑至两广总督耆英的府邸。听到这则消息，耆英和下属官员慌了神，向"正义之民"屈服。英国驻华使臣德庇时爵士[2]比他的大多数同僚更为敏感，他看出耆英已经失了颜面，而又一心想要维持他那可怜的影响，于是德庇时决定，既不向广州施压，也不握着舟山不放。因此，7月5日，复仇女神号离开宁波前往舟山，船上载着4名中国官员，他们是奉皇帝之命来收复岛屿的。

三天后，在广州，一名被惹怒了的英国商人殴打并逮捕一名广州摊贩。[11]一群中国人立刻聚集起来，要求英国人释放他们的同胞。持有武器的英国商人离开商馆，前来驱散这群暴民，结果，3名中国人遭枪杀。多年来，英国一直要求清政府惩戒对英人行为不端的中国人，政府也照办了。现在，局势反转——耆英要求惩戒肇事者。一方面，耆英受到广州人的怂恿，另一方面，德庇时阻止商人提出赔偿的要求。局势不妙，但双方都决定妥协。7月17日，复仇女神号从舟山召回，停驻广州，以防事态恶化。那名始作俑者被罚款200银圆，3名死难者的家属得到了"足够的赔偿"。8月底，这场风波终于平息，但是对于中国人而言，这件事留下了一个难以磨灭的伤痕——广州人再次被清朝政府官员出卖了，统治者懦弱无能，不能阻挡夷人屠杀中

1　Liu Hsin，此处为音译。
2　德庇时是一位经验丰富的中国通，于1844年接替璞鼎查任驻华使臣。——原注

国人。

而在新加坡，弗莱吉森号没有卷入这么多麻烦，但是它换了新的领头人。那年1月，弗莱吉森号停驻新加坡之际，船长斯科特死于疟疾。起初，他的职位被大副卡弗利取代，直到6月初B. S. 罗斯上校才从加尔各答赶来。1845年9月20日，罗斯率弗莱吉森号离开新加坡，往北航行。10月初，《新加坡自由西报》这样报道："东印度公司的蒸汽船弗莱吉森号上周离开了新加坡，前往交趾支那的土伦（今越南岘港）。弗莱吉森号此行的目的是向交趾支那的国王送去一封英属印度总督的亲笔信，感谢国王保护梅利什号和阿劳伊号两艘失事船上的船员，并将他们护送回新加坡。弗莱吉森号还给交趾支那国王带去了总督送给他的各种礼物。"这趟航程用了两个月，直到11月14日，弗莱吉森号才从芽庄[1]返回新加坡。

1846年1月初，老旧的戴安娜二号在新加坡被一艘新的蒸汽船胡格利号取代，船长康高尔顿也随之接管新船。《新加坡自由西报》对这次变动不满："我们真的不知道为何孟加拉政府非要塞给马六甲海峡这样的蒸汽船，这种船在加尔各答没有什么价值，在马六甲海峡也没有什么用处。"显然，写这篇报道的作者认为这艘胡格利号是1828年下水的那艘，然而实际上，这是第二艘胡格利号，一年前才在加尔各答建造，193吨位，50马力，比10年船龄、168吨位的戴安娜二号先进一些。戴安娜二号上32马力的发动机源自第一艘到达东方水域的蒸汽船戴安娜一号。

但是很快，这样的牢骚在当地报纸上就看不到了。1845年12月

---

[1] 今越南东南部港口城市。

12日，一支锡克军队穿过象泉河，到达英属印度，18日，他们首次与巴加指挥的英军交火。在接下来的54天，双方打了四场血战。最后一次是2月10日的索布拉翁之战，被称为"印度滑铁卢"。在这场战斗中，英军最终击败锡克部队，但是直到另外一场战争之后，旁遮普才在1849年正式被英国吞并。[12]

　　1846年年初，新加坡政府接到中国商人的投诉，声称他们的船只在来新加坡的途中遭到偷袭，肇事者是东部海岸吉兰丹[1]的首领。新加坡总督巴特沃斯并没有调派新船胡格利号，而是派弗莱吉森号前去提供帮助，他认为后者震慑力更强。[13] 3月31日（星期二），弗莱吉森号离开新加坡，向北驶去。它首先在丁加奴停留，拜访当地规矩有礼的拉者，他是"土著首领中最受人尊敬的一位"。河岸边的这个小镇离大海只有四分之一英里，是一个典型的沿海聚居地——沿河的街道上有中国人开的一排商店，后面是马来人的聚居地，木头房子建在桩柱上，零星地散落着，还有一间简朴的清真寺，首领的房子是其中最大的建筑。4月3日，带着应有的排场，船上的军官一行拜访了拉者。第二天，拉者回访，受到了10发礼炮和宴席招待的礼遇。随后，弗莱吉森号继续向北行驶，6日在吉兰丹河河口停泊。弗莱吉森号此行的目的显然传开了，他们遇到了吉兰丹拉者的使者。但是这名特使，用罗斯的话来说，太过紧张，无法传话。第二天，罗斯和两名军官乘坐一艘轻便小艇溯流而上，同行的还有两艘装满武器的独桅纵帆船。他们航行了9英里，到达了都城。登陆后，他们步行至拉者的府邸。罗斯请求觐见拉者，要求他归还抢走的物品，并承诺不再从事

1　马来西亚的一个州属。

海盗活动。不出意料，罗斯一行收到了满意的答复。4月9日，他们返航，于14日抵达新加坡。

就在弗莱吉森号归来前六天，皇家哈泽德号（装炮18门）船长到访古晋，布鲁克总督热烈欢迎他的到来，却获悉一条不幸的消息：去年新旧年交替之际，他的朋友慕达哈心和兄弟贝多因，以及11名家眷在文莱惨遭谋杀。布鲁克非常气愤，一方面他生自己的气，因为是他鼓励哈心回到危险的文莱宫廷，另一方面，他十分憎恨文莱苏丹的背叛行径。布鲁克立刻给马德拉斯的科克兰上将发去密信，恳请他迅速作出强有力的回复。1846年6月19日（星期五）早晨，在科克兰的指挥下，7艘战舰从新加坡驶出，前往文莱。[14] 这一次，随旗舰阿金库尔号同行的有爱丽丝号（装炮26门）、哈泽德号（装炮18门）、斑鸠号（装炮16门）、保皇党人号（装炮8门）以及明轮蒸汽船皇家怨恨号（1 055吨位）和弗莱吉森号，总共载着230名海军陆战队士兵和500名水兵。25日，舰队在古晋载上布鲁克后，向拉让河驶去，然后前往文莱。7月6日，布鲁克一行人抵达文莱。接下来上演的事情和一年前一样：蒸汽船威胁苏丹的王宫；苏丹为谋杀事件感到惋惜，自称好意为之；英军找借口发动袭击；苏丹军队被彻底击败。爱丽丝号的船长罗德尼·曼迪写道："战事在7月8日结束，39门加农炮落入我们手中，绝大多数是大口径的大炮，其中有19门黄铜炮。苏丹以及他那引以为傲的军队，还有所有的居民，都跑掉了。"[15] 弗莱吉森号上有2人战死，7人受伤。

舰队加强警戒部署后，沿婆罗洲海岸航行，向中国驶去，留下曼迪和爱丽丝号、哈泽德号、弗莱吉森号防守婆罗洲。8月27日，布鲁克在文莱写信给曼迪："几位老年妇人和孩子，还有一些年轻人登上了弗莱吉森号，他们是慕达哈心家族幸存的家眷。"[16]

回到新加坡后，11月25日，曼迪从皇家野狼号（装炮16门）那里得到科克兰上将的指示——强制苏丹执行1844年11月的条约，占领纳闽岛。12月1日，爱丽丝号和野狼号离开新加坡前往婆罗洲，在古晋短暂停留，曼迪会见布鲁克，但布鲁克无法赶去文莱，因为他要搭乘哈泽德号前往新加坡，与科克兰商议要事。18日，文莱苏丹签署协议，割让纳闽岛给英国。1846年12月24日（星期四），英国国旗第一次在岛上升起。[17] 距仪式结束不到两周，野狼号年仅28岁的船长詹姆士·戈登[1]染上疟疾死去，葬在第一营地附近。很快，灾难降临在这个小小的殖民地，戈登的死亡不过是前奏。

在7月8日攻打文莱的战斗中，弗莱吉森号严重受损。一个圆形球炮弹击中了明轮罩，打死了明轮罩后面厨房里的厨子。更加糟糕的是，在水下与桅杆并列的地方，弗莱吉森号被9发葡萄弹打穿，导致舱室进水。当时经过一番临时抢修，暂无危险。但是弗莱吉森号在9月初返回新加坡的途中，情况已经很明显了——这艘船只有在加尔各答才能彻底修好。10月11日，弗莱吉森号前往印度，在那里经过了数月的检修：更换了腐蚀的船身板，添加了新的锅炉和一个新烟囱。与此同时，罗斯船长也被派去新加坡任港务长。在新船长 G. J. 尼布利特的指挥下，弗莱吉森号于1847年8月返回马六甲海峡。为了弥补空缺，复仇女神号被下令从中国返回新加坡。离开澳门13天后，复仇女神号于1846年12月21日抵达新加坡。11月，船长罗素因精神衰弱而被准许休假一年，托马斯·华莱士担任指挥官。[18]

由于得到了纳闽，再次担任外交大臣的巴麦尊最终授予布鲁克正

---

[1] 少将詹姆士·戈登之子。——原注

式职位。1847年年初，巴麦尊任命布鲁克为纳闽英国殖民地总督和婆罗洲总领事，年薪500英镑，并寄给布鲁克一份条约草案，要求他与文莱苏丹签署。1847年5月，新任职的布鲁克携带合约搭乘复仇女神号前往文莱。与布鲁克总督和华莱士船长同行的是80名船员，除6人外，其余皆是英国人。[19]与皇家哥伦拜恩号（装炮18门）和保皇党人号在纳闽会合后，复仇女神号搭载了查理斯·格雷中校和哥伦拜恩号上的23名船员，将他们运送至文莱。经过一番布鲁克自认为成功的会谈后，30日上午9点，复仇女神号返回纳闽，途中遇见一支形迹可疑的舰队，这支舰队由11艘快速帆船组成，上面是巴拉尼尼人。[20]当蒸汽船驶向他们时，这些人解开一直拖曳着的小船，向西边驶去。追逐持续了3个多小时，可见海盗船上桨手们的耐力惊人。海盗向岸边驶去，船尾先着陆。他们的船排成一列，用绳索相连，中间相距30英尺。复仇女神号慢慢地靠近，在相距200码的地方，横泊于6英尺深的水中。下午1点半，海盗开枪射杀了复仇女神号的一名水兵，战斗于是打响。蒸汽船上两门32磅大炮和一门6磅长炮发射了一连串葡萄弹和霰弹。与此同时，在格雷中校的指挥下，蒸汽船上的3艘小船向敌军的西翼发起攻击。尽管那天复仇女神号总共发射了160枚圆形炮弹以及将近500发葡萄弹和霰弹（射程本来为300码的霰弹只射出了30码），击中率却不高。经过几个小时的狂轰猛炸，海盗居然解开缆索，驾驶9艘没有遭受重创的船向东方驶去，只有2艘严重毁坏的船无法跟随。华莱士立刻向东转去，开始追击。见此情形，6艘海盗船再次向沙滩驶去，蒸汽船继续追击另外3艘船。然而，华莱士回头一看，发现那6艘船并没有靠岸，而是袭击格雷率领的小船。复仇女神号再次调转船身，向西驶去，救援格雷。当夜幕降临时，格雷及其人员平安回到船上，5艘海盗船遭损毁，船只被俘获，6艘逃亡，仅有3艘成功逃回苏禄。

从俘虏口中英国人得知，这群海盗确实是巴拉尼尼人，他们在婆罗洲附近从事了一年的海盗活动，这次正满载战利品和俘虏回家。最大的船上有50多人，海盗总共约350人，不包括抢来的马来奴隶和中国奴隶，男男女女约100人。华莱士估计，海盗及其俘虏约80—100人死亡，负伤的人数大约同样多，英军3死5伤。第二天，布鲁克总督致信华莱士船长[21]：

先生，在这次抗击巴拉尼尼海盗的行动中，您率荣誉东印度公司蒸汽船复仇女神号英勇抗击，我深感敬佩，请允许我对您手下军官和船员的英勇表现表示感谢。

您忠顺的仆人
詹姆士·布鲁克
女王陛下的专员

第23章　犯人与殖民地

晨光初现的时候，一大群人早已围在了监狱外。一夜之间，木匠师傅已经架好了一个低矮的、足够让三人同时受刑的宽绞刑架。通常，在新加坡，对这种事感兴趣的主要是亚洲人，中国人尤其爱看这样的热闹，特别是死囚犯中有他们的同胞的话。然而，今天却有一大群欧洲人在此静默等待，这着实令人惊讶。当太阳的第一缕光辉照在河面上时，监狱的大门开启，三名囚犯被领出来带至刑场。他们的名字被大声念了出来：Hew Ah Ngee，Low Sang Kee，Lo Ah Mung。（名字无法翻译。）这三人犯了谋反罪和谋杀罪，等待他们的将是死刑。三人显得很平静，当有机会讲话时，其中一名囚犯讲了很多话，但显然说的是大多数围观的中国人不熟悉的一种方言，因为围观的人露出不耐烦的神情。接下来，这三个人被带上前来，脖子套上绳索，审判官发出了行刑的命令。尸体掉落之时，人群中爆发出一阵欢呼声，也可以说是一阵嘲弄声。后来，一些欧洲人指责，如此多欧洲人围观行刑现场且喝彩并不合适。这一天是1848年5月26日（星期五）。故事还得从六个月前说起。[1]

伍德将军号是一艘740吨位的双桅船，显然已过了全盛期。当英军于1841年占领香港时，它被用作一艘海军接待船。随着鸦片贸易再度欣欣向荣，它重操旧业——为怡和洋行从孟买运送鸦片至广州，然后捎带一船货物回印度。1847年11月初，在黄埔卸下鸦片后，伍德将军号在香港装载了一批不同寻常的"货物"——92名将要流放孟买的囚犯。由于人比货物占用更多空间，重量却轻，因此船上装了石块作为压舱物。11月10日（星期三），在船长威廉·斯托克的指挥下，伍德将军号离开香港。船上有3名欧洲军官，一些印度兵，以及大约90名水手（其中大部分是东印度水手，只有十来个中国人）。经过一番波澜不惊的航行后，23日，船抵达新加坡。

伍德将军号在新加坡待了六周，等待一批可以赚大钱的货物——蔗糖。石头压舱物被卸下来，囚犯甲板的隔板也移除了。由于不能让囚犯们在岸上住宿，他们全都被关在船上。1名囚犯死后，船上又增加了2名在新加坡被判刑的中国人，囚犯人数达到了93人。此时，船上比以往更加拥挤，也更加闷热。终于，在新年的最后一天，所有的蔗糖都安全装舱，上船的还有4名前往孟买的乘客：安德鲁·法夸尔先生，孟买骑兵队的威廉·西摩上尉，上尉的夫人和夫人的女仆。1848年1月2日（星期日）黎明时分，伍德将军号起航，首先前往槟城和孟买。但是随着天渐渐放亮，海潮和海风都逆着船只的航向，因此斯托克决定在卡里蒙群岛抛锚过夜，第二天再赶往马六甲海峡。享用过船长宴请的丰富晚餐后，晚上9点，欧洲军官和乘客都就寝了。在他们舱室的前面，囚犯密密麻麻地躺着，他们的脚镣用一根链子拴住。但是有14名囚犯没有用链子拴住，也没有戴上手铐，他们有些生病了，有些在船上担任厨子。船上只有53副手铐，但这些犯人表现良好，因此斯托克只用了7副手铐。一名印度兵站岗看守着犯人，掌管拴脚镣链子的钥匙。

1月3日，大约凌晨1点，乘客们被一阵喧哗声惊醒。西摩和夫人刚从床上爬起来，就看见船长从他的舱室跑进来，后面还跟着法夸尔。船长看起来神志不清，不管西摩如何追问，都问不出个所以然来。只见船长在房间里急匆匆地走来走去，不时朝门口胡乱开几枪，还生气地大声吼道："哦，耶稣，救救我们！仁慈的父啊，瞧我做了什么，居然让这种事情发生！"

船长的失误在于没有对囚犯严加看守。这是一群绝望的囚犯，他们被迫离开家乡，前往陌生之地，也不知要多久才能回家。午夜过后，其中一个没有被拴上链条的囚犯打死看守，拿了他的钥匙，打开链条。那些获得行动自由的囚犯立刻来到甲板上无人看守的存放武器的地方，其他人则挣脱了镣铐。他们并非群龙无首。在船上的这几周，他们中的16个人成了带头大哥，对全体囚犯发号施令。如今，他们谋划着夺取船只。囚犯们拿了一些木头当武器，他们被告知，首要任务是找到并杀死欧洲军官。他们很快完成了任务。最后一个死掉的是船长，他在黑夜中跳下甲板，不见踪影。因为有夫人和女仆在身旁，西摩决定待在舱室，希望这些囚犯不要伤害他们。这一招非常明智。他们三人蜷缩在舱室，听到上方传来至少5个人被打死、尸体被抛下船的声音。大约有40名船员被杀害。

3日黎明时分，囚犯的首领决定恢复秩序。船头调转向东，慢慢朝来时的方向驶去。在转向北方前，船离新加坡还有一段不短的距离。船上的4名乘客并没有受到虐待。但是到了第三天，因为连日来受到的刺激，西摩的女仆突然向船栏跑去，跃出甲板，来不及挽救。船继续向北驶去，不时停泊在不同的岛屿，补充物资和淡水。但是到了21日（星期六）早晨，伍德将军号在离劳特岛（大纳土纳岛北面的一个小岛）约9英里的地方触礁，船身撞出了一个大洞，开始迅速下沉。救生艇下水了，但是只有三艘，无法容纳每个人上船，因此，15名囚犯和16位船员只得留下来，等待第二次救援。救生小船朝小岛驶去，但是还没航行到一半，他们就看见伍德将军号从岩石上慢慢滑下去，船头沉入大海。

当三艘小船到达劳特岛时，有一艘船严重受损，但所有人都成功上岸，大约有70多名囚犯、40名船员和乘客得救。中国囚犯希望立刻向北航行回家。但是如今只有两艘船可供使用，并不是所有人都能上船，因此，16名囚犯被留在了岛上。眼下显然是囚犯人数大大超过船员人数。很快，在岛上四户渔民家庭的帮助下，16名囚犯全都被抓住并绑起来，同时被绑的还有3名帮助同胞的中国船员。岛上的渔民对这群访客非常友好，但由于他们人数太多，24日，所有人都被运送到附近一个更大的岛上。这群人在岛上待了三周。与此同时，把他们运回新加坡的工作也在筹划之中。正是在这段时间，伍德将军号失事的消息才传到新加坡。2月20日早晨，一艘船载着幸存者抵达新加坡，船上有西摩上尉夫妇、安德鲁·法夸尔和19名中国囚犯。这艘船的到来引起新加坡人极大的关注。

4月5日，从暹罗来的三桅帆船敏捷号停泊在新加坡港，它带来了一则消息：一两个月前，有几艘搭载中国人的船在柬埔寨附近的一个小岛登陆。巴特沃斯总督认定，这一定是伍德将军号上的囚犯，于是下令尼布利特船长火速率弗莱吉森号前去调查。弗莱吉森号急忙装上煤炭和补给，于8日上午出发，11日到达乌敏岛。那天夜里2点30分，两支全副武装的小分队登陆，他们发现了一处小木屋，里面有伍德将军号上的物品。不到两周，29名囚犯就被抓获，还有1人被处死。尽管还有大约同等数量的罪犯下落不明，但是，由于燃料和补给不足，加之4名军官和24名船员染上热病，因此，5月5日，弗莱吉森号打道回府。途中，它遇到1 124吨位的明轮蒸汽船皇家愤怒号（Fury），后者把它拖了回来，它们最终在5月8日回到新加坡。归程中，损失了两名囚犯：其中一位试图自缢，后来死在了新加坡；另一位跳下了船，却被一只明轮捣成了肉泥。第三名囚犯比较明智，在船尾的轮子处跳船，但被救了回来，三周后，他最终在新加坡监狱外被处以绞刑。

针对这批犯人一共进行了两次审判。4月26日至28日，19位从纳土纳岛抓来的囚犯受审。但是，让法官惊讶的是，陪审团认定囚犯犯了谋反罪，但没有犯暴乱罪。因此，尽管法官原本判处5人死刑，后来不得不改成终身流放，其他人则流放8年。为什么陪审团表现得如此宽宏大量？原因在于，新加坡人普遍认为这次叛乱主要是当局的错。如果从中国或者其他地方来的囚犯要被流放的话，这些人本身就是不良分子，不应搭乘私人船只，尤其是运送乘客的船只。政府应该出资，派遣足够的警力看守他们。5月18日和19日，第二次审判开始。上述观点已陈述清楚，陪审团裁定27名囚犯犯谋反罪和暴乱罪，其中4人被判处死刑，26日(星期五)黎明前，其中1名罪犯被暂缓行刑。

尽管报社收到了许多对量刑过轻表示不满的投诉信——这起事件有那么多人遇难，却只有3名囚犯被判死刑——但是欧洲人团体却认为他们对这次暴行处理得当。审判过后的第二天，皇家迈安德号(装炮46门)驶入了新加坡港，使欧洲人暂时忘记了审判的事，热烈欢迎迈安德号的到来。因为该船的船长是他们最喜爱的新加坡之子——亨利·凯珀尔，此外，船上还有从英国归来、鼎鼎大名的沙捞越总督布鲁克。

大约一年前，1847年6月20日，詹姆士·布鲁克和助手休·洛尔告别沙捞越，搭乘复仇女神号前往新加坡，这是他们返回英国的第一

第23章 犯人与殖民地　239

阶段的行程。[2] 23日，他们抵达新加坡，12天后，他们登上了P&O邮轮公司从香港开往锡兰加勒的蒸汽船佩金号。在加勒待了一个月后，两人换上了前往苏伊士的印度号，经陆路到达亚历山大港。10月1日，两人抵达英国。复仇女神号仍然待在新加坡。7月7日，P&O邮轮公司一艘崭新的邮轮驶入了新加坡的锚地，这艘船和佩金号一样，如今也开始服务于加勒和香港之间的航运。1846年3月，璞鼎查爵士号（*Sir Henry Pottinger*）在泰晤士河畔的费尔贝恩船坞下水。约七年前，秘密委员会的冥王号和普罗塞尔皮娜号也正是在这个船坞下水。[3] 除了大不列颠号，璞鼎查爵士号是当时最大的一艘蒸汽船，从船头到船尾共206英尺（总长240英尺），1 405吨位，有8个铁质防水密闭舱，震荡式蒸汽机有450马力，共4层甲板，其中2层有整个船身长，可承载130名旅客，为他们提供舒适的服务。与两年前的玛丽·伍德夫人号相比，璞鼎查爵士号大有改进。

九年前，詹姆士·布鲁克默默地离开了英国，这一次可谓衣锦还乡。他的好友亨利·凯珀尔一年前出版了一本题为《皇家狄多号在婆罗洲的远征》的书，但实际上，这本书主要介绍布鲁克在沙捞越的功绩，这使得布鲁克在统治阶层中成为一个家喻户晓的人物，维多利亚时代一个真正的英雄。人脉颇广的凯珀尔认为，他的朋友布鲁克理应受到上流社会的招待，他知道布鲁克一定会很享受这一切。不到一个月，布鲁克就被邀请去温莎城堡与王室成员共度一夜，在唐宁街会见了首相约翰·罗素勋爵，与外交大臣巴麦尊勋爵共进晚宴，在联合服务俱乐部受到褒奖，被授予"伦敦城自由奖"并与市长共进晚餐，被牛津大学授予荣誉学位，被各式各样的俱乐部授予荣誉会员称号。接下来，布鲁克到英国的各大庄园狩猎——巴斯、沃本、霍尔克姆都留下了他的足迹。他还给当时最有名的肖像画家弗兰克·格兰特（后担任英国皇家艺术学院院长)当模特[4]。这幅精彩的肖像如今保存于伦敦英国国家肖像馆,代表了维多利亚时代大英帝国的形象:英俊潇洒、具有英雄气概的英国绅士给遥远的黑暗土地送去文明的火把。

多年来,布鲁克一直想让英国政府承认自己在沙捞越的地位——拥有文莱苏丹封地的英国公民。10月,他欣喜地得知,巴麦尊在他的头衔上又加上了"纳闽总督"一条。巴麦尊告知布鲁克,在这个职位上要"为英国商人提供保护和支持……因为海盗盛行"[5]。他的薪资也将增长到以前的4倍,达到每年2000英镑,这让布鲁克欣喜万分。既然布鲁克获得了官方任命,有人建议英国海军大臣奥克兰勋爵派遣一艘海军船送布鲁克回东方。奥克兰指示凯珀尔,预备由皇家迈安德号开启这次航程。

1848年2月1日,在凯珀尔的率领下,迈安德号搭载布鲁克和洛尔驶离朴次茅斯。[6] 在船上特别建造的舱室里有纳闽的新任副总督威廉·纳皮尔,他和妻子、十来岁的女儿凯蒂常驻新加坡(1846年,在去英国之前,他已经把《新加坡自由西报》的编辑工作移交朋友亚伯拉罕·洛根)。迈安德号起航时遭遇风暴,航行缓慢,之后在里约停留,接着经过开普敦以南,前往巽他海峡,并于5月20日(星期六)抵达新加坡。接下来的几周,大家为纳闽这个新殖民地做各种准备工作:任命职员、预先制造房屋、采购物资。在这一系列工作中,有一项是建造一艘小蒸汽船。这艘叫作王妃号(Ranee)的柚木小船由迈安德号的木匠布尔贝克设计,名义上为迈安德号建造,实则为沙捞越准备,是第一艘在新加坡建造的蒸汽船。该船由威尔金森&蒂文戴尔公司(Messrs Wilkinson, Tivendale & Company)建造,这是新加坡河口左岸两家船坞中的一家。王妃号船身长,吃水浅,长61英尺,宽8.5英尺,发动机仅有4马力,小得可怜。[7]

一年前的8月，在复仇女神号被召回加尔各答之前，弗莱吉森号加入了位于新加坡的复仇女神号的行列。因此，1848年6月9日，弗莱吉森号搭载拓荒者前往纳闽，包括任港务长的詹姆士·霍斯肯上尉和任总测量师的工程师约翰·斯科特，后者后来任第二任纳闽总督。弗莱吉森号的到来缓解了印度海军蒸汽船奥克兰号（964吨位）的压力，后者回到新加坡为新殖民地接送更多人员和物资。[8]随后，弗莱吉森号前往中国，经过马尼拉，于11月25日抵达香港，取代在那里的冥王号。冥王号经过三年的艰辛工作，包括1846年那次几乎失事的事故，亟需彻底维修。

那年1月，新加坡《海峡时报》发布消息，布鲁克即将获得骑士爵位。因此，当5月布鲁克并未以"詹姆士爵士"的身份回到新加坡时，人们有些惊讶。8月7日，消息传来，证实了布鲁克荣获爵级司令勋章的消息。22日（星期二），一场盛大的授职仪式正式举行，由纳闽副总督纳皮尔主持仪式。海峡殖民地的巴特沃斯总督由于是东印度公司的职员而非女王的属下，因此无缘此次主持殊荣。这是欧洲人在新加坡举办的最隆重的庆典，240位客人彻夜欢庆，直至黎明才散去。不幸的是，由于某些疏忽，《海峡时报》的编辑罗伯特·伍兹先生未获邀请，这次无心之过最终为后来反对布鲁克的声音埋下了伏笔。

一周后，詹姆士爵士再次登上迈安德号，前往古晋。随行人员包括任殖民地秘书的休·洛尔，他新近迎娶了年轻的凯蒂·纳皮尔。总督在古晋受到热烈欢迎，河上挤满了小船，岸上挤满了群众。对于凯珀尔来说，这进一步表明了沙捞越居民对其朋友詹姆士爵士真诚的热爱和尊敬。[9]但是詹姆士得知，沙里拨河和实哥郎河的达雅克人对他的到来不屑一顾，他们的舰队继续在沿海村落袭击抢掠、抓捕奴隶、猎取人头。最近的一次袭击事件发生在三东河上游，距离古晋东界仅仅几英里远。但处理达雅克人的事情还有待时日，如今需要关注纳闽这个地区。9月13日，奥克兰号从新加坡返回，船上载着纳皮尔和总督的外甥、准继承人布鲁克·布鲁克上校[1]。十天后，迈安德号载着总督一行及一众海军陆战队士兵出发前往纳闽，他们于29日在维多利亚港登陆。凯珀尔返回新加坡，结集土著步兵团第21团的士兵充当护卫军。

殖民地纳闽的建立进展缓慢，开局不顺，这并非因为准备工作没有做好，而是遭遇疾病肆虐。[10] 维多利亚港建在一片散发着恶臭的低洼沼泽地上，疟疾猖獗。当迈安德号于12月返回时，几乎所有的欧洲人都病倒了。正如纳闽的新秘书斯宾塞·圣约翰写道："总督、副总督、医生、洛尔夫妇、船长霍斯金斯、格兰特先生、布鲁克上校以及海军陆战队士兵全都病倒了。唯一逃过此劫的就是斯科特先生和我。"[11] 12月4日（星期一），凯珀尔载上已经虚弱得无法走路的詹姆士爵士和一些欧洲人出去巡游以恢复健康。他们往东北方向驶去，绕过婆罗洲北。后来，詹姆士爵士病情有所好转，他决定前往苏禄拜会苏丹——巴拉尼人和伊拉农海盗名义上的首领。他们一行人于12月30日抵达，受到了苏丹热情的接待，但没有与苏丹达成正式的协议。凯珀尔一行人继续航行，经过位于棉兰老岛西端三宝颜[2]的西班牙炮台和罪犯流放地时，凯珀尔让布鲁克等人上岸——此时这些人的

---

1 詹姆士·布鲁克最心爱的姐姐嫁给了牧师查理斯·约翰逊。他们的两个儿子布鲁克·约翰逊和查理斯·约翰逊都于19世纪40年代来到沙捞越，为终身未婚的詹姆士·布鲁克效力。两人都改姓布鲁克，这是布鲁克·布鲁克名字的由来。1868年，布鲁克去世后，查理斯·布鲁克成为第二任总督。——原注
2 菲律宾重要城市。

身体状况都大有好转——他们最终于1849年1月28日回到纳闽。在纳闽，凯珀尔发现港口停着复仇女神号和冥王号。从中国赶来欲前往加尔各答的冥王号仍是由上尉乔治·艾雷指挥，它随迈安德号一同驶往新加坡。2月底，冥王号抵达母港加尔各答，停靠在复仇女神号空出来的码头。接下来的两年，它一直在维修之中。[12]

第24章 焕然一新

> 我们听说小复仇女神号改头换面，装配一新，反映了东印度公司基德布尔船坞的军官的信誉。
>
> ——《孟加拉赫克鲁报》，1848年12月10日

在新加坡和纳闽岛继续服役一段时间之后，1847年10月，复仇女神号被召回加尔各答。终于，在中国和海峡殖民地服役两年半以后，11月3日，它回到了母港。如今，它需要对"船身、器械和新锅炉进行一番彻底检修"。这是复仇女神号八年前下水以来第一次全面的整修，花了整整一年时间。[1]托马斯·华莱士很快就被调任至蒸汽船火焰女王号（Fire Queen，371吨位）担任船长，这艘船在缅甸水域服役了几个月。约翰·罗素还没有从他的神经衰弱中恢复过来，因此，一年的休假结束之后，他被派到新加坡接替B. S. 罗斯担任港务长。罗斯回去接管复仇女神号，但很快就被提拔为加尔各答的海军库房管理员。因此，当复仇女神号的整修接近尾声时，华莱士最终被任命掌管这艘船，相当于在孟加拉海军中被提拔至上校舰长。正如《孟加拉赫克鲁报》报道的那样，"选不出一个比他更优秀、更勇敢的军官"[2]。如今，复仇女神号已经是一级战舰，华莱士每月可以拿到50英镑，尼布利特在二级舰弗莱吉森号的月薪为40英镑，康高尔顿在三级舰戴安娜二号的月薪为35英镑。

对复仇女神号的整修是非常扎实的：轮机舱和锅炉室加上了斜桁条以巩固正舵；滑动龙骨被取了下来，因为它使得船舵很难操纵；发动机彻底翻修，锅炉也替换成新的。此外，还做了其他修缮工作。这些整修都是在政府蒸汽工厂完成的。12月11日，《孟加拉赫克鲁报》这样报道[3]：

> 我们发现蒸汽船复仇女神号今早带着欧洲船员和武器装备离开，去纳闺岛代替弗莱吉森号，帮助镇压婆罗洲的海盗。复仇女神号将由丹那沙林号拖曳，我们还是第一次听说一艘蒸汽船拖拉另外一艘蒸汽船的事情。[1]
>
> 关于复仇女神号为这次远征而进行配备的其他详情，我们从昨天的《孟加拉赫克鲁报》摘取了一段文字如下："我们听说小复仇女神号改头换面，装配一新，反映了东印度公司基德布尔船坞的军官的信誉。甲板上配置了一艘战舰应该有的一切装备。有2门大炮，分别置于船头和船尾，另外还有4门置于舷侧的小炮。还配备史密斯船长的明轮小船，每艘小船可装载40人。另外，还有2艘大船，其中1艘用绳索吊在船尾。船上的欧洲船员都是健壮的年轻人，是从200多个报名者中挑选出来的。船长和军官的住处装潢豪华，使得这艘蒸汽船看起来像一艘豪华游轮。船长卧室和餐室的柱子上都有精美的雕刻。这些舱室里面到处都有画作，飞檐上也镀了金，丝绸窗帘可以隔开旁边的卧榻，

---

1 实际上，复仇女神号是在1845年5月被进取号拖曳。——原注

地板上铺设了防水布。华莱士船长一直为这艘给他带来声誉的战船而自豪，此次，他投入大手笔，对住处进行精心装饰。"

这笔花费惊人，共6 718英镑。但当时东印度公司每年可以得到一笔2 994英镑的租赁费用，以此应对这类偶发事件的开支。

如果说200名欧洲水兵争相想在加尔各答服役这件事令人惊讶，我们不妨回想一下当时大不列颠群岛的悲惨状况。"饥荒的四十年代"开始（1839—1842）和结束（1849—1853）的时候都有饥荒发生，而1845年爱尔兰（当时已成为英国的一部分）土豆绝收和大饥荒的发生更使得灾难进入高潮。《新加坡自由西报》曾经提过，"爱尔兰仍然在苦境中挣扎，'死尸暴露在荒郊野外，或草草掩埋，哀鸿遍野'"。此外，大家都认为东印度公司是一个好雇主，比在商船服役要好很多。许多在商船服役的海员为了"得到50卢比的奖金"，希望能和东印度公司签约三年。正如孟买的一份报纸所说："如果可以离开商船，杰克宁愿坐一个月的牢，只要海军办公室同意的话。"[4]

1848年12月30日，就在詹姆士·布鲁克与苏丹会谈那天，复仇女神号离开了加尔各答附近的胡格利河，驶往新加坡。这一回，与船长华莱士同行的是他的妻子伊丽莎白以及他们三个年幼的儿子，最小的一个只有6个月大。大副如今是罗伯特·古德温（Robert Goodwin），他后来担任了复仇女神号的船长。1849年1月13日，复仇女神号抵达新加坡，一周后驶往纳闽岛。当迈安德号载着詹姆士爵士从苏禄返回的时候，复仇女神号和冥王号已停泊在维多利亚湾。2月14日，复仇女神号离开纳闽岛，先搭载总督返回古晋，然后返回新加坡。

3月1日，对沙捞越地区的突袭又开始了。[5] 那天夜里，一支载

第24章 焕然一新　247

着达雅克人和马来人的舰队沿着三东河而上,到达格东,他们大肆劫掠,抢奴隶,剥人头,沿河两岸大约有100人被杀或被捕。总督意识到,必须立即对此事作出反应。因此,当复仇女神号于3月20日返回后,布鲁克立即在古晋集合了一支"友军"部队。24日,布鲁克一行人驶往鲁巴河。当他们抵达河口时,其他"友军"也因这次出征倍感激动,纷纷加入。因此,这支队伍增至约3 000人,有100艘小船。布鲁克让华莱士率蒸汽船驻守沙里拨河河口,接下来的几天,他自己则率领小船(包括复仇女神号上的4艘小船)驶往古晋和沙里拨河所有可以通航的河流,摧毁沿途的堡垒。他们没有遇到大的抵抗。现在,布鲁克明白了,如果他想彻底消灭海盗舰队,就必须灭掉舰队本身,攻打村庄只会让海盗分散和藏匿,为下一次袭击储备力量。2月,迈安德号载着凯珀尔离开新加坡前往中国。凯珀尔知道,他的朋友布鲁克将面临新的麻烦,因此,抵达香港后,他将此事告诉了新任海军总司令弗朗西斯·科利尔爵士,科利尔同意派亚瑟·法夸尔船长率皇家信天翁号(*Albatross*,装炮16门)前往婆罗洲。

4月21日,复仇女神号搭载牧师弗朗西斯·麦克杜格尔(Francis McDougall,1817—1886)离开古晋,前往新加坡。麦克杜格尔一年前抵达古晋,这是他第一次来新加坡。他要在沙捞越地区开展新的宣教工作,这次到新加坡是为了筹措一批新的物资。24日,华莱士回到家中,发现三儿子、十个月大的弗雷德里克身患重病。28日,这个孩子去世,同一天,由麦克杜格尔埋葬。[6]

1846年,凯珀尔和布鲁克的几个朋友在伦敦成立了婆罗门教会布道学院,他们指派并资助一位牧师在婆罗门的英国圣公会服侍。[7] 1847年11月22日,弗朗西斯·麦克杜格尔被介绍参加学院的一个会议,这个会议有一千多人参加,主要是女性,布鲁克总督也出席了。一个月以后，麦克杜格尔和妻子哈丽雅特登上了前往婆罗洲的玛丽·路易莎号（Mary Louisa，333吨位），他们将大儿子留在学校，带上了二儿子、一岁大的哈利。玛丽·路易莎号经过开普敦，于1848年5月23日（星期二）抵达新加坡，只比迈安德号晚了三天。麦克杜格尔一家在新加坡待了一个月，然后才前往古晋。接下来的一年，他们忙忙碌碌：建立圣托马斯教堂、造房子、盖学校；11月，欢庆三儿子的出生，随后，又哀悼他的死亡。很多年后，哈丽雅特写道："1853年是我们来到沙捞越以后第一个没有丧子的年份……但是种下的花儿都谢了。"[8] 那年6月，他们的第七个孩子、大女儿梅布出生，她是第一个没有夭折的孩子，这说明当时在东方殖民地的家庭面临的环境极其险恶。

麦克杜格尔夫妇十分敬虔。麦克杜格尔是一位称职的外科医生和牧师，后来成为沙捞越的首位主教，被形容为"集主教、医生和船长于一身的乐天派，一个精明能干、富有观察力的人"。他精力充沛，是一个优秀的海员和骑手，但是他的热心肠和大嗓门在沙捞越小小的欧洲人社区并不总是受欢迎。他做事冲动，具有爱国热情，是一个非常热情的高教会派圣公会教徒。他更善于指挥而非领导。他常常当面侮辱那些年轻的传教士，骂他们是"笨蛋、蠢货、蠢驴"，他承认"很难管住我的舌头"。哈丽雅特与他的性格刚好相反，她安静、富有耐心，是那个年代英国女士来到异乡奋斗的典型。她为人真诚，同时也爱挑毛病；生性保守，满腔热情地接受了古晋唯一一名欧洲妇女的角色——教育孩童，教人烹饪和缝制衣裳，照顾病患，宴请他人。"只有总督家和我们家的房子对公众开放。在这个（地价）最昂贵的地方，建房子需要花费不小的成本。"但是，她绝不接待任何一个亚洲人。当她听说总督的英国职员与当地妇女有染时非常惊愕，其实，这样的事情在当地非常普遍。

1849年5月12日，复仇女神号搭载麦克杜格尔一家回到古晋，华莱士在船上款待了他们一家。小哈利·麦克杜格尔高兴地与随船医生米勒的大斗牛犬庞培玩耍。船上有苏格兰吹笛手演奏，一行人都非常开心。[9] 4月，布鲁克总督一直在焦急地等待一艘合适的轮船到来。5月中旬，他终于盼来了法夸尔船长和信天翁号，高兴不已。由于东部前线静悄悄，他决定率这艘蒸汽船再次前往苏禄，希望不仅能从苏禄那里得到可口的山鸡，而且能与之签订一份协议。他们首先驶往纳闽岛，5月30日，一行人离开纳闽前往苏禄。第二天，他们在海上庆祝维多利亚女王的30岁生日。而在古晋，庆祝活动被一场糟糕的事故扰乱了。为了鸣响礼炮，信天翁号的一个水兵上膛时，弹药筒爆炸，导致该水兵身受重伤。在纳闽岛外科医生特雷彻（他要去新加坡，刚好经过此地）的帮助下，麦克杜格尔使用新的麻醉剂氯仿，成功帮这名水兵做了双臂截肢手术。[10] 1846年乙醚问世，第二年，氯仿问世，在此之前，所有接受手术的士兵能依靠的只有鸦片酊和大量的酒精，以及自身的忍耐力。

5月28日，布鲁克第二次拜访苏禄苏丹，这一次由三位职员陪伴，私人秘书查理斯·格兰特和他在纳闽的秘书斯宾塞·圣约翰与拉佩尔，此外还有复仇女神号的华莱士船长和其他军官。他们身穿最好的礼服，由一支仪仗队陪同，领头的是一位苏格兰风笛手。[11] 苏丹的宫殿气势恢宏，非常坚固，外墙有15英尺高，上面有许多炮眼，只可惜这些大炮非常老旧、锈迹斑斑。布鲁克一行经过了一座院子，里面挤满了人——他们穿着华丽的服饰，每个人佩戴一把波形刀。一行人走上几级宽台阶，进到一个大厅。大厅里有一张铺了绿色桌布的长桌子，后面一排侍臣围了半圈，苏丹坐在中间。再次见到总督，苏丹显得很高兴。他走上前来，和每位来访者握手，并把他们领到一排椅子上坐下。双方彼此打量了一会儿。苏丹看起来非常年轻，穿着华丽的红绿相间的丝绸衣服，佩戴各样饰品。苏丹一直嚼着槟榔，帅气的贴身仆从手持洗指碗，苏丹频频往碗里吐痰。苏丹两旁还各站着一排侍卫，他们身披铠甲，从颈部武装到脚趾，每人还佩戴长剑、矛和波形刀，只有两位例外，他们手持老式的步枪。总之，这一切给来访者留下庄重威严的印象。

总督用流利的马来语向苏丹及其大臣致辞，马来语虽然不是苏丹和大臣的日常语言，但是他们能够听懂。总督告诉他们，很高兴上一次有机会来访，并向他们说明了此次来访的目的。他拿出两份条约给对方看，询问他们是否有意向签约，然后总督一行返回复仇女神号，等待事态的进展。第二天，听说苏丹乐意签署条约，于是当晚7点，总督顾不得礼节，径直返回皇宫。总督和苏丹一边喝咖啡，吃巧克力和蜜饯，一边进行友好会谈。随后，双方签署了协议，并各执一份。第二天凌晨2点，总督离去。

30日，复仇女神号前往苏禄群岛中面积最大的巴西兰，然后前往三宝颜，对当地的西班牙总督进行礼节性拜访。尽管一行人受到西班牙总督的热情款待，但是显然，西班牙总督不满意条约中这样一项条款——若无大英帝国女王的同意，苏丹不得割让任何领土。但布鲁克未被说服，他认为，西班牙与苏禄此前在1737年和1836年签订的条约也一点没给苏丹的独立作出让步。

布鲁克有诸多优点，但不具备外交上必要的忍耐。一年后，当他拜访一个老谋深算的君主——暹罗的国王时，这项弱点给了他沉重一击。但是在苏禄的当地苏丹面前，他却得心应手。他的个人魅力、流畅的马来语，以及一艘现代战舰带来的威风，都让他无须考虑耐心这个词。《新加坡自由西报》这样报道:"我们得知,詹姆士·布鲁克爵士这次出访大获成功。他发现苏禄的长官急切渴望与他恢复并加深友好关系,这种关系之前就存在于苏禄与英国之间。"然而,英国政府可不希望回到"之前",正如它同意让荷兰统治荷属印度一样,它也乐意让西班牙统治菲律宾。因此,布鲁克的条约从未生效。

6月10日,复仇女神号抵达纳闽岛,布鲁克以总督的身份在那里停留了12天,然后返回古晋。17日,《新加坡自由西报》出现了如下报道:"沙捞越。据说,实哥郎人再次提高警惕,担心会有新的受害者。但我们相信,即将来到婆罗洲的凯珀尔上校和他的信天翁号会马上开始打击这些害虫,还婆罗洲安宁。有些人以为在一天之内或者数月之内就能消灭坏人,我们并不这样想,必须执行严格有力的政策。这些害人精的数量增多了——之前对他们施行应有打击的人的消失让他们胆量增加,再加上他们近来的成功,让他们比之前更加有恃无恐。"24日,当布鲁克返回古晋时,他发现信天翁号也停泊在那里。又有消息传出,一支海盗舰队准备袭击沙里拨河和实哥郎河上游,布鲁克意识到,施行"严格有力的政策"的时机终于来到。

第25章　八塘姆鲁战役

太阳升起的时候，古晋河上一派生机。河面上挤满了各样的船只，一边是高大的信天翁号，一边是达雅克长舟"班空"、小独木舟、独桅纵帆船和马来快速帆船。在河右岸，是人来人往的热闹集市，马来人和达雅克人穿梭于售卖各式各样货物的华人商店。在河对岸，总督官邸的草坪上仍然有许多人的身影。一些人还未醒来，因为昨晚的聚会持续到深夜。如今，他们身着盛装，达雅克人裹着"查瓦特"（chalwat），马来人穿着纱笼，佩戴长剑和波形刀。[1]

下游停泊着保皇党人号（装炮8门）和复仇女神号。上午10点左右，8艘小船系在复仇女神号上，他们分别是信天翁号的3艘小船，保皇党人号的1艘小船，复仇女神号自身的3艘小船（2艘明轮船和1艘独桅纵帆船），还有小蒸汽船王妃号。它们与迈安德号一起留在了古晋。保皇党人号也和复仇女神号系在一起。此时，整支船队整齐有序，詹姆士·布鲁克乘坐载有70人的崭新快速帆船辛格拉者号，17艘小船如众星拱月般把辛格拉者号围在中间。小船上共载有500多位勇士，旌旗飞扬，锣鼓喧天，一路高歌。这支舰队起航，将信天翁号留在后面；法夸尔船长在信天翁号上。下午，愈来愈多的船从隆杜、三东河和别处汇聚。当晚，船队在青山停泊时，人数增至1 000人。那天是1849年7月24日，星期二。

当晚，河口处既热闹，又混乱。又有船只和人员加入船队：300人来自隆杜，800人来自林加群岛（亦称龙牙群岛）。第二天早上，整支船队大约有70艘小船，2 400多人。接下来的两天，对于华莱士及其船员来说，异常忙碌：复仇女神号首先将海军船只拖往东边的鲁巴河河口；然后返回，夜幕降临时，将保皇党人号拖至龙芽河；第二天一早，又拖曳小船至沙里拨河河口。那天夜晚，这些欧洲人饶有兴致地观赏奇特的一幕：一大群果蝠（飞狐）飞跃他们的头顶前往觅食区，这团黑云覆盖天空长达半个小时。对于达雅克人来说，这是一个吉兆。第二天平安无事，但是到了29日，消息传来，一支舰队几天前从沙里拨河和实哥郎河出发北上。后来，人们得知，这支舰队首先去了拉让河畔的泗里街，但发现这座城镇防守严密，于是他们继续前往玛都，捕获2艘装有西米的快速帆船和1艘装有棉织品的快速帆船。

侦察船立刻被派往北方收集情报，而这支由杂七杂八的船只组成的船队也兵分两路，拦截归来的海盗。布鲁克和外甥布鲁克上校乘辛格拉者号北上堵住卡鲁卡河口，随行的还有2艘独桅纵帆船和一些快速帆船。在卡鲁卡和沙里拨河河口之间有一块沙地，其最南端尖角叫作八塘姆鲁。载着法夸尔的复仇女神号在此处停泊，其余船只在它的东南方向沿着沙里拨河一字排开。

接下来的两天，人们在焦急的等待中度过。终于，到了31日，他们等来了消息。乌尔班·伟格仕写道："大约下午7点半，我们在复仇女神号上打起了惠斯特纸牌游戏，几乎放弃了偷袭敌军的希望。就在这时，一艘侦察船以最快的速度返回，带着期盼已久的情报，说海盗舰队正在聚拢，迅速朝我们驶来。"[2] 这支舰队也许有150艘小船，正在趁涨潮南下。他们看到卡鲁卡防守严密，于是向南前往沙里拨河。此时依旧身染疟疾的布鲁克派出1艘火箭船前来提醒5英里开外的复仇女神号。

蒸汽船上的人们在夜色中听到了明轮的声音，知道海盗的舰队正在靠近。当海盗们发现蒸汽船和其他停泊在近处的船只时，蒸汽船上的人们也听到了鼓声，随之而来的还有挑衅的叫喊声。但没过多久，海盗们意识到了他们面对的是多么强大的力量。此时，"友军"开始向海盗开火，海盗们困惑不已，被迅速包围。布鲁克的部队组织得当，所有战舰都亮着蓝光，和对方区分开来。"复仇女神号彻底打击海盗，火箭弹、弹药、手枪朝各个方向射击。"清冷的月光下，炮弹冷冷发光，一幅瘆人的景象。

此时，月光依稀可见，海面上朦朦胧胧。当火箭弹在浪花上飞跃四溅时，我们看到了它们发出的令人炫目的美丽光芒。重型加农炮在远处闪耀，毛瑟枪一起开火，照亮了整个场景，这景象又新奇又刺激。战斗激烈进行了几个小时……与此同时，复仇女神号燃起蒸汽，朝敌军舰队冲去，从32磅大炮中发射出葡萄弹、霰弹、实心弹。[3]

我们追击了另外5艘快速帆船，朝它们不停地发射葡萄弹、霰弹，还使用排枪和来复枪，将这些帆船各个击破，直到它们像木头一样漂浮在我们面前，上面没有一个活人。发射葡萄弹真是一幅骇人的景象，近距离瞄准的时候，葡萄弹砸在海面上，穿过那些快速帆船，所到之处都是漂浮的死尸、散落的帆船碎片、厚木板、火炮的盾形护板，以及各式各样的残骸。[4]

意识到自己难以逃脱，海盗们驾驶大约80艘长舟逃往岸边，随后弃船逃亡，其他人逃向西面的大海。有17艘船被蒸汽船撞翻，许多船员被明轮打成肉泥。

第二天早上，战场一片狼藉。海滩上卧着许多艘空的快速帆船，海面上也漂浮着一些快速帆船，海上到处都是残骸和尸体。英军方面两死六伤，都是当地人，但有多少达雅克人在这次屠杀中丧命不得而知。布鲁克禁止部下追击已经逃到岸上的海盗，他觉得这次惩罚已经足够了。布鲁克后来统计，约300名海盗在这次行动中被杀，约500人后来死于伤残。法夸尔船长在报道中声称，敌军舰队有3 430名海盗，其中500人被杀，98艘战船被截获或被毁。最后，新加坡法院的法官克里斯托弗·罗林森认定，共有88艘海盗船被截获或被毁，500人被杀（每人值20英镑人头奖），2 140人遭到攻击——尽管这些人既没有被捕也没有被杀（每人值5英镑人头奖）。他奖励信天翁号、保皇党人号和复仇女神号的船员20 700英镑，法夸尔赚得了2 757英镑，这笔巨额奖励（相当于今天的15万英镑）是辛苦一夜的酬劳。[5] 尽管表面看来人头奖都流去了皇家海军那里，但这一次，东印度公司蒸汽船的船员们也获益不少。华莱士船长得到了735英镑3先令9便士（相当于今天的4万多英镑），而5名地位最低的船员每人得到了18英镑7先令7便士。在分配这笔奖金时，华莱士小心翼翼。[6] 要知道华莱士当时的年薪才650英镑，最底层船员的年薪是13英镑，由此可见他们辛苦一夜，收获颇丰。

与法夸尔商议后，总督决定继续前往沙里拨河，目的在于摧毁所有的要塞，而非进一步追击逃亡的达雅克人。2日，复仇女神号和最重的快速帆船留在后面,众多小船和王妃号向内陆进发,他们溯流而上,船员们非常激动,一心想抢掠一番。在这次先锋行动中,一棵突出来的树枝挂到了王妃号的烟囱上,王妃号被急流卷走。这艘船突然燃起蒸汽,白烟和震耳欲聋的声音让附近的人大为惊愕,造成一片混乱。

一行人到达砂南坡,发现1843年被毁之后重建的这个地方再次被毁,于是,7日,船队返回下游,加入复仇女神号的行列。他们北上前往拉让河,先在河口处补充木材,11日停泊在泗里街,14日停泊在加拿逸河,此时仍有2 000"友军"追随。布鲁克带领一支由小船组成的船队前往加拿逸河上游,接连4天,所到之处,房屋尽数摧毁,"让敌人觉得他们即使逃到天涯海角也无藏身之处"[7]。回到蒸汽船上,他们把船停在两栋大长屋处。每栋长屋都立在木桩上,离地约有40英尺高,里面居住着约300户人家。布鲁克邀请首领们上船。布鲁克知道他们都参与了海盗活动,警告他们若再次违规将惩罚他们。这件事说明了布鲁克的勇气,也说明他在达雅克人中的威望,尽管这远远超出了布鲁克的管辖范围,但这些达雅克人接受了他的裁断。缴获的黄铜炮和产自中国的珍贵的瓶瓶罐罐被搬到了复仇女神号上,后来这些器物在古晋被拍卖,拍卖所得分给了"友军"。这些首领离开之前,其中一位年轻的首领"请求仔细看看这艘让他们畏惧的火船,这艘船一夜之间就杀了很多人,他们从未见过这样的船。他们在船上转了一圈,喝了一点儿白兰地和水之后,畏惧感减少了许多"[8]。舰队最终于8月24日抵达古晋。

六周后,10月8日(星期一),在南中国海的北边,蒸汽船皇家愤怒号(1 124吨位)拖着弗莱吉森号和皇家哥伦拜恩号离开香港,他们试图搜寻并摧毁著名海盗头目沙吴仔(Shap-ng-tsai)率领的海盗舰队。

英军舰队沿着海岸线一路西行，拜访了许多渔村，并受到了热情接待。12日，他们得知海盗舰队已经前往北部湾。13日，英军一行进入雷州半岛和海南岛之间的海峡（琼州海峡），并在海口登陆，面见当地长官王提督。王提督是个心宽体胖的40岁官员，他向英军提供了8艘战船。英军继续在北部湾北部一带搜寻，最终于20日（星期六）发现了沙吴仔一行的踪迹。到了第二天，58艘海盗船被毁，约1 700人被杀，1 000多名海盗逃到岸上，大多被当地人所杀；只有6艘海盗船载着约400人逃离；被生擒49人，包括8名妇女和6名儿童。英军收获了42 425英镑的赏钱，是婆罗洲行动的两倍。[9]

1850年，伦敦政府要求内阁支付10万英镑的人头奖，其中63 000多英镑为八塘姆鲁战役和交趾支那附近的战役的赏钱。这笔钱在议员中掀起了轩然大波，却得到了法庭的支持。尽管早在几年前议员就在准备有关废除《1825年法案》的提案，但这项提案从未被提交，而这一要求激励议员们行动起来。1852年，人头奖的奖励最终被废除。

相比维多利亚时代的战役，八塘姆鲁之战只是一场小战役，但尽管如此，这场战役对詹姆士·布鲁克本人以及沙捞越的历史产生了重大影响。长期以来，英军在马来群岛一带打击海盗，八塘姆鲁之战绝非一场决定性的战役，但是让沙里拨河和实哥郎河附近的许多居民迁入布鲁克管辖的沙捞越。1852年8月，詹姆士·布鲁克总督的外甥布鲁克上校写信给凯珀尔，告诉凯珀尔自己即将出访沙里拨河和实哥郎河区域，"但这次的目的不是战争，而是和平……整个海岸从曾经的一片血雨腥风变得如今像英吉利海峡一般安宁"[10]。

然而，不幸的是，这场交战卷入了伦敦的议会政治，成为一桩轰动一时的讼案，直到1854年年末风波才平息。整个事件非常复杂，但和本书的主旨并不相关——其他书中有对此事的详细记述，此不赘述。[11]打击海盗事件不出一个月，新加坡的《海峡时报》就评论说这场战斗是对无辜者的杀戮。其实，这份报纸自1845年由罗伯特·伍兹创办以来，就一直刊载反对布鲁克的言论。布鲁克获爵级司令勋章的受封仪式上，由于无心之过，罗伯特·伍兹没有出现在嘉宾名单上。打击海盗事件还遭到伦敦《每日新闻》的指责，随后受到蒙特罗斯地区议员约翰·休姆和曼彻斯特地区议员理查德·科布登的谴责，科布登尤为惊讶这样一个事实：在八塘姆鲁战役中，"英军损失的人数超过在特拉法尔加、哥本哈根或阿尔及尔战争中损失的人数……"1850年7月，在议会一场题为"指控詹姆士·布鲁克"的辩论中，布鲁克的诋毁者以21票对169票败于支持者；一年后，在一场类似的提案中，又以19票对230票失败。这些指控是关于什么的呢？核心意思是，当地人不是海盗，即便是，他们受到的对待也太过恶劣，因此，皇家海军不应支持任何一位冒险家。

尽管布鲁克希望促进沙捞越和新加坡之间的贸易，但他的做法让他在新加坡树敌众多，因为他不容许自己辖区内的民众受到欧洲人的掠夺，也不允许欧洲人以任何方式质疑他在婆罗洲北岸的权威。布鲁克和东方群岛公司（Eastern Archipelago Company）产生了纠纷。这家公司想要掠夺婆罗洲的财富，而婆罗洲是布鲁克一手打造的"帝国"，且婆罗洲的富人在伦敦也有许多有权势的朋友。显然，媒体对布鲁克的攻击都是恶意的，这点令人惊讶，可能是因为之前的冒险家布鲁克先生已经摇身一变，成了古晋民众热爱、伦敦政治圈欢迎的布鲁克爵士、纳闽总督与"纳闽英国殖民地总督和婆罗洲总领事"。

所有的恶意攻击都指向布鲁克。八塘姆鲁战役由海军总司令、海军上将弗朗西斯·科利尔批准，法夸尔和华莱士直接参与，亨利·凯珀尔间接参与，但是这些人都甚少被提及。布鲁克在1849年11月收到了22位商人代表的支持声明，这22人是新加坡所有商业公司（仅3家没有参与）的代表。海峡殖民地司法法院的法官克里斯托弗·罗林森爵士9月份从被俘的达雅克人口中听到确实的证据，7月的那个晚上他们确实参与了海盗活动。以上这些信息都被忽略了。至于在北部湾抗击海盗的行动更是不被提及，比起八塘姆鲁战役，那次行动对海盗的打击更为猛烈，由于它和布鲁克没有什么关系，所以根本不被提及。那些了解詹姆士·布鲁克的人被这些指控激怒了。然而，尽管这些指控都是莫须有的罪名，却让布鲁克极度受挫，因为他太往心里去了，同时，这些指控也削弱了布鲁克在沙捞越的地位，尤其是在那些反对他的人当中。

亨利·凯珀尔对其朋友布鲁克总督的支持尤为热烈。在一本长达580页、有关迈安德号航行的书中，凯珀尔花费五分之一的篇幅详尽驳斥休姆的指控。当然，他觉得这些指控太过于针对个人了，尤其是这些攻击"影响了我作为公众人物的声誉以及我作为个人的声誉"。这一点上，他与布鲁克同感愤怒。毕竟，是他的狄多号率先帮助布鲁克打击沙里拨河和实哥郎河的海盗。在凯珀尔的第一本书——有关狄多号的航行历险中，他详尽叙述了打击海盗的故事，这些故事得到了英国政府、印度政府、皇家海军和英国媒体的肯定。[12]

尽管外交大臣巴麦尊在1852年宣布，"在此次调查中，詹姆士·布鲁克爵士毫无过错"，但是论战远未结束。随着内阁的更改，新任首相阿伯丁勋爵试图缓和休姆及其对手的关系。他要求印度总督达尔豪斯勋爵（Lord Dalhouse）在新加坡成立调查委员会。1854年9月至10月期间，调查委员会成立，随后完全免除了布鲁克的罪。

1854年，《海峡时报》的竞争对手《新加坡自由西报》刊发了编辑艾特肯先生（他同时也是布鲁克总督接受调查时的法律顾问）的评论，整件事终于收场。艾特肯的评论如下：

> 詹姆士·布鲁克爵士在肃清沙捞越附近海域的海盗后，突然受到各种指责和攻击，称他滥杀手无寸铁的当地居民。当地土著委员会接手了达雅克人的案子。总督得到下议院的支持，下议院两次宣判他无罪。但随着新政府的成立，形势发生了改变，联合内阁积极地支持总督的对手。但是当委员会来到新加坡的时候，他们发现自己所要执行的任务荒谬不已。不仅没有指控布鲁克的理由，而且根本没有任何指控可以成立。总督受到一个荷兰人的强烈抵御，这个人出于本能对他充满敌意。新加坡有一撮人选择诋毁一个最成功的英国人。他们接受谗言，拒绝答复，利用被误导的人。最终，当接受审问的时候，这些人却回避证实任何一条指控。就让他们吞下处心积虑得来的羞辱吧。

第26章　奉命前往暹罗

值得一提的是，暹罗（今泰国）是东南亚国家中唯一没有遭受殖民统治的国家。原因在于，在19世纪，暹罗的国王和大臣都非常明智，他们非常明白自己所受的威胁，也善于向列强学习。另外一个原因是，这些列强——统治缅甸和马来西亚的英国与统治印度支那的法国都视暹罗为一个缓冲国。[1]

从许多方面来看，18世纪的暹罗是一个典型的曼陀罗国家。这个强大的王国以一片肥沃的谷地为中心，对于环绕谷地周围的土地，虽然王国的控制有所削弱，但仍然将其触角伸至那里。因此，当位于他们南部边境的吉打苏丹在1786年和1800年分别将槟城和威斯利省割让给英国时，他们非常不满。感觉到欧洲人对自己的国土图谋不轨，暹罗对贸易进行一切尽可能的限制。1818年和1819年，印度政府在商人的压力之下送了书信和礼物到曼谷，结果却徒劳无功。因此，印度政府在1821年又派遣特使约翰·克劳福德前往暹罗，但仍然收获甚少。[2]

1824年7月，第一次英缅战争开始之后不久，暹罗国王拉玛二世去世。国王的长子摩诃蒙骨王子为王后所生，本应该继位——他也的确是暹罗历史上有名的君主之一，但是在他父亲去世之时，摩诃蒙骨还在出家，于是宫廷里的执政党立他的兄弟为王，史称拉玛三世。1826年，缅甸被英国打败，阿拉干被英国吞并，使得丹那沙林与暹罗毗邻，这促发了英国商人与暹罗往来通商的意愿。但是英属印度政府想竭力维持与暹罗的良好关系，因此，1826年，亨利·伯尼船长带着友好使命前往曼谷，目的是签订调控暹罗和东印度关系的条约。暹罗人此时已经得知了缅甸的命运，当时也希望与英国签订贸易条款，尤其是因为政府需要收税，货物也需要出售。伯尼颇费一番心力说服暹罗人相信印度总督代表英国女王及英国政府，随后他成功地与暹罗签订了条约（《伯尼条约》）。这份条约首先界定了势力影响范围：英国承认暹罗人在马来吉打、吉兰丹和丁加奴的权利，以及在英属槟城的权利；其次，在更加稳固的基础上双方开展贸易往来。然而，随着时间的流逝，贸易的问题越来越明显。尽管英国人渴望暹罗的出口产品——象牙、蔗糖和大米，但当时人口仅有五六百万的小小暹罗国无法消化英国的进口商品——"白色和灰色的衬衫衣料、提花衬衫衣料、麻纱、薄棉布、浮纹织物、花哨的棉布、白细布、印花棉布、轻羊毛料、各类金属、五金、火枪、陶器以及无数小玩意"[3]。

随着1842年清廷战败和新加坡蓬勃发展，英国商人渴望开拓更大的市场。虽然暹罗遵守《伯尼条约》，但是他们仍然不断找茬，抱怨蔗糖的垄断政策以及其他显而易见的不公平，希望重新进行谈判。正如《每日新闻》所报道的那样："暹罗政府的贸易条款是不自由的，是野蛮人的政策。"《海峡时报》也评论说："暹罗人……一直以来都胆小、嫉妒、不好战、傲慢。"然而，海峡殖民地的巴特沃斯总督和董事会都认为最好对此事不予理睬。

1848年10月，新加坡商会向英国外交大臣巴麦尊提议，要求他考虑与暹罗的贸易问题。巴麦尊急于阻挠法国在该地区的野心，乐意考虑这样的提案。尽管印度委员会对此并不感兴趣，但是他们接受了巴麦尊的建议——派遣一支非正规海军而非正式使团出访暹罗，随后，巴麦尊分别授意海军部和印度政府进行此事。

1850年2月，印度总督达尔豪斯勋爵对新加坡进行短期访问。18日早晨（星期一），他乘坐东印度公司最大的蒸汽船法如日号（Ferooz，1 447吨位）登陆新加坡，两天后离开。19日，在回应新加坡商会的请愿书时，达尔豪斯宣布，任命詹姆士·布鲁克爵士为英国特使，前往暹罗签订新的贸易条约，这让商人们非常高兴。[4]布鲁克本人当时不在现场，远在沙捞越的他后来收到了这则任职消息以及一封巴麦尊写来的信，信中清楚地表达了巴麦尊有限的期望："有一点至关重要，即使你的努力没有成效，他们也该息事宁人了……"那年6月，布鲁克写信给朋友约翰·坦普勒时提到，这次出访应使用怀柔政策。布鲁克知道暹罗国王年老衰弱，重病在身，希望"清除顾虑和障碍，为未来铺平道路"，而这个未来是与新王摩诃蒙骨联系在一起的，摩诃蒙骨"受过教育，会用英文读书识字，对我们的文化与科学有所了解"。布鲁克曾称摩诃蒙骨为"谦谦君子，统治半蛮夷之国"[5]。如果说现代读者对"蛮夷"一词并不敏感，尤其是用到这样一个有天赋的人身上，那么，值得注意的是，摩诃蒙骨亲自用该词谈起过他的"半蛮夷半文明之国"[6]。

1849年年末，布鲁克身体欠佳，决定休假疗养。他计划去往槟城，在那里他可以借宿巴特沃斯总督位于槟城山的别墅。12月3日，复仇女神号离开新加坡，前往纳闽岛和沙捞越，接下来的几个月，它一直待在那儿，有好几次运送布鲁克、休·洛尔和其他人前往文莱的宫廷。得知自己前往暹罗的使命，布鲁克于2月底搭乘复仇女神号离

第26章 奉命前往暹罗

开古晋，前往新加坡，并于3月2日抵达。由于布鲁克身体欠佳，又缺少一艘合适的战舰伴他前行——船只一事事关重大，因为要给暹罗人留下一个良好的印象，所以布鲁克并没有立即起行。因此，布鲁克要巴特沃斯安排华莱士船长前往曼谷，为随后的正式访问做筹备工作。3月13日（星期三），华莱士离开新加坡前往北方。

复仇女神号在马来半岛东部海岸缓慢航行，3月21日，抵达了湄南河河口。由于没有引航员，华莱士艰难地领着复仇女神号穿过河口的障碍，停泊在北榄。这是一个脏兮兮的聚居地，旁边有一处大的堡垒，离大海约3英里远。这么大一艘蒸汽船不请自来，让暹罗人好一阵紧张。华莱士派两名军官乘坐小舟溯流而上，前往上游35英里开外的曼谷。两位信使带着写给当地欧洲人和美国人的信件，信中解释了华莱士来访的目的，并要求暹罗国王派一名特使来接收一封宣布使团正式来访的信件。经过约15个小时的缓慢航行，其间既扬帆又划行，两位信使终于在24日（星期日）抵达京城，并于当天随暹罗代表团返回北榄。正式的信件被恭恭敬敬地交到了暹罗官员手中，复仇女神号鸣响一发礼炮，炮台也回敬了礼炮。26日，复仇女神号踏上返回新加坡的航程，途中遇到一艘美国船普利茅斯号，上面搭载着美国驻新加坡领事巴莱斯蒂尔先生，可能他想抢在英国前与暹罗签订条约。复仇女神号这趟去程花了8天，回程却花了18天，它在吉兰丹和丁加奴补给燃料，而这两地爆发了天花，一路行来十分危险。

布鲁克并没有在新加坡等待复仇女神号从暹罗归来。3月下旬，他与来自沙捞越的同事去了槟城，同行的有他在纳闽的秘书斯宾塞·圣约翰、年轻的私人秘书查理斯·格兰特（肖像画家弗兰克·格兰特的外甥），以及麦克杜格尔夫妇。天气凉爽，在一个海拔2 200英尺的地方，布鲁克一行人休息了6周，留下了极为愉快的回忆。[7]

与此同时，在新加坡待了九天后，复仇女神号再次前往纳闽岛和沙捞越。当布鲁克一行从槟城返回之后，5月13日，复仇女神号也返回了新加坡。然而，此时仍然没有合适的战舰出使暹罗，6月和7月的大部分时间，布鲁克一行人在焦急的等待中度过，他们几次搭乘复仇女神号巡游半岛海岸，减缓无聊的情绪。与此同时，《海峡时报》继续刊登文章，对去年7月参与八塘姆鲁战役的人进行攻击。复仇女神号的军官、外科医生米勒受到谴责，理由是他向该报纸提供了虚假信息。7月7日，查理斯·奥斯汀少将在他的旗舰皇家黑斯廷斯号（*Hastings*）上组织了一个调查委员会，该委员会立刻为医生开脱罪名，每位证人都声称报上的指证是虚假的。《海峡时报》的对手《新加坡自由西报》称《海峡时报》的文章是"一轮新的诽谤，粗俗恶毒，显示了作者的敌意，文风缺乏气度和诚实"。然而，对布鲁克的攻击传到了暹罗，使得他后来在那里的谈判进展困难。

最终，7月24日（星期三），一艘被认为非常适合出访暹罗的船驶入了新加坡。3月2日，在船长查尔斯·沙德维尔的带领下，皇家斯芬克斯号（*Sphinx*）从朴次茅斯驶出，它被派往新加坡取代愤怒号，并承担出访暹罗的使命。斯芬克斯号于1846年在泰晤士河下水，是一艘1 056吨位的明轮单桅帆船，长180英尺，宽36英尺，吃水14.5英尺，不适合河运。该船由提供500马力的两缸震荡式发动机驱动，能够运载360吨煤炭（在开足马力的情况下，每天要消耗40吨煤）和50吨水（可供饮用100天）。船上载有2门10英寸口径的旋转火炮、2门68磅大炮、2门42磅舰炮以及供明轮小船和野战炮用的小枪。船上载员160人，其中军官16位。[8] 比起复仇女神号，这艘船先进很多。

1850年8月3日（星期六），斯芬克斯号搭载布鲁克一行离开新加坡前往暹罗，同时，还拖曳复仇女神号。布鲁克给暹罗的王公贵族带去了许多礼物,但是,由于缺乏外交策略,这位外交官只带了巴麦尊勋爵的信件(这些信写于一年前),而没有带维多利亚女王给暹罗国王的信。北上的航程一路波澜不惊,船只花费六天就抵达了湄南河,中途没有停下来补充燃料。在湄南河,一行人遇到了对方的军队:一支2万人的队伍聚集起来,驻守河口的炮台,一堆拦船木栅准备下水,火船蓄势待发,准备攻击。但"在准备工作中,最让人可畏的是一个亚美尼亚犹太人,他把暹罗的一支杂牌军变成训练有素的队伍"[9]。他很快就召集了2万人,效率之高,让人称奇。但这后来被新加坡媒体形容为"不友好的谣言"。

10日(星期六)早晨,复仇女神号绕过沙洲,驶往北榄。船上载着詹姆士·布鲁克爵士、圣约翰先生和布鲁克上校(詹姆士·布鲁克总督的外甥)。他们一行人在城堡受到热情接待,暹罗方面接收了信函,还给访客安排了引航员,并鸣响礼炮,以回应复仇女神号鸣放的礼炮。复仇女神号在北榄停留一晚后回到了河口,那天黄昏,斯芬克斯号在引航员的帮助下,成功地绕过了沙洲,驶入湄南河。然而,不幸发生了。斯芬克斯号的锅炉进水,发动机被泥巴堵住。暮色渐浓,斯芬克斯号漂浮着驶离了航道,撞到有着许多渔网的泥泞岸上。它被困两天,直到减轻了船身重量,趁着涨潮的时候才重新浮起来。过后,布鲁克一行人认为,这次事故对出访造成了不良的影响。有消息称,暹罗人一直以为是装炮74发的三级战列舰、皇家黑斯廷斯号载着布鲁克而来,他们从未见过这样的船,"带着一种既好奇又惧怕的情绪,想一睹为快"。斯芬克斯号令人失望,这次事故又让它的名声受损。

14日,布鲁克一行乘坐复仇女神号回到北榄,见到了急匆匆从曼谷赶来的暹罗外交大臣。16日,在城堡围墙外面一座特别建造的大厅里，双方进行正式会晤。经过一番客套寒暄，暹罗方面表示欢迎使团，尽管他们不知道这个使团代表谁而来——是代表英商呢，还是受英国女王指派？暹罗方派出一艘专船，去复仇女神号取来巴麦尊勋爵的信件交给外交大臣。当信件被带至岸上的时候，暹罗方"在议事厅附近鸣响了两到三发野战炮，鸣礼炮的时机恰到好处"。虽说若是有一封来自维多利亚女王的亲笔信会更好，巴麦尊的这封信也足够了，因为外交大臣的长子第二天就登上复仇女神号，回访布鲁克爵士。

显然，要想取得进展，还需在首都进行谈判。18日，圣约翰和布鲁克上校前往曼谷，为布鲁克爵士来访作前期准备。暹罗方命令，蒸汽船不得在河道上航行，理由是怕惊扰居民。于是，圣约翰和布鲁克上校并没有搭乘复仇女神号，而是乘坐专船前往曼谷。在曼谷，他们被招待住进巴莱斯蒂尔先生住过的房子，尽管比起之前多了6间卧室，但是圣约翰他们还是觉得屋子太小，而且不卫生，因为房屋盖在一片低湿地上。幸运的是，有位叫布朗的英国商人前来救急，答应让俩人住进英国商馆。22日，7艘专船载着布鲁克爵士一行以及皇家海军护卫先遣队离开北榄，浩浩荡荡地驶往首都。很快，又有4艘专船载着暹罗要员加入。

起初，船队航行在宽阔的湄南河上，岸上是平坦的原野，长满了红树。他们在一处城堡附近停下来休息，享用了城堡提供的点心。之后，景色越来越美。靠近城镇的时候，船坞越来越多，因为当地的木材便宜，许多商人订购了泰式商船。河面上还有住家船。岸边的吊脚楼零星地混杂在金碧辉煌的寺庙中间。到了晚上，布鲁克一行平安抵达英国商馆，他们在那里等了4天，才和暹罗方开始正式会谈。26日（星期一），布鲁克被请进皇宫。皇宫是一大片建筑群，有着高大的城墙、恢宏的寺庙、华丽的房屋和兵营。议事厅是一栋露天建筑，位于宽阔的广场上。英方代表团一行首先被礼貌地邀请就座,随后,暹罗要员乘坐轿子进来,每顶轿子前都有一名侍从拿着一张丝绸靠垫,上面放着一把剑、一个茶壶和一个香薷叶盒子,后面跟着20个身穿鲜艳服饰的随从。如此盛大的阵势显然让布鲁克一行很高兴,然而,除了双方同意谈判应该用书面的形式继续进行下去,没有取得实质性的进展。

到这个时候,英方没有什么可抱怨的了,布鲁克认为,一切都已按照计划进行。然而,不到几天,有消息传来,暹罗国王反对任何形式的条约。尽管如此,9月4日,布鲁克给外交大臣送去一份提案——三封用暹罗语和英语写成的信函,布鲁克自认为每一项提议都有道理。首先,他要求暹罗方允许一名英国领事驻守曼谷,并划出一块地供英商居住和修建仓库,还要求暹罗方不得随意将英商驱逐出境。其次,在贸易方面,他希望废除某些垄断政策,获得出口大米的贸易自由,减少出口税,但保留八项垄断税以弥补国王的收入。然而,暹罗方对这些要求有着截然不同的看法:早先两名葡萄牙领事住在曼谷,但贸易并没有增长;近来,一名英商因为输入鸦片而被逮捕,因为贩卖鸦片完全有悖暹罗律法;禁止出口大米,除非国库有三年的库存。

提案发出两周后,暹罗方完全没有回应,而在此期间,谣言四起。此时,身患重病的国王与大臣以及摩诃蒙骨(当时虽是储君,但即将继位)商议英方的提案。英方又发出数封信函,最终于26日收到消息,所有提案都被否决,而且,拒绝的口气"傲慢无礼、充满敌意"。

缺乏外交手腕的布鲁克爵士因为提案被拒而勃然大怒,决定立即离开曼谷。尽管暹罗方想挽留一番,外交大臣给巴麦尊勋爵修书一封，双方互赠礼物，布鲁克爵士还是于28日离开了。暹罗方送给布鲁克一艘华丽的、有一个精致雨篷的绿色皇家游船。人们费了一番周折才把游船吊到复仇女神号上，随后的许多年，这艘船给总督增光不少。布鲁克则送给暹罗方一套宫廷礼服。来年，路德维希·赫尔姆斯（后来在沙捞越工作）看到暹罗王宫里有人穿这套礼服，羡慕不已。[10]

29日上午，英方给暹罗宫廷发去最后通牒。复仇女神号加入了停靠在沙洲外面的斯芬克斯号行列。这一次，它们分开航行。10月4日，斯芬克斯号载着布鲁克爵士抵达新加坡，两天后，复仇女神号抵达。新加坡各大媒体对这次出访进行了不同的报道。《新加坡自由西报》一如既往地支持布鲁克爵士的行动，而《海峡时报》总是恶意地攻击他："特使要求实行自由贸易、减少税率、取消皇家优先购买权、派驻领事，经过一个月的拖延，对方对每一项要求都严加拒绝，特使只好气愤地回来了。"[11] 在新加坡待了几周后，布鲁克爵士一行于22日登上驶往沙捞越的复仇女神号，此时，距他离开沙捞越已经过去7个月了。

英国政府对布鲁克出访暹罗失败一事非常重视。暹罗政府拒绝了布鲁克提出的军事增援的请求，这意味着英国政府决定通过和平方式改善与暹罗的关系。为出访暹罗作准备之际，布鲁克就意识到，拉玛三世病重，而最有可能的继任者摩诃蒙骨更具有国际视野。由于身体欠佳，1851年1月，布鲁克离开沙捞越前往英国。那年8月他在英国收到外交大臣长子写来的信，告知拉玛三世已于4月去世，继任者确实是摩诃蒙骨，外交部同意布鲁克当年10月返回暹罗。随后消息传来，暹罗方希望推迟谈判，直待来年4月已故国王火化之后。但是，到了1852年4月，布鲁克由于身体的原因，决定不再离开英国。

就在4月，消息传来，暹罗已经开始施行改革。也许，是1842

年中国的溃败让摩诃蒙骨及其开明的大臣作出这个决定。倘若中国——这个暹罗进贡多年的国家都不能抵挡英军入侵，那么，暹罗想保持独立，就必须改革。1852年1月初，暹罗宫廷颁布公告，准许了外国列强提出的每一项关于贸易的要求：减轻税负、允许鸦片进口（此项由政府垄断）、允许大米出口。听到这个消息，印度委员会认为没有必要再次出使暹罗。12月，英国政府重新组阁，新的外交大臣约翰·罗素勋爵与印度委员会看法一致。但实际上，英国政府只是一时缺乏与暹罗签订新合约的热情。随着1854年新一任驻港贸易特使的任命，外交部指示香港总督、英国驻华公使宝宁爵士（Sir John Bowring）[1]与暹罗谈判。1855年4月18日，宝宁与暹罗签订合约，被视为大获成功。第二年，暹罗与美国和法国签订了相似的条约，部分原因是暹罗想保护自己不受贪婪的英国人的侵害。对于暹罗而言，这一系列条约成为它与西方国家关系以及自身经济的转折点。

1851年2月10日，复仇女神号离开新加坡前往加尔各答。这一次，托马斯·华莱士有妻子和家人陪伴。1849年11月，伊丽莎白生下了大女儿，这是他们的第四个孩子，1850年年末，第五个孩子也出生了。3月，华莱士取得了胡格利河的航行执照，将复仇女神号交给大副罗伯特·古德温管理，而他自己则接管了东印度公司的蒸汽船进取号。9月，在参加一位海军军官的葬礼时，华莱士染上了风寒，于9月6日去世，年仅36岁。当时80%的英国人自离开英国前往印度，就再也没有回到故土，华莱士就是其中之一。[2]在孟加拉，夏季酷热，蚊虫

---

[1] 又译为宝灵或包令，英国派驻香港的第四任港督。
[2] 到1900年，已有200万英国人葬于印度。——原注

肆虐，随后，9月气温骤降，这是造成疟疾的元凶。华莱士被安葬在加尔各答乔林基的"上等坟墓"里，以今天的眼光看，这样的墓穴也许意味着对死者的敬重，但实际上，这种墓穴只是用坚硬如石的灰浆砌成的。年底，华莱士的遗孀和四个孩子搭乘浦那城市号返回英国。1852年1月25日，途经毛里求斯时，他们的第六个孩子出生。华莱士的家族有传言称，华莱士夫人携带了2.7万英镑归来，这是她丈夫在复仇女神号上得到的赏钱，但实际上，考虑到八塘姆鲁战役的赏金，这样的传言纯属子虚乌有。[12]

第27章　从仰光到曼德勒

> 你要回到曼德勒,
> 老船队在那里停泊,
> 你难道听不到哗啦啦的桨声从仰光一直响到曼德勒?
> 前往曼德勒的路上,
> 飞鱼在嬉戏,
> 黎明似雷从中国而来,照彻整个海湾!
>
> ——拉迪亚德·吉卜林[1],《通往曼德勒之路》

缅甸是一个多民族国家。[1] 要厘清它的历史,我们有必要知道缅甸人主要居住在曼德勒附近的阿瓦城——伊洛瓦底江奔腾流淌过这片土地。在这块土地上,季节性气候明显,西、北、东三面高山环绕,南边是一片大的湿地三角洲。由于地理位置优越,历代阿瓦王(有的强硬好胜,有的软弱摇摆)对邻国发动了无数次战争,往往是为奴隶和财物,而非为土地而战——西边和西北边打到了曼尼普尔和阿萨姆邦,东北入侵中国云南,东面穿过掸邦到了老挝,东南到了暹罗。但是阿瓦王们最大的兴趣在南边和西边的沿海地区,在当时的独立王

---

1 英国作家,出生于印度孟买,他的作品主要描写印度的风土人情,主要作品有《丛林故事》。他是英国第一位获得诺贝尔文学奖的作家。

国，在环绕勃固和伊洛瓦底江三角洲的孟邦，以及孟加拉海湾沿岸的若开邦。

和其他曼陀罗国家的统治者一样，缅甸历代君王力图对中心地带拥有绝对的控制权，但他们也乐于接受这样一个事实——尽管在外围地区的统治权有所削弱，但利益依旧占上风。因此，缅甸的边界是变化不定的，这点对英国人来说非常费解。缅甸内部的纷争使得缅甸人不断在缅甸和英属印度的边界流动，这一点惹怒了英国人。1819年，新王孟既继位，这位国王虽然性格懦弱，却深受雄心勃勃的将军班都拉的影响。1823年8月，时任印度总督的阿美士德勋爵（1817年曾经出访中国）抵达加尔各答，他最初无意与缅甸交战。但是一年之中，缅方不断侵犯边境，这让阿美士德认定，缅甸有意夺取孟加拉。

1824年3月5日，英国向缅甸宣战。英军计划对下缅甸[1]发起全面进攻，攻占约有2万居民的破败海港小城仰光，从而控制通往首都的动脉伊洛瓦底江的入口，同时占领阿萨姆、曼尼普尔、若开和丹那沙林，包抄缅甸的心脏地带，这样就可以把班都拉的军队从边境上引开。但这并非英军第一次低估对手的实力。英方认为缅甸人好逸恶劳、逍遥自在，认为他们的君主是怪兽，然而，英方既不了解缅甸人对君王神圣权力的信靠，也不了解他们保家卫国时爆发出的力量。确实，这件事让维多利亚时期的帝国主义者百思不得其解——缅人宁可生活在贪婪腐败的君王手下，也不愿被公义和高贵的英国人领导。

第一次英缅战争是英帝国主义者一次非常愚蠢的入侵行为，但至

---

[1] 缅甸沿海地区。

少开局还算顺利：在陆军中校阿奇博尔德·坎贝尔的指挥下，英军在阿达曼群岛附近纠集了63艘船和一支超过1.1万人的部队，由英国人、印度人和随营人员组成。5月10日，英军没打一枪就攻占了仰光。但是这个地方早就被当地民众遗弃（尽管如此，城内大部分地区还是被喝得醉醺醺的部队付之一炬）。不论是溯流而上，还是在长达4个月的雨季(5月至8月)来临之时留守仰光，英军的后勤准备都极为糟糕。[1] 正如坎贝尔的军务秘书斯诺德格拉斯少校写道:"我们发现自己被这里的居民抛弃，我们本可以从他们那里获得供应，他们走陆路或水路逃走了，留下我们无所供应，而雨季才刚刚开始。我们前景惨淡，只得困守在仰光糟糕且肮脏的茅舍，寄希望于从加尔各答运来补给。与此同时，我们的觅食分队要经过漫长而疲惫的行军，深入腹地，才能将部分供给运送过来。"[2]

在这场战争中，蒸汽船首次投入使用。如果说蒸汽船在实际作战时作用有限，在平静的浅水域，它们作为战舰的潜力就凸显出来，或可作为运输船运送部队，以及作为邮船运送急件。1823年7月，戴安娜一号在加尔各答下水，这是第一艘在地中海以东下水的蒸汽船。1824年5月，在英军占领仰光之时，这艘船抵达了伊洛瓦底江。1825年年初，小冥王号也加入进来。两艘船都被用作真正的战船，戴安娜一号上装有康格里夫火箭炮，小冥王号装有6门大炮，包括4门24磅臼炮和2门6磅大炮，是一座移动的炮台。1826年1月，就在战争结束前，进取号从英国赶来，也加入进来，但它仅被当作运送急件的

---

[1] 4月正值当地温度为全年最热、伊洛瓦底江水位为全年最低之时。8月，河水可上涨40英尺，然后9月急剧下降。12月到次年2月是最凉爽、最干燥的时候。——原注

邮船。

如英军计划的一样，占领仰光的确将班都拉的军队从边境上吸引过来。最初，班都拉希望英军在仰光滞留，直待热病耗尽英军。然而，尽管痢疾、疟疾和坏血病让这些入侵者遭受重创，但是，随着时间的推移，他们并没有撤军的迹象。事实上，英军已经利用这次耽搁的时机，向东边进军，占领了与暹罗交界的丹那沙林。在陆军中将亨利·戈德温（后来领导第二次英缅战争）的领导下，英军首先占领了南边的丹老，接着是土瓦，最后打到了北边的毛淡棉市。到了年底，班都拉率领一支2万多人的军队在仰光城外安营，英军担心对手的人数达到了6万，他们对敌军的人数常常估计不准。12月1日，班都拉发起进攻，到了15日，被英军彻底打败，损失惨重，而英军只有30死220伤。

自雨季结束，坎贝尔一直有援军增援，小冥王号也前来助战。第二年伊始，他的军队人数超过1.2万。随着军力巩固，坎贝尔计划溯流而上，前往卑谬。班都拉在德努漂[1]的要塞集结队伍，控制了前往北方的河道。班都拉告知坎贝尔："如果你作为朋友来德努漂看看，我就让你看个够；但如果你作为敌人而来，那就来吧。"但是在1825年4月1日，伟大的将领班都拉被一枚迫击炮弹打死，他的军队四散而逃。英军挺进卑谬，在那儿度过了第二个雨季。与此同时，在西部战场，英军在3月夺得若开邦，从阿萨姆和曼尼普尔两个方向驱赶缅甸人。正是在1825年1月发生在阿萨姆邦的战斗中，21岁的詹姆士·布鲁克，即后来的沙捞越总督身负重伤。

---

[1] 仰光附近的小镇，位于伊洛瓦底江三角洲。

卑谬被占的消息让缅甸当局忧心忡忡。雨季结束时，他们试图通过突袭夺回卑谬。缅方在蒲甘集结队伍，派出一支由柚木战船组成的船队，每艘船长度超过100英尺，载着6磅和12磅的大炮，配备60名桨手和30名火枪手。[3]但是在戴安娜一号和小冥王号的帮助下，这场进攻被英军击退。缅方指挥官向宫廷报告战败的消息，却遭到了斩首的厄运。此时，英军有了援军和足够多的河面交通工具（56艘由戴安娜一号带领的小船），军力增强，通往都城的道路对于他们而言畅通无阻。此时，他们向缅方提出了要求：割让若开、丹那沙林、阿萨姆和曼尼普尔，赔偿100万卢比。这样的要求让缅甸人极为震惊，他们想尽办法让英方让步，但英军不依不饶。直到英军打到了离首都70英里以外的地方，只要三天就可以攻占首都时，缅方才终于同意。1826年2月24日，《颜达博条约》签订，战争结束。

官方资料表明，在19世纪初期，印度政府对缅甸并无野心。发起战争的原因在于他们认为缅甸威胁到了他们在印度的利益。这场战争让英国夺得了他们认为印度防御安全所需的领土，同时对孟加拉湾一带有了更大的控制权，但是英军也付出了惨重的代价。[4]在4万名远征军中，至少1.5万人死亡，其中大部分死于疟疾、霍乱和痢疾。1825年1月在仰光参战的12 845名英军中，仅有225人战死，病死的却有4 853人。总死亡率约40%，而欧洲士兵的死亡率更高。在若开，两个军团的1 044人在抵达的8个月内无一人战死，却有595人病死，离开缅甸后又有200人病死，损失率达到80%。[5]但是这些数字都被隐瞒了。当然，缅军的死伤数更高，不可估量。衣物、住所、食物、医药等军旅物资奇缺，这些费用也难以计数。因此，对于在英国国内的人而言，这场战争又是一场大胜仗。印度总督阿美士德勋爵因此被授予伯爵头衔。

长达70多年的扩张让缅甸国力耗尽，这场战败更是让他们的军力一蹶不振。尽管他们保住了勃生、仰光、马达班三个主要港口，却失掉了两个沿海大省，更不用说丢失了阿萨姆和曼尼普尔这两个附属地。缅甸损兵折将，雪上加霜的是，他们还得为战败进行赔偿。尽管如此，阿瓦宫廷却对这次战败知之甚少。他们的骄傲折损了，但他们对外部世界仍然一无所知，仍然不愿和一个比他们强大百倍的国家交往。《颜达博条约》规定，两国应互派使臣，一名英国使者驻阿马拉布拉，一名缅甸外交官驻加尔各答。但尽管英国使者已经履职，缅方却怎么也不愿派遣使臣前往印度总督处。而至关重要的事情还有待谈判和决定——若开和曼尼普尔的具体边界问题，还有丹那沙林的去留问题，是保留、归还，还是售卖？

英方起初直接从印度派人管理两个新省。尽管这两个省份在经济上没有优势，但英方认为，获得若开对印度的安全至关重要。1828年，若开被转给孟加拉的吉大港管理。由于丹那沙林没有什么战略作用，只会耗费资源，英方最初考虑，将其归还缅甸或出售给暹罗。但是到了1835年，它也被转给孟加拉管理。

到了19世纪30年代中期，孟既的疯癫病愈发严重，这是缅甸王的诅咒。1837年，孟既的弟弟孟坑起兵叛变。英国使臣亨利·伯尼少校发现自己卷入了这起争端，担当起调解人的职责。但他的调解极不成功：他先是让兄弟双方答应，如果没有血战，国王将让位给孟坑，但孟坑屠杀了国王的所有家眷和随从。1837年6月，伯尼被总督奥克兰勋爵召回，但随后的两位新使臣遭到新王的藐视，因为新王相信他能凭借武力收复失地。也许正是出于这方面的担心，秘密委员会建造了4艘用于河运、龙骨可以滑动的船来加强孟加拉海军力量（见第2章）。尽管后来冲突得以避免，印度政府还是于1841年年初撤回使臣，切断了和缅甸的外交关系，直到1851年才恢复。

19世纪40年代初，战乱频仍，印度政府不愿采取强硬措施遏制孟坑的野心。这位国王与他的兄弟一样得了疯癫病。他的儿子们展开了夺位之争，最后，蒲干王胜出，这主要得益于他那诡计多端的母亲。蒲甘王是贡榜王朝[1]的第九任君王，他的统治以血腥开始，对手的家眷和追随者统统惨遭屠杀。然而新王性格温和，心智薄弱，不适合当王。由于统治衰微，他手下的官员变得日益贪婪，他们俸禄微薄，于是靠榨取民脂民膏为生。

当时，在缅甸的英国人主要局限在仰光。这里位于王国的边缘，欧洲贸易界的许多渣滓开始涌现，因为他们生活在一个他们并不尊重的文化之中，处于视贿赂为常事的官员管辖之下。"长期以来，仰光这个收容所一直臭名远扬，聚集了来自印度各地的惯行欺骗、毫无原则之徒……"[6]1851年，勃固总督在仰光指控两名英国商船船长和船员贪污与谋杀。如果及时行贿，就能息事宁人，而最终固执的船长花费了1 920英镑才重获自由。他们立刻向印度总督要求赔偿。碰巧总督达尔豪斯勋爵当时正在负责锡克战败一事，他绝不容许英国子民遭到这样的藐视。他在备忘录中写道："印度政府一天也不能容许自己在其他国家面前低人一等，尤其在阿瓦宫廷面前。"[7]

1851年10月18日，达尔豪斯派遣乔治·兰伯特准将前往仰光，他是皇家海军军官，时任东印度公司海军副总指挥。兰伯特乘坐皇家狐狸号（*Fox*，装炮46门）航行，随行的还有东印度公司的蒸汽船普罗塞尔皮娜号和丹那沙林号。兰伯特要求缅甸方面罢免勃固总督，

1　又译雍籍牙王朝，是缅甸最后一个封建王朝，雍籍牙是该王朝的建立者。

还要求获得赔偿。尽管兰伯特态度倨傲,所提要求蛮不讲理,缅甸国王仍然竭尽全力讨好他,立刻任命了一位新总督。1852年1月4日,新总督哈莫尼抵达仰光,那天兰伯特派了一位小官员迎接他,此举乃刻意羞辱。当面谈失败,兰伯特反而抱怨自己遭受了羞辱。当然,羞辱必须依靠行动来解决——军事行动。

第28章　再航伊洛瓦底江

1850年10月，将詹姆士·布鲁克爵士送回沙捞越后，复仇女神号在新加坡水域待了几个月，往来于新加坡、古晋和纳闽之间。这个时期，它的角色是一艘邮船，因为英国、荷兰和西班牙的海军此时已清缴了伊拉农人和巴拉尼尼人的大多数海盗船。[1]1851年1月17日，复仇女神号搭载布鲁克离开沙捞越前往新加坡，这是布鲁克前往英国的首段航程，也是他自12年前抵达婆罗洲后第二次访问新加坡。1 因为急需修理，这艘蒸汽船于2月10日离开新加坡前往加尔各答，3月1日抵达母港，随后立即前往船坞。由于冥王号检修完成，船坞最近空置出来。冥王号如今已重新建造，3月28日，它离开加尔各答，取代复仇女神号。冥王号的船长仍然是艾雷上尉，自10年前该船离开英国以来他就一直在船上任职。然而，和托马斯·华莱士一样，乔治·艾雷在新加坡也染病上身，于4月20日去世，可能死于疟疾。[2]

1　布鲁克于1851年5月抵达伦敦，"万国工业博览会"月初在伦敦开幕。那年8月，布鲁克与亨利·凯珀尔一起参观了"水晶宫"（参见凯珀尔的著作［Keppel, 1899］）。——原注

尽管复仇女神号已经在1848年经过彻底检修，它仍然需要修理。齐水面的船板已经磨薄，因此，两块船体列板必须全部更换。发动机也需要全面检修。到了8月，复仇女神号再次准备驶向大海。那个月，船长罗伯特·古德温开始招募新船员，此前古德温已任大副多时。1851年8月20日，许多人签订了三年的合约。21日，复仇女神号前往中国代替弗莱吉森号。9月12日至17日，复仇女神号停歇在新加坡，10月19日抵达香港，在那里加入了少将查理斯·奥斯汀（小说家简·奥斯汀最小的弟弟）的舰队。[3]

弗莱吉森号在中国待了三年。1851年11月1日，弗莱吉森号在船长尼布利特的率领下从香港驶往印度，23日抵达毛淡棉市。在那里，它被命令"随普罗塞尔皮娜号前往仰光"。[4]1852年1月6日，兰伯特准将夺取了停泊在仰光的缅甸国王的船只，并下令所有英国居民和商人离城。"蒸汽船普罗塞尔皮娜号驶入主码头，护卫舰皇家狐狸号上的八九艘小船以及其他蒸汽船都来到岸边，接应这批逃亡者。"[5]第二天，普罗塞尔皮娜号载着约400人驶往毛淡棉市，途中与前往仰光的弗莱吉森号相遇。9日，兰伯特发起进一步挑衅，他下令狐狸号、明轮蒸汽船皇家赫尔墨斯号（828吨位）和弗莱吉森号靠近炮台。这三艘船遭到缅军攻击。在接下来持续两个小时的炮轰中，约300名缅甸士兵阵亡，300人受伤。[6]

如果说兰伯特热切渴望与缅甸交战，那么，印度总督是否也是这样的想法呢？尽管在官方的邮件中，达尔豪斯勋爵一再声称自己热爱和平，但值得注意的是，即使兰伯特拒不服从书面命令，达尔豪斯也没有召回这位他称之为"带来麻烦的准将"，而且在多封邮件当中，达尔豪斯都对兰伯特的行为赞赏有加，称他为朋友。1869年，兰伯特去世，身份是乔治·兰伯特上将，足见兰伯特与上司关系之好。

1852年2月12日（星期四），英属印度政府决定派遣一支远征军开赴缅甸。15日，带着蒲甘王和总督哈莫尼给达尔豪斯的求和信，弗莱吉森号回到加尔各答。然而，印度总督对求和信置之不理，通过弗莱吉森号向缅甸下达最后通牒，要求缅甸政府另外赔款10万英镑，以弥补战争消耗，这一蛮横要求显然让缅甸国王不能接受。英方以极其庄重的口吻告知缅甸："英国诚意寻求和平，但若在4月1日之前没有收到阿瓦王同意总督提议的回音，英军将不可避免地入侵缅甸，罪在缅甸。"[7]

2月21日，孟买的印度海军收到总督的指令，要求他们派遣6艘蒸汽船——贝勒尼基号、法如日号、美杜莎号、姆祖飞号（*Moozuffer*）、塞索斯特里斯号和季诺碧亚号前往缅甸。同月，经常往来于苏伊士至加尔各答航线、P&O邮轮公司的蒸汽船先驱号[1]（1555吨位，总长251英尺，600马力）也被海军雇用，运载部队前往若开邦。《海峡时报》报道："当巨大的先驱号出现在皎漂镇的时候，当地所有的船只都被这艘大船吓到，四散逃跑。"

奥斯汀少将从中国被召回，指挥这次远征。3月，他乘坐旗舰黑斯廷斯号（装炮74门）抵达槟城。奥斯汀将黑斯廷斯号留在槟城，因为该船吃水浅，不适合前往缅甸作战，于是改乘皇家拉特勒号（867吨位），这是世界上第一艘特别建造的螺旋桨战船。1845年4月，拉特勒号在与姊妹船、明轮蒸汽船阿勒克图号展开的拔河比赛中获胜，一举出名。它的胜利让海军大臣确信螺旋桨动力的优越性。4月1日，在明轮蒸汽船皇家火蜥蜴号（*Salamander*，818吨位）的陪伴下，拉特

---

[1] 先驱号（*Precursor*），与第12章的先驱号（*Herald*）不是同一艘船。

勒号抵达缅甸水域。那一天，英国的最后通牒失效。第二天，陆军总指挥、曾在第一次英缅战争中指挥作战的中将亨利·戈德温爵士[1]乘坐赫尔墨斯号抵达伊洛瓦底江，同行的还有蒸汽船进取号和丹那沙林号，以及孟加拉海军的4艘运兵船。

3月，从孟买而来、预备前往缅甸的6艘蒸汽船在马德拉斯集结。31日，它们拖着4艘运兵船出发，载着4 400名战士和随营人员、960名水兵，还有一支由欧洲炮兵和海军陆战队组成的先遣队。4月7日（星期三），船队抵达伊洛瓦底江，如今，可供英军指挥官调配的是一支8 000多人的军队[2]，以及160发重炮、18艘战舰、14艘运兵船。[8] 在所有船只中，只有2艘帆船——狐狸号和皇家巨蛇号（*Serpent*，装炮12门）。在16艘蒸汽船中，3艘来自皇家海军，13艘来自东印度公司海军；1艘由螺旋桨发动，5艘铁壳船。与英舰的庞大阵容相比，缅军的装备与复仇女神号12年前迎战的中国军队一样落后。几个月后，复仇女神号才加入这支队伍，这是它第二次也是最后一次参与殖民战争。

显然，达尔豪斯已下定决心，这场战争应与30年前的那场截然不同。他要确保一支强大的出征海军能够在加尔各答和伊诺瓦底之间迅速往来，兵营的建设材料要提前准备，部队要时刻处于粮草和医药物资充足的状态。确实，医疗设施供应充足是有效的，缅甸英军的病死率甚至低于和平时期的印度。更加重要的是，达尔豪斯怀着极大的热忱来处理陆军与海军分离、皇家军队与东印度公司军队分离这一

---

1 他的爵士头衔在1853年临死前才被授予，时年69岁。——原注
2 该队伍组成庞杂：2 727名欧洲士兵、3 040名印度兵、808名皇家海军水兵、952名印度海军水兵、510名孟加拉海军陆战队士兵。——原注

难题。这并非易事，尤其是陆军指挥戈德温这位脾气暴躁的六十多岁的老头非常嫉妒海军，而海军在整场战争中的作用至关重要。不幸的是，海军的指挥权被脾气暴躁的准将兰伯特紧握，而不是在脾气温柔、个性阳光的查理斯·奥斯汀上将手中。奥斯汀家族敬虔、关系融洽，查理斯是八个孩子当中最小的一个，深受姐姐卡桑德拉和简的喜爱，被称为"我们特别的小弟"。1813年，查理斯归来，简·奥斯汀这样写道："亲爱的查理斯温柔、平和、安静、开朗、幽默。"[9]

1852年4月3日，位于拉特勒号的海军司令和赫尔墨斯号的陆军司令向东驶往毛淡棉市，同行的有普罗塞尔皮娜号和火蜥蜴号；5日，他们占领了马达班湾对岸的港口；8日，英军返回伊诺瓦底。蒸汽船法如日号和美杜莎号被派去保卫马达班湾，弗莱吉森号沿河而上，前去侦察仰光的防御情况。4月11日（星期日，复活节），仰光和达拉两城遭到英军攻击。塞索斯特里斯号的坎贝尔中校下令将68磅的炮弹加热后发射出去，大炮的里程有一英里多远。"袭击效果显著。整个地方都着了火，三分之二的建筑燃烧起来……印度海军受到众人夸赞。"[10] 但这夸赞绝对不会来自仰光的民众。12日，英军登陆，"大炮和炮架卸了下来，轮子横七竖八地躺着，一片混乱，到处是药箱、装炮弹的盒子，还有牛肉、烧酒、梯子，士兵从中穿过，摆好阵列"。一名在缅甸居住的亚美尼亚人写道："13日晚上，有命令传来，把我们送到大宝塔……炮弹从四面八方炸过来。只能听天由命。要从枪林弹雨中逃脱（有些就在身边爆炸），从总督的手下逃生，从已经开始对新城进行打劫的缅甸士兵手中逃生，一定是个奇迹……我们一开始逃回了我们的住处，却发现那里早已不能住人。新城的许多房屋都已经着火了……那一夜是逃亡之夜。"14日，缅军在瑞光大金塔附近放弃了最后的抵抗。这座全缅甸最恢宏的宝塔里面的佛龛被入侵者劫掠一空。贝勒尼基号的上尉劳里大言不惭地写道:"海军充当了文明先锋的角色。"[11]

胜利得来如此容易,好惹事的海军准将和脾气暴躁的陆军将领之间产生了分歧。兰伯特希望借助5月到8月的雨季时期,趁河水上涨之时沿伊洛瓦底江而上,直抵卑谬。当然,这样一来战功都将归海军。但戈德温坚持等待旱季来临。显然,他没有从30年前的那场灾难当中汲取教训。拖延就意味着水位降低,不再适合蒸汽船航行,这样陆军将会夺得战功。

然而准将等不及了。5月17日(星期一),雨季开始一周后,兰伯特率塞索斯特里斯号、姆祖飞号、丹那沙林号、冥王号[1]以及800名海军离开仰光,前往勃生。尽管勃生在仰光正西方90英里开外,但是,渡海涉江,需要航行220英里。"我们没有一个引航员,只有一张1754年绘制的烂地图,只得跟随小冥王号航行。"[12] 19日下午,英军抵达勃生,不到两个小时就占领了这座城市。23日,远征军将塞索斯特里斯号留下,返回仰光。几周后,又一支远征队从仰光出发——6月3日,拖着6艘小船、载满人员的弗莱吉森号沿河而上,前往西北60英里开外的勃固。在离城16英里远的地方,由于河水太浅,船只无法航行,4日,部队登陆,步行前往勃固,当晚就占领该城。如今,在英国属地若开邦和丹那沙林之间,缅甸沿海平原的三座主要城市都落入了英军手中。

勃固原来是座古都,16世纪曾仿照蒲甘王全盛时期的样式建造。

---

1 这当然是那艘龙骨可以滑动的冥王号,不是第一次英缅战争那艘同名的船。这艘龙骨可以滑动的冥王号于1852年4月2日离开新加坡驶往缅甸。——原注

城市中心是带着护城河的皇宫，四周散落着许多精美的建筑。尽管到了19世纪，许多地方毁于战火，荒芜破败，但寺庙依旧精致如初。寺庙多是白色和金色，偶尔也掺杂着红色和蓝色。其中最恢宏的当数320英尺高的金塔寺。英军大肆毁坏一番，尽情劫掠之后，将这座城归还原来的居民。远征军乘船返回仰光——随后缅甸人很快又夺回仰光。7月初，一批远征军离开仰光。5艘明轮蒸汽船听从狐狸号船长沃尔特·塔尔顿的指挥，包括4艘龙骨可滑动的船——弗莱吉森号、冥王号、普罗塞尔皮娜号和美杜莎号——还有曼哈努蒂号。但戈德温再次坚决拒绝让任何陆军士兵前往。英军想靠近缅甸的心脏地带，于是他们乘船沿着已经涨水的伊洛瓦底江前往卑谬。卑谬在仰光以北250英里处。英军9日抵达卑谬，上岸后，他们没有遇到什么抵抗，很快就占领了这座城市。第二天，他们回到河边的船上。由于英军没有留下多少驻军，这里很快又被缅甸人夺回。

随着8月雨季的结束，河水迅速变浅，到了9月，水位降低了20英尺。这次远征变得越来越难以应对，但这正合戈德温的心意。也许，正因为这样，英军才将复仇女神号从中国召回缅甸水域。6月21日，复仇女神号最后一次离开香港——12年前，这里还只是一个荒凉的岛屿，复仇女神号见证了这里的变化，如今，这里建起了城镇，有至少3万中国人居住。由于恶劣天气的影响，复仇女神号在马尼拉时两次返回港口，直到7月13日才出发前往新加坡。古德温船长奉命在巴拉望的乌卢甘湾附近搜寻一艘海军测量船皇家保皇党人号（装炮8门），但是他找不到这艘船，于是前往新加坡。途经纳闽时，古德温发现那里缺少供给。他最终于7月27日抵达新加坡。1852年7月30日（星期五），复仇女神号驶出新加坡，最后一次前往槟城和仰光，与从暹罗而来的皇家斯芬克斯号一同抵达缅甸水域。斯芬克斯号的船长查理斯·沙德维尔从塔尔顿手中接管了伊洛瓦底江船队的指挥权。

1852年7月21日,印度总督乘坐法如日号离开加尔各答前往孟买,也许是由于雨季即将结束,他希望缓和手下陆军和海军将领之间的关系。从7月27日(星期二)到8月1日(星期日),总督在仰光和他们商谈。尽管达尔豪斯表面上不想再吞并一处领土,而是想逼迫蒲甘王谈判,实际上,他早在6月就决定吞并古都勃固,并将计划告知伦敦方面。若夺得连接若开邦和丹那沙林的勃固,英国将控制缅甸整个沿海区域,大大削弱缅甸朝廷的实力。

9月27日,8艘蒸汽船离开仰光前往卑谬,它们是印度海军的塞索斯特里斯号和美杜莎号、孟加拉海军的火皇后号(搭载戈德温和兰伯特)、进取号、曼哈努蒂号、复仇女神号、弗莱吉森号和普罗塞尔皮娜号。"由于水浅,我们经历了无数次触礁和滞留,经过两周艰难的航行,终于在10月9日抵达了卑谬。"[13]那一天,74岁的奥斯汀上将在位于仰光的冥王号上因霍乱离世。"和疾病斗争的时候,他以其谦逊善良赢得了所有人的敬佩。"他的遗体被拉特勒号运回锡兰的亭可马里,他的妻子范尼所在的地方。[1]15日,英军攻占卑谬,21日,攻占勃固。此时,伦敦同意兼并勃固的命令已经抵达加尔各答,达尔豪斯下令立即执行该令。12月20日,英方在仰光正式声称兼并勃固,少校亚瑟·法尔被任命为首任长官。

当然,英军单方面的行动并不意味着战事结束。第二年,英缅双方的冲突依旧不断。1853年1月21日,被《仰光纪事报》称作"盛名

---

1 查理斯·奥斯汀去世之时,他的姐姐简·奥斯汀的小说正颇为流行。在伦敦,即使是最便宜的版本,每本价格都需要17.5便士(相当于如今的9.6英镑),这相当于当时一个熟练的劳工一天的薪水,一个不熟练的劳工两天的薪水。

远扬的船只复仇女神号"[14]离开勃生，船上载着勃生的副总督艾伯特·费奇和印度海军蒸汽船季诺碧亚号的船长伦尼，伦尼掌管80名水兵和海军陆战队士兵以及一支由300多克伦人[1]组成的军队。这是一趟拥挤的航行。复仇女神号首先北上，然后向东航行。两天后，船上的人员登陆，他们向内陆行进了15英里，摧毁一个敌军营地，然后回到船上，溯流而上，直到河水变浅的地方。接着又是一次行军，一行人拖着一枚12磅和三枚3磅的大炮来到一个废弃的营地。"自凌晨1点以来，士兵们已经行进了大约30—34英里，他们必须拖着大炮走过坑坑洼洼的路面，有时还得走过稻田……"[15]克伦人被用来引诱逃到河上的缅人。英军从距离缅人200码以外的地方向他们发射葡萄弹和霰弹，打死50人，伤上百人，俘50人，缴获300把步枪和其他许多战利品。

1852年11月初，弗莱吉森号的右侧锅炉裂开了一道大口，必须由贝勒尼基号拖回加尔各答维修。它在那儿一直待到年底，第二年元旦拖曳运兵船索恩号前往仰光。1853年2月初，在皇家温彻斯特号（装炮52门）船长格兰维尔·洛赫的率领下，弗莱吉森号被派往德努漂，载着一支由145位水兵和海军陆战队士兵以及360名印度兵组成的特遣小分队。他们的任务是扑灭密吞乌——这个缅人起兵反抗英国吞并勃固。洛赫是维多利亚时代早期战士的典型代表。[16]他生于1813年，11岁就投身海军，21岁被任命为上尉。他认识到蒸汽动力的重要性，自己前往格拉斯哥，在纳皮尔船厂研习蒸汽发动机技术。霍尔后来也正是走的这条路。随后，洛赫被任命为南美军事基地的上

---

1 克伦族是缅甸的第二大民族。

校,他乘船前往里约,到了里约才发现指挥部在太平洋沿岸,于是穿过南美大陆前往目的地。1842年1月,他随凯珀尔搭乘狄多号前往中国,参加鸦片战争。"我的一位朋友格兰维尔·洛赫最近被提升为上校,他充满热忱,但资历尚浅,不足以掌控全局,他很乐意陪同我前往中国。"[17] 1846年,洛赫被派往西印度军事基地,休假结束后,他被任命指挥温彻斯特号。1852年5月23日,他离开普利茅斯前往缅甸。

2月3日,洛赫和部队离开德努漂,向内陆进发。在当时,前线的英国军官都身着盛装,这看似勇敢,实则愚蠢;缅甸军官则让士兵打冲锋。第二天,在一道深深的溪谷旁,英军突然遭遇埋伏。洛赫一边高喊着"兄弟们,前进!跟上我!"一边向前冲去,但是突然一枚子弹击中他的怀表,穿透他的身体,他倒了下来。英军马上撤退,但很快就溃不成军,3名军官和96名士兵或死或伤。洛赫被抬回德努漂,与其他伤者一道被抬上弗莱吉森号,船只飞快地向仰光驶去。然而,还未抵达仰光,洛赫就于6日死在船上。十天后,有人如此记载:"那天许多人从鬼门关逃脱。一位下士身中八发子弹,如今精神饱满……斯芬克斯号上的格罗弗非常幸运地死里逃生,一枚子弹穿过他右边的太阳穴,从右眼下方或者说前面出来……"格罗弗活了很多年,最终以约翰·格罗弗爵士的身份去世。[18]

格兰维尔·洛赫是维多利亚时代战士的典型代表,他对战争充满热爱,这对我们今天的人来说是难以理解的。当然,那时候的战士见识过战争的恐怖,尽管如此,他们仍然热衷于战争。对于战争的热爱,没有人比年轻的海军少尉加内特·沃尔斯利(1833—1913,后来的陆军元帅沃尔斯利爵士)表现得更加直接了。他当时年仅19岁,野心勃勃,年初就到了缅甸,生怕自己来晚了。一个月后,在夺取密吞乌老巢的行动中,他扮演了重要角色。他自愿带领这次袭击,在晚年的书信中,他如此写道:"这是一个多么快乐的时刻啊!任何冷血的人、没有亲身经历的人都无法想象这种乐趣……在我漫长的军旅生涯当中……我从未体会到如此一种纯粹的、鼓舞人心的满足感,或者再次品尝过这种快乐,那就是带领一小群士兵、绝大多数都是岁数和我一样的男孩,往敌人的栅栏冲去。"[19]

让达尔豪斯惊讶的是,吞并勃固没有引起阿瓦王朝的一丁点反应。3月,达尔豪斯乘坐丹那沙林号到访仰光,他不情愿地判断该是向首都出兵的时候了。但他有所不知的是,当时首都正在发生一场革命。1853年2月,蒲甘王被其同父异母的兄弟敏东王取而代之。敏东王显然和前面的君王不同,他是一个虔诚的佛教徒,并没有对蒲甘王及其家眷大开杀戒,而是让蒲甘王退位。在外交方面,敏东王力图与英方达成和解。起初,他并不相信英军打算占领勃固。但是从3月至5月缅方与法尔、戈德温、兰伯特的谈判最终让敏东王信服,国土已经失去。敏东王写信给法尔,告诉法尔自己已经下令在新边界停火。1853年7月4日,达尔豪斯接受了缅方的议和。达尔豪斯如此评价敏东王:"他的个性和个人经历使得他在缅甸历届统治者中表现出少有的精明、人道和忍耐,也为他目前的宣告打下了诚实的烙印。"[20]

就在那个月,在遥远的东方,一个小国首次面对来自西方世界的强大海军。8月8日,美国海军准将马休·佩里(Matthew Perry)率领舰队驶入了江户湾(今北部湾)岸的浦贺。当时日本正值德川幕府统治期间,佩里和他的"黑船"[1]意欲打开日本向西方贸易开放的大门。

尽管英方经过三年才完全掌控勃固,但英缅双方的关系却得到了迅速发展。1854年,敏东王派出一个使团出访加尔各答。第二年,应

---

1 由于佩里率领的四艘船的船体为黑色,史称"黑船来航"。

敏东王的邀请,法尔率一个英国使团拜访阿瓦宫廷。虽然英方极其渴望签订的条约遭到敏东王的拒绝,但是这些出访还是使双方关系得到了改善。这一点很大程度上归功于法尔这位通晓缅甸语言、文化和礼仪的学者,同时也归功于敏东王。与暹罗的摩诃蒙骨一样,这位缅甸国王敏锐地看到,只有同列强保持更加良好的关系,王国的利益才能够得到保证。

起初,英国管理勃固的方式如同管理丹那沙林一样,通过当地政府来管理。对于普通居民而言,生活没有太大的改变,但如今他们生活的社会里,官方勒索是非法行为,盗匪活动得到有效遏制,那些掌权的人认识到了普通百姓的福祉是值得注意的问题。若开邦曾经是大米的出口地,但是在缅甸统治之下,半数居民逃离此地,出口大米也被视为非法。如今有了一个相对稳定和公正的政府,又由于临近印度市场,若开邦的首府阿恰布迅速成为一个繁盛的贸易中心。丹那沙林一直人口稀少,但被英国管理以后,那里珍贵的柚木森林资源得到了开发,毛淡棉一度成为一个欣欣向荣的港口。但1853年之后仰光的发展迅速超过了毛淡棉。很快,英国意识到,管理若开、丹那沙林、勃固这三个独立的地区耗费巨大且效率低下。1862年,这三地被合并成为"英属缅甸省",首府位于仰光,法尔任行政长官。

然而,一个四分五裂的缅甸并不能持久。在敏东王的儿子锡袍即位期间(1878—1885),缅甸的中心地带在1885年第三次英缅战争期间被英军攻占。锡袍软弱无能,反复无常,他是贡榜王朝的第十一任君王,同时也是最后一任君王。于是,最终是英国人界定了今天的缅甸,在他们的地图上画出了整齐的边界线。这些边界,尤其是包围着伊洛瓦底江的山地直到今天仍然是纷争的根源。[21]

第29章 一艘如此老旧的船

> 这是一艘如此老旧的船——有谁知道呢,有谁知道呢?
> 它是如此美丽,我注视着它,
> 看它的桅杆开出一朵玫瑰,
> 看它的甲板再次长出新叶。
>
> ——詹姆士·埃尔罗伊·弗莱克,《老船》

从1840年入侵中国到1852年入侵缅甸,英国海军的变化着实惊人。1824年,就在复仇女神号加入南中国海舰队的16年前,第一艘用作战船的蒸汽船出现在了第一次英缅战争的战场上。3年后,仅使用帆船的舰队在希腊纳瓦里诺打响了最后一场战役。1839年,皇家海军订购了他们的第一艘铁壳船——邮船多佛尔号(1840年下水),1842年订购了第一艘螺旋桨船拉特勒号(1843年下水),1847年订购了最后一艘明轮战船无畏号(*Valorous*,1851年下水)。1850年,皇家海军致力发展一支螺旋桨发动的战舰,不再订购大型帆船。[1]

1854年6月,克里米亚战争爆发后不久,英法两国的波罗的海舰队共拥有47艘战舰,其中25艘是蒸汽船。[2] 在英军19艘战列舰中,11艘由螺旋桨发动,包括来自中国战场的老伯兰汉号,如今它成了一艘螺旋桨阻塞船,我们的老朋友,复仇女神号的霍尔即将出任船长。同时出场的还有亨利·凯珀尔,当时他正担任一艘新式战舰圣贞德号（*Saint Jean d'Acre*）的船长，后来出任狄多号和迈安德号的船长。圣贞德号有3 400吨位，木质船身，发动机600马力，单螺旋桨带动，两层甲板，101发大炮，船员和军官共900人。在海军战斗的另外一个战场黑海，有皇家海军最后一艘明轮战船无畏号和最大的战船可怖号。复仇女神号的霍尔曾在1847年短暂担任可怖号的船长，1854年，由另外一名来自中国战场、经验丰富的麦克利弗蒂担任船长，后来麦克利弗蒂任弗莱吉森号的船长。[3]

在过去十多年里，商船舰队也发生了巨大的变化，尽管不如战舰队那么激烈。1853年，英国的劳氏船级社[1]登记的商船有9 934艘，其中仅有187艘是由蒸汽发动的。在这些蒸汽船中，68%的船只是铁壳船而非木船，43%的船只由螺旋桨发动而非由明轮发动。[4] 与此相反，在美国，624艘蒸汽船中绝大部分在内陆河航行，仅有15%在海上航行，也仅有11%是由螺旋桨发动的。1852年6月，除了攻占仰光的消息，《海峡时报》报道，当时在苏格兰的克莱德河畔，有37艘蒸汽船——28艘明轮蒸汽船和9艘螺旋桨发动的船只正在建设当中，船重300吨到2 500吨不等，其中有30艘铁壳船，29艘将用于海水航行的明轮船。默西河畔的莱尔德造船厂如今已建造90多艘船只，其中有皇家海军的唯一一艘铁壳明轮护卫舰皇家伯肯黑德号（*Birkenhead*），1 405吨位，536马力。这艘船于1845年下水，在1851年被改造成一艘运兵船。人们在水密闭舱打了大洞，让空气流通。这项改造造成了

---

1 劳氏船级社（Lloyds Register），世界上最早成立的一个船级社，是国际公认的船舶界权威认证机构，主要从事有关船舶标准的制定与出版，进行船舶检验，公布造船规则等。

可怕的后果。1852年2月25日，伯肯黑德号载着658人离开开普敦。第二天凌晨2点，它在危险湾附近触礁。不到25分钟，这艘船就下沉了，445人丧生。在这次事故中，船员们表现出了非凡的勇气和纪律，令这次不幸的灾难平添一分英勇的色彩。[5]1

同一个月，新加坡迎来了第一艘螺旋桨船。P&O邮轮公司的上海号（546吨位）在首次从印度至中国的定期航运中，于27日抵达新加坡。这艘船在此前一年的年底离开英国，90天就抵达了加尔各答，其中78天在海上航行，51天使用蒸汽。宝顺洋行的货船宝顺号（400吨位，80马力）也于同一天抵达新加坡。这艘船从普利茅斯而来，共航行了89天。8个月后，P&O邮轮公司的第二艘螺旋桨船抵达了新加坡的锚地，但这一次是从南方而来。8月31日，舟山号（700吨位）离开悉尼，途经阿德莱德、珀斯天鹅湖、巴达维亚，于10月13日抵达新加坡。它的到来预示着期盼已久的新加坡通往澳大利亚的航线的开通。10月26日，P&O邮轮公司的经纪人马歇尔船长在公司宽敞的新办公室举行了盛大的派对，庆祝航线开通。[6]

1852年7月30日，复仇女神号最后一次离开新加坡，就在3周后，另外一艘船离开了另一个港口，前往另一个目的地。8月21日（星期六），布鲁内尔的铁壳螺旋桨船大不列颠号载着630名乘客、138名船员和满船的货物离开利物浦，前往澳大利亚。尽管必须返回圣赫勒拿

---

1 船长萨尔蒙德命令先让妇女和儿童坐上仅有的三艘救生船，全体军官和船员则整齐列队在甲板上等待命令。最后，轮船断成两截，包括船长在内的所有军官和船员全部遇难。此后，遇上海难，船长最后离开轮船和妇女儿童优先逃离的原则就成为一种约定俗成。

第29章 一艘如此老旧的船　297

岛，大不列颠号还是在10月10日抵达了开普敦，在11月11日抵达了墨尔本，共航行82天。在此前一年的2月，人们在澳大利亚发现了黄金。不过，大不列颠号在这条航线上再也没有搭载过如此多的乘客，也再未航行得如此之快。[7]但是，它所取得的成绩，对一艘已经过了黄金期的船而言——它与复仇女神号大约同时建造，一直航行到1886年——再次证明它的确是一艘具有革命性意义的船。

由于英国与缅甸阿瓦政府达成了和平协议，因此，东印度公司需要认真考虑旗下船只的去处。此时，孟买的印度海军有大约30艘蒸汽船（包括美杜莎号），包括10多艘海上航运的船只，其余在河上航行或者在港口附近执行任务。[8]孟加拉海军规模较小，有9艘蒸汽船：秘密委员会的4艘铁壳蒸汽船——位于缅甸水域的复仇女神号、弗莱吉森号、冥王号和普罗塞尔皮娜号，位于加尔各答与缅甸的进取号、火焰女王号、丹那沙林号和塞索斯特里斯号（近来从孟买海军调过来），以及驻守新加坡的胡格利号。[9]这些船越来越老旧，同时，实用性也降低——皇家海军能更轻易地到达大英帝国的东方属地，P&O邮轮公司发展迅速，也使得中国、印度和英国之间的交通大大改善。当复仇女神号首次在英国扬帆起航时，P&O邮轮公司只拥有7艘船，到了1855年，已有42艘船。1851年，P&O邮轮公司的第一艘螺旋桨船上海号下水；1852年，舟山号抵达澳大利亚；1853年，该公司的喜马拉雅号在泰晤士河下水。这艘螺旋桨船比大不列颠号更大，3 540吨位，700马力，长372英尺，比当时英国最大的战船皇家威灵顿公爵号（长240英尺）还要长得多。[10]同年（1853年），印度次大陆的交通也开始了革命性的变革。4月16日，第一条印度载客铁路开通，将孟买至塔那的21英里连通起来。[1] 1854年9月，P&O邮轮公司的邮轮只用34天就能将伦敦的信件送至新加坡居民的手中。[11]

1853年7月，缅甸获得了和平，此时，秘密委员会14年前订购的5艘铁壳船全都聚集在缅甸水域：位于勃生港的复仇女神号拖曳船只前往大海，将物资和军队运送至各个分战场；弗莱吉森号当时在仰光，但是月末被派至若开邦的皎漂镇执行任务；冥王号也从毛淡棉市来到丹那沙林执行任务；普罗塞尔皮娜号和美杜莎号仍然在伊洛瓦底江。这五艘船都经历了岁月的风霜，军旅生涯接近尾声。[12]

在加尔各答孟买海军的船坞，一艘新船正在成形，这艘被称为新普罗塞尔皮娜号的船只安上了老普罗塞尔皮娜号的发动机，于1853年9月7日下水——将发动机与名字一起转让，在当时是普遍的做法。因此，普罗塞尔皮娜号是五艘船中最早离开的。3个月以后，印度海军的美杜莎号也离开了。美杜莎号当时驻守在卑谬的伊洛瓦底江，位于英属缅甸的新北部边界。12月9日，它经历了一场灾难，与11年前它的姊妹船阿里阿德涅号在舟山附近海域遭受的命运一样。当时，美杜莎号驶出卑谬北面几英里以后，撞上了一块未经勘察的礁石，第二个船舱破了一个大洞。"由于这艘船非常老旧，海水突然的冲击毁坏了一个又一个船舱"，它沉没在26英尺深的海水中，没有人员伤亡，也没有什么值得可惜的。[13]

11月2日，复仇女神号从勃生抵达加尔各答，将接受检查，看是否应该修理或重造。大家认为，在这个阶段，修理能够"让它多跑几

1　1855年2月，从加尔各答的卫星城豪拉始发的第一条铁路开通，该条铁路穿越河流，通往布德万，里程为55英里。自1848年至1856年担任印度总督的达尔豪斯勋爵对大英帝国铁路的发展起到了积极的推动作用，他于1844年至1845年出任英国铁路咨询委员会主席。——原注

个月"。1854年1月30日,复仇女神号带着经过修理的船身和锅炉以及彻底翻修的发动机离开了船坞,接下来的7个月,它重又航行在缅甸水域。7月,从加尔各答运送鸦片至广州的双桅横帆船罗布罗伊号在安达曼岛失事。伊洛瓦底江的复仇女神号和加尔各答的季诺碧亚号被派去抢救货物。[1] 复仇女神号最先抵达,打捞了350箱鸦片,并将它们运至仰光,这是对它14年前首次抵达东方海域所扮演的角色的一个提醒。[14]

1854年8月24日,复仇女神号的许多船员在加尔各答被遣散。自他们1851年8月在最后一次前往中国的航程前夜入职复仇女神号以来,他们三年的合约已满。但是船长古德温留下来,他招募了一批新船员,然后回到仰光,继续在伊洛瓦底江服役。在那里,他加入了进取号行列,进取号当时的船长是尼布利特。1853年年中,尼布利特从弗莱吉森号调至进取号。这艘"他专属的船"体积更大,使得他的薪资从每月40英镑提至50英镑,尽管这艘船有15年船龄,而且从1824年就开始使用的发动机如今只适合河运。弗莱吉森号则到了若开邦,归代理船长T. H. 霍奇管理。1846年,弗莱吉森号经历了彻底的大修,1852年年末,又进行了一番修理。1855年2月,弗莱吉森号不再适合航行,被火焰女王号拖至加尔各答。这是一件极不光彩的事情,正如1852年11月那次一样。到了加尔各答,弗莱吉森号被宣告不宜服役,接下来的几个月,整艘船被拆除。显然,它的发动机没有什么价值,因为没有资料记载有一艘叫新弗莱吉森号的船。

---

1 1854年,在英国海域附近,共有987条船只失事,1 549人丧生,其中有螺旋桨蒸汽船尼罗河号,撞上圣艾夫斯的暗礁而沉没,14年前,那里也差点成为复仇女神号的坟场(《救生艇》社论,第2卷,第17期,1855年7月)。——原注

1855年2月，弗莱吉森号更大、更有名的姊妹船复仇女神号也走到了服役终点，此时它仅有15年船龄。[1] 28日（星期三），船长古德温和许多船员从复仇女神号转到新普罗塞尔皮娜号上，新普罗塞尔皮娜号3月6日从加尔各答驶往若开邦，取代弗莱吉森号。同一天，H. 巴罗被任命为复仇女神号运兵船的船长。当时，在东印度公司位于基德布尔的船坞，这艘小船还在建设当中，它显然是继承了同名者复仇女神号的发动机，船上的军官只有大副和二副。4月1日，复仇女神号的三副J. 斯莱德被委任全权主管船只的拆除工作。但船身被保留下来。那一年年末，年报提到，复仇女神号5 140卢比的支出"部分用于港务长助理们的食宿费用"。复仇女神号完成了它的使命，成了胡格利河畔的一艘废船，它的发动机被装入另外一艘船中。

　　冥王号的命运如何呢？在1839年开始航海生涯之初，它就出现了不祥之兆。1854年，孟加拉海军的海运蒸汽船归印度政府管辖。印度反英暴动后，1858年，东印度公司解体，孟加拉海军也不再作为一支独立的军队而存在。资料记载，1860年7月31日，冥王号仍然驻守在丹那沙林，它在那里服役了一两年之久，直到1863年，它才被再次提起。那一年，它取代了新加坡的胡格利号。[15] 因此，秘密委员会六艘铁壳船中第一艘下水的船成了最后一艘终止服役的船。

---

1 相比之下，海军的第一艘蒸汽船彗星号在服役47年之后才报废。这艘船1822年下水，1869年报废。但彗星号是木船，没有在远海经历过战事。而布鲁内尔的大不列颠号，这艘与复仇女神号同时建造的铁壳船，如今仍然停泊在布里斯托船坞。——原注

尾声

孟加拉海军1858—1859年的年报记载，1858年7月31日，古德温船长是"海上蒸汽船复仇女神号"的指挥官。古德温的前一艘船，新普罗塞尔皮娜号的指挥权已经移交W. H.伊尔斯。1859年4月30日，复仇女神号驻守若开邦，一年后，古德温卸任，由新普罗塞尔皮娜号的伊尔斯接管。最后一份现存的年报记载，1860年7月31日，伊尔斯接管的复仇女神号驻守加尔各答。

这艘船到底是哪艘船呢？当然不是我们之前讲的复仇女神号——船身已被修理，发动机遭退还。但我们一直在说的复仇女神号究竟是什么呢？当然不仅仅是莱尔德造船厂制造的船身和福里斯特公司生产的发动机，这么多年来这些都经过了多次修理和更换。我们所说的复仇女神号包括它的历任船长和所有船员，包括它一切的经历。如果说复仇女神号在它的时代出尽了风头，那么，一个半世纪以后，我们能够更加全面地了解它所扮演的开拓性角色以及在历史中的作用。看到这些，我们对那些赋予这艘船生命的人们致以敬意。这样一艘船又怎么会消亡呢？

注释

第1章　圣艾夫斯的坚石

[1] 有关复仇女神号的处女航及其头三年服役的资料均出自伯纳德的著作（Bernard，1844）。伯纳德是霍尔船长的好友，在1842年至1843年间与霍尔船长一同随复仇女神号航行，他在写书时参考了霍尔的日记，著有《复仇女神号轮船航行作战记》一书。该书一经推出，立刻热销，第二版于次年（1845年）出版，第三版经过重大修改，于1846年出版。霍尔的日记也记录了复仇女神号相关的数据。当一些描述之间有冲突时，以伯纳德叙述的为准。

[2] 格林希尔与吉法德的著作（Greenhill&Giffard，1994）精彩描述了19世纪上半叶的皇家海军。

[3] 在整本书中，所有皇家海军船只的数据均依据里昂和温菲尔德的著作（Lyon&Winfielf，2004）。这份宝贵的汇编提供了皇家海军所有船只1815年至1889年的详细信息。

[4] 参见格林希尔与吉法德的著作（Greenhill&Giffard，1994）。

[5] 参见沃克的著作（Walker，1938）。

[6] 同上。

[7] 霍尔的生平资料大部分来自奥贝恩的著作（O'Byrne，1849）、《英国国家人物传记大词典》和《伦敦新闻画报》（1854年12月23日，第641—642页）。

[8] 引自奥贝恩的著作（O'Byrne，1849）。

[9] 参见普尔的著作（Pool，1993）。

[10] 参见凯珀尔的自传（Keppel，1899），以及斯图尔特所著关于

凯珀尔的传记（Stuart，1967）。

[11] 参见柯克伦的回忆录（Cochrane，2005）。

[12] 出自《英国国家人物传记大词典》的"阿道弗斯爵士"词条。

[13] 资料出自 IOR/L/PS。

[14] 皮科克和巴罗的信件，出自 IOR/L/PS。

[15] 参见克勒泽的记录（Creuze，1840）。

[16] 参见伯纳德的著作（Bernard，1844）。

第2章　荣誉东印度公司

[1] 关于东方航行的资料，大多出自伯纳德的著作（Bernard，1844）。

[2] 参见格斯特的著作（Guest，1992）和《英国国家人物传记大词典》。

[3] 凯伊的著作（Keay，1991）是一份关于东印度公司的可读性极强的文本。

[4] 关于香料贸易的历史，参见凯伊的著作（Keay，2005）。

[5] 资料出自 IOR/L/PS 和《英国国家人物传记大词典》。

[6] 资料出自 IOR/L/MAR。

[7] 此处和后续秘书委员会引言资料均出自 IOR/L/PS。

[8] 关于莱尔德工厂的船只名单，参见英国威罗档案馆的坎梅尔·莱尔德造船厂档案。

[9] 资料出自 IOR/L/PS。

[10] 此处和后续书信资料均出自 IOR/L/PS。

[11] 吉布森-希尔的著作（Gibson-Hill，1954）为亚洲水域早期的蒸汽船提供了宝贵的资料。

第3章 一门无与伦比的艺术

[1] 参见霍利特的著作（Hollett，1995）。

[2] 莱尔德造船厂的历史资料出自阿农（Anon，1959）和霍利特的著作（Hollett，1995）。

[3] 格斯特的著作（Guest，1992）记述了弗朗西斯·切斯尼上校在1835年到1837年随这些船只赴幼发拉底河远征考察的故事。

[4] 关于蒸汽船的历史资料主要来自加德纳与格林希尔（Gardiner&Greenhill，1993）、格里菲斯（Griffiths，1997）和罗兰的著作（Rowland，1970）。关于蒸汽战舰的资料主要来自加德纳和兰伯特的著作（Gardiner&Lambert，1992）。

[5] 参见科利特的著作（Corlett，1975）。

[6] 参见普尔的著作（Pool，1993）。

[7] 关于铁路的资料来自巴格韦尔（Bagwell，1974）、克伦普（Crump，2007）、弗兰德斯（Flanders，2006）和沃尔玛的著作（Wolmar，2007）。弗里曼的著作（Freeman，1999）精辟地阐述了铁路对维多利亚时期英国文化的深刻影响。

[8] 加德纳与格林希尔的著作（Gardiner&Greenhill，1993）很好地阐释了明轮和螺杆动力的发展。

[9] 参见科利特的著作（Corlett，1975）。

[10] 参见普尔的著作（Pool，1993）。

[11] 参见霍利特的著作（Hollett，1995）。

[12] 参见加德纳与格林希尔的著作（Gardiner&Greenhill，1994）及其他资料。

[13] 参见艾里的著作（Airy，1840）。

第4章 这艘辉煌的船

[1] 转载自 SFP（1840年11月5日）。

[2] 参见英国威罗档案馆的坎梅尔·莱尔德造船厂档案。

[3] 有关复仇女神号外形尺寸的相关资料出自克勒泽的著作（Creuze，1840）。萨顿的著作（Sutton，2000）介绍了类似木船的建造情况。布朗的著作（Brown，1978）总结了复仇女神号的知识，主要依据伯纳德（Bernard，1844）和克勒泽的著作（Creuze，1840）。

[4] 参见科利特的著作（Corlett，1975）。

[5] 同上。

[6] 资料出自 IOR/L/MAR。

[7] 同上。

[8] 同上。

[9] 参见里昂与温菲尔德的著作（Lyon&Winfield，2004）。

[10] 参见加德纳与格林希尔的著作（Gardiner&Greenhill，1993）。

[11] 资料出自 IOR/L/MAR。

[12] 参见伯纳德的著作（Bernard，1844）。

[13] 参见加德纳与兰伯特的著作（Gardiner&Lambert，1992）。

[14] 参见阿农的著作（Anon，2003）。

[15] 参见温特的著作（Winter，1990）。

[16] 参见曼迪的著作（Mundy，1848）。

[17] 资料出自 IOR/L/MAR。

[18] 参见里昂与温菲尔德的著作（Lyon&Winfield，2004）。

[19] 参见科利特的著作（Corlett，1975）。

[20] 参见霍利特的著作（Hollett，1995）。

[21] 参见加德纳与格林希尔著作中关于洛夫的部分（Roff in

Gardiner&Greenhill，1993），以及加德纳与兰伯特（Gardiner&Lambert，1992）、格林希尔与吉法德的著作（Greenhill&Giffard，1994）。

第5章 远航

[1] 参见凯伊的著作（Keay，1991）。

[2] 航行记录主要参见伯纳德的著作（Bernard，1844）。

[3] 转引自霍利特的著作（Hollett，1995）。

[4] 同上。

[5] 参见曼迪的著作（Mundy，1848）。

[6] 参见雅各布斯的著作（Jacobs，1991）。

[7] 资料出自IOR/L/PS。

第6章 船员

[1] 船员及其报酬的资料来自IOR/L/MAR。伯纳德的著作（Bernard，1844）也提供了一些数据。

[2] 关于军官的等级和职责，参见阿农（Anon，2003）、弗里蒙特－巴恩斯（Fremont-Barnes，2005）和莱弗里的著作（Lavery，2007）。

[3] 参见沃克的著作（Walker，1938）。

[4] 参见弗兰德斯（Flanders，2006）和普尔的著作（Pool，1993）。

[5] 参见霍姆斯的著作（Holmes，2005）。

[6] 参见霍尔的著作（Hall，no date）。

[7] 参见曼迪的著作（Mundy，1848）。

[8] 参见厄尔的著作（Earl，1837）。

[9] 格林希尔与吉法德的著作（Greenhill&Giffard，1972）对19世纪客船上的人员生活作了精彩描述。雅各布斯的著作（Jacobs，1991）对

荷兰东印度公司船只上的人员生活作了详尽的描述。更多资料可参见格林希尔与吉法德（Greenhill&Giffard，1994）、普尔（Pool，1993）和萨顿的著作（Sutton，2000）。

[10] 参见沃克的著作（Walker，1938）。

[11] 参见霍普的著作（Hope，2001）。

第7章　铁的特性

[1] 引自 IOR/L/PS。

[2] 航行的资料主要来自伯纳德的著作（Bernard，1844）。

[3] 引自 IOR/L/PS。

[4] 同上。

[5] 参见威尔逊的著作（Wilson，2003）。

[6] 引自 IOR/L/PS。

[7] 引自伯纳德的著作（Bernard，1844）。

[8] 引自 IOR/L/PS。

第8章　东方的战舰

[1] 新加坡历史参见霍尔（Hall，1981）和萨克雷等人的著作（Makepeace et al.，1921）。

[2] 引自莱文的著作（Levien，1981）。关于自己的海军生涯，外科医生克里提供了一份有趣、图文并茂的资料。

[3] 引自坎宁安的著作（Cunynghame，1844）。

[4] 参见伯纳德的著作（Bernard，1844）。

[5] 资料出自 IOR/L/MAR。

[6] 引自伯纳德的著作（Bernard，1844）。

[7] 具体说法参考布朗（Brown，1993）、加德纳与兰伯特（Gardiner &Lambert，1992）和格林希尔与吉法德的著作（Greenhill&Giffard，1994）。

[8] 关于皇家海军使用蒸汽的资料大部分来自布朗（Brown，1993）和加德纳与兰伯特的著作（Gardiner&Lambert，1992）。有关个别船只的数据来自里昂与温菲尔德（Lyon&Winfield，2004）和布朗的著作（Brown，1978）。

[9] 关于东印度公司海军的资料出自洛尔（Low，1877）和萨顿的著作（Sutton，2000）。

[10] 引自萨顿的著作（Sutton，2000）。

[11] 在东方海域活动的船只，其资料出自吉布森-希尔（Gibson-Hill，1954）、加德纳与格林希尔（Gardiner&Greenhill，1993）和萨顿的著作（Sutton，2000）。

[12] 关于进取号的详细资料出自洛尔（Low，1877）和吉布森-希尔的著作（Gibson-Hill，1954）。

[13] 引自萨顿的著作（Sutton，2000）。

[14] 同上。

[15] 参见格斯特的著作（Guest，1992）。

[16] 参见格林希尔与吉法德的著作（Greenhill&Giffard，1994）。

[17] 引自坎宁安的著作（Cunynghame，1844）。

第9章　帝国与瘾者

[1] 关于第一次鸦片战争已有诸多著作出版。对于这次战争的一般性描述，我主要参考了费的著作（Fay，1975）。盖尔伯的著作（Gelber，2004）也非常有价值，特别是集中论述了英国人对此次战争

的思考及其为何这样思考。比钦的著作（Beeching，1975）语言流畅，但学术性不强。伯纳德的著作（Bernard，1844）描述了复仇女神号的作战情况。韦利的著作（Waley，1958）为中国人看第一次鸦片战争的视角提供了宝贵的见解。坎宁安（Cunynghame，1844）和奥特隆尼的著作（Ouchterlony，1844）对战争导火索提出了自己的观点，并记录了亲历的战争片段。其他有价值的参考文献包括埃拉蒙（Elleman，2001）、格雷戈里（Gregory，2003）、哈内斯与萨奈罗（Hanes&Sanello，2002）、韦克曼（Wakeman，1966）和王赓武的著作（Wang，2003）。

[2] 参见莫克塞姆的著作（Moxham，2003）。

[3] 引自萨顿的著作（Sutton，2000）。

[4] 参见盖尔伯的著作（Gelber，2004）。

[5] 同上。

[6] 参见布莱克的著作（Blake，1999）。

[7] 引自盖尔伯的著作（Gelber，2004）。

[8] 引自比钦的著作（Beeching，1975）。

[9] 参见埃拉蒙的著作（Elleman，2001）。

[10] 布莱克的著作（Blake，1960）提供了义律传记。

[11] 引自盖尔伯的著作（Gelber，2004）。

[12] 参见赫农的著作（Hernon，2003）。

[13] 引自《孙子兵法》英译本（SunTzu，1988）。

[14] 引自布莱克的著作（Blake，1999）。

[15] 参见萨顿的著作（Sutton，2000）。

[16] 转引自韦利的著作（Waley，1958）。

第10章 非正义之战

[1] 引自哈内斯和萨奈罗的著作（Hanes&Sanello, 2002）。

[2] 参见洛尔的著作（Low, 1994）。

[3] 资料出自 SFP。

[4] 同上。

[5] 参见《联合服务期刊》(United Services Journal) 1840年3月25日，第109—111页。

[6] 关于在伦敦开展的对中国和鸦片的辩论，盖尔伯在其著作（Gelber, 2004）中作了详尽的阐释。

[7] 参见莱文的著作（Levien, 1981）。有关响尾蛇号的更多信息，请参阅古德曼的著作（Goodman, 2005）。

[8] 参见费的著作（Fay, 1975）。

[9] 引自哈内斯与萨奈罗的著作（Hanes&Sanello, 2002）。

[10] 参见盖尔伯的著作（Gelber, 2004）。

[11] 关于"中国远征队"参战的资料，可参见本章后续内容。

[12] 船只抵达和离开新加坡的相关资料摘自 SFP。

[13] 参见厄尔的著作（Earl, 1837）。

[14] 参见厄尔的著作（Earl, 1837），以及 C. M. 滕博为厄尔的新版著作（Earl, 1971）所写的序。

[15] 资料出自 SFP。

[16] 参见莱文的著作（Levien, 1981）。

[17] 参见奥特隆尼的著作（Ouchterlony, 1844）。

[18] 资料出自 SFP。

[19] 参见霍姆斯的著作（Holmes, 2005）。

[20] 参见奥特隆尼的著作（Ouchterlony, 1844）。

[21] 参见赫农（Hernon，2003）和奥特隆尼的著作（Ouchterlony，1844）。

[22] 引自哈内斯与萨奈罗的著作（Hanes&Sanello，2002）。

第11章　无敌战船

[1] 参见伯纳德的著作（Bernard，1844）。

[2] 关于战争的资料，参见第10章。关于此次战争细节，关于英军第一次在战争中投入铁壳战舰的细节，也可参见《广州纪事报》（1841年1月19日）和SFP（1841年2月4日）。

[3] 引自奥特隆尼的著作（Ouchterlony，1844）。

[4] 引自加尔布雷斯的著作（Galbraith，1841）。

[5] 参见盖尔伯的著作（Gelber，2004）。

[6] 引自加尔布雷斯的著作（Galbraith，1841）。

[7] 同上。

[8] 引自伯纳德的著作（Bernard，1844）。

[9] 资料出自SFP。

[10] 引自伯纳德的著作（Bernard，1844）。

[11] 参见韦克曼的著作（Wakeman，1966）。

[12] 参见莱文的著作（Levien，1981）。

[13] 参见法韦尔的著作（Farwell，1973）。

[14] 参见加尔布雷斯的著作（Galbraith，1841）。

第12章　入侵广州的小恶魔

[1] 资料出自SFP。

[2] 有关战争的资料参考第10章。

[3] 引自伯纳德的著作（Bernard，1844）。

[4] 引自费的著作（Fay，1975）。

[5] 引自伯纳德的著作（Bernard，1844）。

[6] 同上。

[7] 参见法韦尔的著作（Farwell，1973）。

[8] 参考费的著作（Fay，1975）。

[9] 参见奥特隆尼的著作（Ouchterlony，1844）。

[10] 参见伯纳德的著作（Bernard，1844）。

[11] 同上。

[12] 资料出自SFP。

[13] 同上。

[14] 参见莱文的著作（Levien，1981）。

[15] 参见大卫（David，2006）和霍姆斯的著作（Holmes，2005）。

[16] 参见大卫（David，2006）和法韦尔的著作（Farwell，1973）。

[17] 参见劳里的著作（Laurie，1853）。

[18] 参见大卫的著作（David，2006）。

[19] 同上。

[20] 参见费（Fay，1975）、盖尔伯（Gelber，2004）和韦克曼的著作（Wakeman，1966）。

[21] 引自《孙子兵法》英译本（Sun Tzu，1988）。

[22] 参见坎宁安的著作（Cunynghame，1844）。

[23] 参见盖尔伯的著作（Gelber，2004）。

[24] 韦克曼的著作（Wakeman，1966）对三元里战争作了详尽阐释。洛尔的著作（Low，1994）为此战争提供了一个适合中国读者的版本。

[25] 参见洛尔的著作（Low，1994）。

[26] 参见莱文的著作（Levien，1981）。

[27] 参见奥特隆尼的著作（Ouchterlony，1844）。

[28] 韦克曼的著作（Wakeman，1966）精彩记录了太平天国起义及其领导人洪秀全的故事。

第13章　荒凉之岛

[1] 引自费的著作（Fay，1975）。

[2] 引自莱文的著作（Levien，1981）。

[3] 引自霍普的著作（Hope，2001）。

[4] 参见吉尔（Gill，1995）和霍姆斯的著作（Holmes，2005）。

[5] 参见伯纳德的著作（Bernard，1844）。

[6] 费的著作（Fay，1975）对这场台风作了很好的描述。台风的数据还来自伯纳德（Bernard，1844）和布莱克的著作（Blake，1960），以及SFP（1841年9月30日）。

[7] 参见盖尔伯的著作（Gelber，2004）。

[8] 关于弗莱吉森号的资料，参见IOR/L/PS和SFP。

[9] 资料出自IOR/L/PS。

[10] 同上。

[11] 参见伯纳德的著作（Bernard，1844）。

[12] 参见费（Fay，1975）和韦利的著作（Waley，1958）。

[13] 引自费的著作（Fay，1975）。

[14] 参见布莱克的著作（Blake，1960）。

[15] 参见赫农的著作（Hernon，2003）。

[16] 参见伯纳德的著作（Bernard，1844）。

[17] 参见盖尔伯（Gelber，2004）和哈内斯与萨奈罗的著作（Hanes

&Sanello,2002)。

第14章 海盗北上

[1] 有关中国的历史主要来自加斯科因（Gascoigne，2003）和霍的著作（Haw，2005）。

[2] 参见韦利的著作（Waley，1958）。

[3] 参见奥特隆尼的著作（Ouchterlony，1844）。

[4] 参见韦利的著作（Waley，1958）。

[5] 参见伯纳德的著作（Bernard，1844）。

[6] 参见法韦尔的著作（Farwell，1985）。

[7] 同上。

[8] 引自费的著作（Fay，1975）。

[9] 参见凯珀尔的著作（Keppel，1899）。

[10] 引自韦利的著作（Waley，1958）。

[11] 引自费的著作（Fay，1975）。

[12] 同上。

[13] 引自格雷戈里的著作（Gregory，2003）。

[14] 引自费的著作（Fay，1975）。

[15] 参见伯纳德的著作（Bernard，1844）。

[16] 引自奥特隆尼的著作（Ouchterlony，1844）。

[17] 参见伯纳德的著作（Bernard，1844）。

[18] 关于马达加斯加号失事的资料主要来自戴西的著作（Dicey，1842）。

[19] 参见伯纳德的著作（Bernard，1844）。

[20] 参见奥特隆尼的著作（Ouchterlony，1844）。

[21] 参见莱文的著作（Levien，1981）。

[22] 参见韦克曼的著作（Wakeman，1966）。

[23] 参见坎宁安的著作（Cunynghame，1844）。

[24] 参见费的著作（Fay，1975）。

[25] 参见奥特隆尼的著作（Ouchterlony，1844）。

第15章　四寅佳期

[1] 参见韦利的著作（Waley，1958）。

[2] 资料出自 IOR/L/PS。

[3] 参见伯纳德的著作（Bernard，1844）。

[4] 参见韦利的著作（Waley，1958）。

[5] 参见奥特隆尼的著作（Ouchterlony，1844）。

[6] 引自韦利的著作（Waley，1958）。

[7] 资料出自 IOR/L/PS。

[8] 参见伯纳德的著作（Bernard，1846）。

第16章　腹心之患

[1] 引自费的著作（Fay，1975）。

[2] 参见法韦尔（Farwell，1973）、费（Fay，1975）和霍姆斯的著作（Holmes，2005）。

[3] 数据来自多个出处：伯纳德（Bernard，1844）、克洛维斯（Clowes，1901）、洛尔（Low，1877）、里昂与温菲尔德（Lyon&Winfield，2004）和奥特隆尼的著作（Ouchterlony，1844），以及 SFP。

[4] 参见加德纳与格林希尔（Gardiner&Greenhill，1993）和格林希尔与吉法德的著作（Greenhill&Giffard，1994）。

[5] 资料出自 IOR/L/PS 和 SFP。

[6] 铁船的海上航程资料主要来自洛尔的著作（Low，1877）、IOR/L/MAR 和 SFP。

[7] 资料出自 SFP。

[8] 参见霍的著作（Haw，2005）。

[9] 参见凯珀尔的著作（Keppel，1899）。

[10] 参见斯图尔特的著作（Stuart，1967）。

[11] 参见坎宁安的著作（Cunynghame，1844）。

[12] 引自凯珀尔的著作（Keppel，1899）。

[13] 引自法韦尔的著作（Farwell，1985）。

[14] 引自凯珀尔的著作（Keppel，1899）。

[15] 参见奥特隆尼的著作（Ouchterlony，1844）。

[16] 参见韦利的著作（Waley，1958）。

[17] 参见奥特隆尼的著作（Ouchterlony，1844）。

[18] 引自凯珀尔的著作（Keppel，1899）。

[19] 参见伯纳德的著作（Bernard，1844）。

[20] 引自凯珀尔的著作（Keppel，1899）。

[21] 引自奥特隆尼的著作（Ouchterlony，1844）。

[22] 引自坎宁安的著作（Cunynghame，1844）。

[23] 引自凯珀尔的著作（Keppel，1899）。

[24] 参见莱文的著作（Levien，1981）。

[25] 参见伯纳德的著作（Bernard，1844）。

[26] 引自福布斯的著作（Forbes，1848）。

[27] 奥特隆尼的著作（Ouchterlony，1844）详细描绘了当天的战斗。

[28] 引自坎宁安的著作（Cunynghame，1844）。

[29] 引自莱文的著作（Levien，1981）。

[30] 参见韦利的著作（Waley，1958）。

[31] 引自伯纳德的著作（Bernard，1844）。

[32] 引自凯珀尔的著作（Keppel，1899）。

[33] 引自伯纳德的著作（Bernard，1844）。

[34] 参见费的著作（Fay，1975）。

[35] 引自奥特隆尼的著作（Ouchterlony，1844）。

第17章　抵达印度

[1] 参见埃拉蒙（Elleman，2001）和费的著作（Fay，1975）。

[2] 引自伯纳德的著作（Bernard，1844）。

[3] 参见盖尔伯（Gelber，2004）、格雷戈里（Gregory，2003）、霍（Haw，2005）、韦克曼（Wakeman，1966）和王赓武的著作（Wang，2003）。

[4] 引自韦利的著作（Waley，1958）。

[5] 参见费的著作（Fay，1975）。

[6] 引自坎宁安的著作（Cunynghame，1844）。

[7] 引自盖尔伯的著作（Gelber，2004）。

[8] 引自费（Fay，1975）和哈内斯与萨奈罗的著作（Hanes&Sanello，2002）。

[9] 引自费的著作（Fay，1975）。

[10] 引自哈内斯和萨奈罗的著作（Hanes&Sanello，2002）。

[11] 参见凯珀尔（Keppel，1899）和莱文的著作（Levien，1981）。

[12] 参见法韦尔（Farwell，1973）和霍姆斯的著作（Holmes，2005）。

[13] 引自坎宁安的著作（Cunynghame，1844）。

[14] 参见霍姆斯的著作（Holmes，2005）。

[15] 关于安因号的故事，大部分来自《中国丛报》第十二卷第三号（1843年3月，第113—121页）和第五号（1843年5月，第235—248页）。另可见SFP、奥特隆尼（Ouchterlony，1844）和坎宁安的著作（Cunynghame，1844）。

[16] 引自伯纳德的著作（Bernard，1844）。

[17] 参见伯纳德（Bernard，1844）、霍尔（Hall，no date）和凯珀尔的著作（Keppel，1899）。

[18] 参见坎宁安的著作（Cunynghame，1844）。

[19] 资料出自IOR/L/PS和IOR/L/MAR。

[20] 参见伯纳德的著作（Bernard，1844）。

[21] 参见《鉴赏家》(*Connoisseur*)第175卷第706号，1970年12月，第245页。

[22] 引自坎宁安的著作（Cunynghame，1844）。

[23] 同上。

[24] 资料出自SFP。

[25] 同上。

[26] 同上。

[27] 参见霍尔的著作（Hall，no date）。

[28] 参见法韦尔的著作（Farwell，1985）。

[29] 引自伯纳德的著作（Bernard，1844）。

[30] 引自布朗的著作（Brown，1978），以及IOR/L/MAR。

[31] 资料出自SFP。

[32] 大不列颠号的资料主要来自科利特的著作（Corlett，1975）。

第18章　复仇女神号的霍尔

[1] 参见达夫的著作（Duff，1968）。

[2] 参见格里格斯比（Grigsby，1953）和里昂与温菲尔德的著作（Lyon&Winfield，2004）。

[3] 参见伯纳德的著作（Bernard，1846）。国家档案普查数据提供了波普博士的资料，但没有提供阿福的资料。

[4] 参见格林希尔与吉法德的著作（Greenhill&Giffard，1994）。

[5] 克尔的著作（Kerr，1992）记载了维多利亚女王对苏格兰的第二次访问。

[6] 引自伯纳德的著作（Bernard，1846）。

[7] 霍尔的生平来自阿农的著作（Anon，1879）、克洛维斯的著作（Clowes，1901）、《英国国家人物传记大词典》、霍尔的著作（Hall，no date）、奥贝恩的著作（O'Byrne，1849）和《伦敦新闻画报》（1854年12月23日，第641—642页）。

[8] 引自凯珀尔的著作（Keppel，1899）。

[9] 参见特鲁贝茨科的著作（Troubetzkoy，2006）。

[10] 资料来自《海员之家期刊》(The Sailors' Home Journal)第2卷，1853年4月，第17页。

第19章　印度河上的舰队

[1] 数据来源于SFP和其他资料。

[2] 大卫的著作（David，2006）对从1837年维多利亚女王继位到1861年阿尔伯特去世的印度帝国的建立作详细描述。也可参考赫农的著作（Hernon，2003）。

[3] 参见达尔林普尔的著作（Dalrymple，2013）。

[4] 引自法韦尔的著作（Farwell，1973）。

[5] 复仇女神号现存仅有的航海日志部分记录于 IOR/L/MAR（1843—1844年）。

[6] 资料出自 IOR/L/MAR。

[7] 同上。

[8] 资料出自 SFP。

[9] 资料出自 IOR/L/MAR。

第20章　苏丹与殖民地

[1] 通史参见霍尔的著作（Hall，1981），蒸汽船历史参见凯伊的著作（Keay，1991）。另可参见塔林的著作（Tarling，1963）。

[2] 关于沙捞越布鲁克家族的历史，已有许多著作记载：关于詹姆士·布鲁克传记，由他的一个朋友讲述，参见圣约翰的著作（St John，1879）；较新的版本参见巴利（Barley，2002）；包含精美图片的版本参见里斯的著作（Reece，2004）。

[3] 参见厄尔的著作（Earl，1837）。

[4] 引自凯珀尔的著作（Keppel，1899）。

[5] 引自坦普勒的著作（Templer，1853）。

[6] 引自霍尔的著作（Hall，1958）。

[7] 参见《海峡时报》1848年1月30日。

[8] 曼迪的著作（Mundy，1848）包含了布鲁克自己早期在沙捞越记录的文字。

[9] 引自曼迪的著作（Mundy，1848）。

第21章　海盗与利润

[1] 参见拉特（Rutter，1930）和塔林的著作（Tarling，1963、1993）。

[2] 参见特洛基的著作（Trocki，2007）。

[3] 引自厄尔的著作（Earl，1837）。

[4] 参见凯珀尔的著作（Keppel，1846）。

[5] 康高尔顿的生活来自SFP和托马森的著作（Thomson，1864）。

[6] 资料出自SFP。

[7] 引自圣约翰的著作（St John，1879）。

[8] 引自凯珀尔的著作（Keppel，1846）。

[9] 引自曼迪的著作（Mundy，1848）。

[10] 引自坦普勒的著作（Templer，1853）。

[11] 引自凯珀尔的著作（Keppel，1846）。

[12] 参见凯珀尔（Keppel，1853）和拉特的著作（Rutter，1930）。

[13] 参见贝尔彻的著作（Belcher，1848）、《英国国家人物传记大词典》和SFP。

[14] 参见佩恩（Payne，1960）、里斯（Reece，2004）和伦西曼的著作（Runciman，1960）。

[15] 引自凯珀尔的著作（Keppel，1899）。

[16] 引自曼迪的著作（Mundy，1848）。

第22章　炮舰外交

[1] 参见洛夫的著作（Roff，1954），乘客情况及其乘船日期参见SFP。

[2] 豪沃斯兄弟的著作（Howarth&Howarth，1986）对P&O邮轮公司历史进行了图文并茂的说明，尽管他们对公司早期历史的描述不

太准确。

[3] 参见坎宁安的著作（Cunynghame，1844）。

[4] 大部分资料来自拉特的著作（Rutter，1930）。

[5] 引自莱文的著作（Levien，1981）。

[6] 同上。

[7] 引自塔林的著作（Tarling，1963）。

[8] 引自拉特的著作（Rutter，1930）。

[9] 资料出自 IOR/L/MAR。

[10] 参见韦克曼的著作（Wakeman，1966）。

[11] 同上。

[12] 参见大卫（David，2006）和赫农的著作（Hernon，2002）。

[13] 细节出自 SFP。

[14] 细节出自曼迪（Mundy，1848）、圣约翰（St John，1879）和坦普勒的著作（Templer，1853）。

[15] 引自曼迪的著作（Mundy，1848）。

[16] 同上。

[17] 参见曼迪的著作（Mundy，1848）。纳闽岛殖民地历史参见霍尔的著作（Hall，1958）。

[18] 资料出自 SOR/L/MAR 和 SFP。

[19] 资料出自 IOR/L/MAR。

[20] 参见拉特的著作（Rutter，1930）。

[21] 引自洛夫的著作（Roff，1954）。

第23章 犯人与殖民地

[1] 伍德将军号的故事出自《海峡时报》和 SFP（1848年1月至5月）。

[2] 资料中的日期来自 SFP 和《海峡时报》。布鲁克游历英国的资料出自凯珀尔（Keppel，1853、1899）和圣约翰的著作（St John，1879）。

[3] 参见拉布森与奥多诺朱的著作（Rabson&O'Donoghue，1988）。

[4] 参见威尔斯的著作（Wills，2003）。

[5] 引自圣约翰的著作（St John，1879）。

[6] 参见凯珀尔的著作（Keppel，1853）。

[7] 船只配置数据来自《海峡时报》（1851年4月29日）王妃号销售广告，以及伟格仕的著作（Vigors，1849）。

[8] 参见霍尔的著作（Hall，1958）、SFP 和《海峡时报》。

[9] 参见凯珀尔的著作（Keppel，1853）。

[10] 关于纳闽岛历史，霍尔的著作（Hall，1958）具有可读性，但观点过时且泛于空想。

[11] 引自圣约翰的著作（St John，1879）。

[12] 资料参见 IOR/L/MAR 和本书第24章。

第24章 焕然一新

[1] 资料出自 IOR/L/MAR、SFP 和《海峡时报》。

[2] 资料出自 SFP。

[3] 同上。

[4] 资料出自《海峡时报》。

[5] 数据来自巴林－古尔德与班菲尔德（Baring-Gould&Bampfylde，1909）、巴利（Barley，2002）、凯珀尔（Keppel，1853）、拉特（Rutter，1930）和圣约翰的著作（St John，1879），以及 SFP 和《海峡时报》。

[6] 资料出自 SFP。

[7] 关于麦克杜格尔夫妇的资料主要来自麦克杜格尔（McDougall，1882）、圣（Saint，1985）和桑德斯的著作（Saunders，1992）。

[8] 引自麦克杜格尔的著作（McDougall，1882）。

[9] 资料出自SFP。

[10] 资料出自《海峡时报》。

[11] 苏禄特派团的访问情况主要来自SFP（1849年7月2日）和《海峡时报》。

第25章　八塘姆鲁战役

[1] 关于八塘姆鲁的大量细节来自巴利（Barley，2002）、凯珀尔（Keppel，1853）、萨克雷等人（Makepeace et al.，1921）、伦西曼（Runciman，1960）、拉特（Rutter，1930）、圣约翰（St John，1879）和沃克的著作（Walker，2002），以及SFP。

[2] 引自伟格仕的著作（Vigors，1849）。

[3] 引自阿农的著作（Anon，1849）。

[4] 引自伟格仕的著作（Vigors，1849）。

[5] 参见拉特（Rutter，1930）和塔林的著作（Tarling，1963）。

[6] 参见洛夫（Roff，1954）和加德纳与格林希尔著作中关于洛夫的部分（Roff in Gardiner&Greenhill，1993）。

[7] 引自凯珀尔的著作（Keppel，1853）。

[8] 同上。

[9] 有关中国战事出自赫尔姆斯的著作（Helms，1882）、SFP和《海峡时报》。

[10] 引自凯珀尔的著作（Keppel，1853）。

[11] 对此事的详细记述主要参见凯珀尔的著作（Keppel，1853），

还有一些关于詹姆士·布鲁克的图书。

[12] 参见凯珀尔的著作（Keppel，1846、1853）。

第26章　奉命前往暹罗

[1] 泰国的历史主要出自霍尔（Hall，1981）、马尼奇·琼赛（Manich Jumsai，1999、2000）、伦西曼（Runciman，1960）和塔林的著作（Tarling，1975）。

[2] 参见克劳福德的著作（Crawfurd，1828）。

[3] 资料出自 SFP。

[4] 使团的详细情况主要来自法兰克福特（Frankfurter，1911）和圣约翰的著作（St John，1879），以及 SFP 和《海峡时报》（特别是1850年10月8日和18日的报道）。

[5] 引自坦普勒的著作（Templer，1853）。

[6] 引自马尼奇·琼赛的著作（Manich Jumsai，1999）。

[7] 参见圣约翰的著作（St John，1879）。

[8] 参见里昂与温菲尔德的著作（Lyon&Winfield，2004）。船员的资料来自莱文的著作（Levien，1981）。

[9] 资料出自 SFP。

[10] 参见赫尔姆斯的著作（Helms，1882）。

[11] 参见《海峡时报》1852年4月13日。

[12] 参见洛夫（Roff，1954）和加德纳与格林希尔著作中关于洛夫的部分（Roff in Gardiner&Greenhill，1993）。

第27章　从仰光到曼德勒

[1] 丹敏乌的著作（Myint-U，2007）为缅甸最早期到21世纪的历

史提供了一个可读性强的记录。数据另外来自霍尔（Hall，1981）和赫农的著作（Hernon，2003）。

[2] 参见赫农的著作（Hernon，2003）。

[3] 参见丹敏乌的著作（Myint-U，2007）。

[4] 伯德的著作（Bird，1897）认为英军的损失源于疟疾。

[5] 参见劳里的著作（Laurie，1853）。

[6] 坎贝尔将军1828年的资料参见布莱克本的著作（Blackburn，2000）。

[7] 参见霍尔的著作（Hall，1981）。

第28章 再航伊洛瓦底江

[1] 参见特洛基的著作（Trocki，2007）。

[2] 资料出自SFP。

[3] 船舶的数据出自IOR/L/MAR、SFP和《海峡时报》。

[4] 资料出自《海峡时报》。

[5] 引自劳里的著作（Laurie，1853）。

[6] 战争细节主要来自霍尔（Hall，1981）、赫农（Hernon，2003）和劳里的著作（Laurie，1853），战事日期来自SFP和《海峡时报》。

[7] 引自劳里的著作（Laurie，1853）。

[8] 参见劳里（Laurie，1853）和洛尔的著作（Low，1877）。

[9] 引自塞西尔的著作（Cecil，1978）。

[10] 引自萨顿的著作（Sutton，2000）。

[11] 引自劳里的著作（Laurie，1853）。

[12] 引自洛尔的著作（Low，1877）。

[13] 同上。

[14] 参见《海峡时报》(1853年3月29日)中的《仰光纪事报》报道(1853年2月16日)。

[15] 引自洛尔的著作(Low, 1877)。

[16] 洛赫的相关信息出自凯珀尔的著作(Keppel, 1899)。

[17] 引自凯珀尔的著作(Keppel, 1899)。

[18] 资料出自《海峡时报》。

[19] 引自大卫(David, 2006)和法韦尔的著作(Farwell, 1985)。

[20] 引自霍尔的著作(Hall, 1981)。

[21] 参见丹敏乌的著作(Myint-U, 2007)。

第29章 一艘如此老旧的船

[1] 参见布朗(Brown, 1993)、加德纳与兰伯特(Gardiner&Lambert, 1992)、格林希尔与吉法德(Greenhill&Giffard, 1994)和里昂与温菲尔德的著作(Lyon&Winfield, 2004)。

[2] 参见特鲁贝茨科的著作(Troubetzkoy, 2006)。

[3] 有关船舶的数据出自里昂和温菲尔德的著作(Lyon&Winfield, 2004)。

[4] 参见加德纳和格林希尔的著作(Gardiner&Greenhill, 1993)。

[5] 参见阿狄森与马修斯(Addison&Matthews, 1906)和布朗的著作(Brown, 1993)。

[6] 资料出自 SFP 和《海峡时报》。

[7] 参见福格的著作(Fogg, 2002)。

[8] 参见洛尔的著作(Low, 1877)。

[9] 资料出自 IOR/L/MAR。

[10] 参见拉布森与奥多诺朱的著作(Rabson&O'Donoghue, 1988)。

[11] 资料出自SFP。

[12] 过去5年的数据主要来自IOR/L/MAR/8/15，以及孟加拉海军陆战队年度报告。

[13] 参见洛尔的著作(Low，1877)。

[14] 资料出自《海峡时报》。

[15] 资料出自SFP。

主要译名对照表

人名	
Afah	阿福
Arthur Cunynghame	亚瑟·坎宁安
Charles Elliot	查理·义律
Francis McDougall	弗朗西斯·麦克杜格尔
George Airey	乔治·艾雷
George Burrell	乔治·伯勒尔
George Elliot	乔治·懿律
George Robinson	罗治臣
Gordon Bremer	戈登·伯麦
Guan Tian-pei	关天培
Henry Keppel	亨利·凯珀尔
Henry Pottinger	璞鼎查
Hugh Gough	郭富
Humphrey Le Fleming Senhouse	弗莱明·辛好士
James Brooke	詹姆士·布鲁克
James Matheson	詹姆士·马地臣
James Scott	詹姆士·斯科特
John Francis Davis	德庇时
John Hobhouse	约翰·霍布豪斯
John Laird	约翰·莱尔德
Karl Friedrich Augustus Gutzlaff	郭士立
Lin Ze-xu	林则徐

Lord Adolphus Fitz Clarence	阿道弗斯·菲茨·克拉伦斯勋爵
Lord Auckland	奥克兰勋爵
Lord Dalhousie	达尔豪斯勋爵
Lord Palmerston	巴麦尊勋爵
Lord Wellesley	威尔斯利勋爵
Lord William Bentinck	威廉·本廷克勋爵
Messrs Morrison	马儒翰
Muda Hassim	慕达哈心
Owen Stanley	欧文·史丹利
Robert Goodwin	罗伯特·古德温
Thom	罗伯聃
Thomas Wallage	托马斯·华莱士
William Hutcheon Hall	威廉·赫奇恩·霍尔
William Jardine	威廉·渣甸
William Napier	律劳卑
William Parker	巴加
船名	
Aaron Manby	亚伦·曼比号
Akbar	阿克巴号
Albatross	信天翁号
Alecto	阿勒克图号
Algerine	阿尔吉林号
Ann	安因号
Ariadne	阿里阿德涅号
Atalanta	亚特兰大号

Auckland	奥克兰号
Belleisle	贝莱斯尔号
Berenice	贝勒尼基号
Birkenhead	伯肯黑德号
Blenheim	伯兰汉号
British Queen	英国女皇号
Calliope	加略普号
Cambridge	剑桥号
Cleopatra	克莉奥帕特拉号
Columbine	哥伦拜恩号
Comet	彗星号
Conway	康韦号
Cornwallis	康华丽号
Diana	戴安娜号
Dido	狄多号
Dover	多佛尔号
Driver	德赖弗号
Druid	都鲁壹号
Dwarf	侏儒号
Enterprize	进取号
Ferooz	法如日号
Fire Queen	火焰女王号
Forbes	福布斯号
Fox	狐狸号
Fury	愤怒号
General Wood	伍德将军号

主要译名对照表　335

Great Britain	大不列颠号
Great Liverpool	大利物浦号
Hastings	黑斯廷斯号
Herald	先驱号
Himalaya	喜马拉雅号
Hugh Lindsay	胡夏米号
Hyacinth	海阿新号
Iphigenia	伊芙金尼亚号
Lady Mary Wood	玛丽·伍德夫人号
Larne	拉恩号
Louisa	路易莎号
Madagascar	马达加斯加号
Maeander	迈安德号
Marion	马里恩号
Mary Louisa	玛丽·路易莎号
Medusa	美杜莎号
Melville	麦尔威厘号
Modeste	摩底士底号
Moozuffer	姆祖飞号
Nemesis	复仇女神号
Nerbudda	纽布达号
North Star	北极星号
Phlegethon	弗莱吉森号
Pluto	冥王号
Precursor	先驱号
Proserpine	普罗塞尔皮娜号

Ranee	王妃号
Rattler	拉特勒号
Rattlesnake	响尾蛇号
Royalist	保皇党人号
Queen	皇后号
Quorra	极光号
Saint Jean d'Acre	圣贞德号
Salamander	火蜥蜴号
Samarang	萨马朗号
Serpent	巨蛇号
Sesostris	塞索斯特里斯号
Sir Henry Pottinger	璞鼎查爵士号
Sphinx	斯芬克斯号
Tenasserim	丹那沙林号
Terrible	可怖号
Valorous	无畏号
Victoria	维多利亚号
Viper	毒蛇号
Vixen	雌狐号
Volage	窝拉疑号
Wellesley	威里士厘号
Wolverene	貂熊号
Zenobia	季诺碧亚号
地名	
Aden	亚丁
Ava	阿瓦城

Bangkok	曼谷
Bombay	孟买
Borneo	婆罗洲
Brunei	文莱
Burma/Myanmar	缅甸
Calcutta	加尔各答
Canton River	珠江
Cape of Good Hope	好望角
Chao Phraya River	湄南河
Chuenpi	穿鼻岛
Danubyu	德努漂
Hill of Big Taikok	大角山
Hong Kong	香港
Kowloon peninsula	九龙半岛
Kuching	古晋
Labuan	纳闽
Little Taikok	沙角
Madeira	马德拉群岛
Malay Peninsula	马来半岛
Manila	马尼拉
Paknam	北榄
Pegu	勃固
Penang	槟城
Perch Rock	栖岩堡
Portsmouth	朴次茅斯
Rangoon	仰光

Sarawak	沙捞越
Siam	暹罗
Southampton	南安普敦
Suez	苏伊士
Table Bay	桌湾
Table Mountain	桌山
Tiger's Gate/Bocca Tigris/Bogue	虎门
Woosung	吴淞
Zamboanga	三宝颜
Zhoushan	舟山

参考文献

Addison, A. C. and W. H. Matthews. *A Deathless Story: The "Birkenhead" and its Heroes*. London: Hutchinson & Co., 1906.

Airy, G. B. "On the Correction of the Compass in Iron-Built Ships." *United Service Journal*, no. 139, part 2 (June 1840): 239–43.

Allom, T, & G. N. Wright, *The Chinese Empire Illustrated*. London: Fisher, Son & Co. 1859.

Anon. *Builders of Great Ships*. Birkenhead: Cammel Laird & Co., 1959

———. "List of Royal Navy ships in commission 1st May 1840 with ratings, ages, yards built." *United Services Journal*, no. 139, part 2 (June 1840): 137–9.

———. "Pirates of the Indian Archipelago." *United Services Magazine*, part 3 (1849): 574–88.

———. "Obituary: Admiral Sir William Hutcheon Hall, F.R.S., K.C.B." *Proceedings of the Royal Geographical Society & Monthly Record of Geography* 1, no. 3 (March 1879): 214–16.

———. *Ships' Miscellany: A Guide to the Royal Navy of Jack Aubrey*. London: Michael O'Mara Books Ltd, 2003.

Bagwell, P. S. *The Transport Revolution from 1770*. London: Batsford, 1974.

Baring-Gould, S. and C. A. Bampfylde. *A History of Sarawak under Its Two White Rajahs 1839–1908*. London: Henry Southeran & Co., 1909. Reprint, Singapore: Oxford University Press, 1989.

Barley, N. *White Rajah*. London: Little Brown, 2002.

Beeching, Jack. *The Chinese Opium Wars*. London: Hutchinson, 1975.

Belcher, Capt Sir E. *Narrative of the Voyage of H.M.S. Samarang, during the years 1843–46*. London: 2 vols. Reprint, London: Dawsons, 1970

Bernard, W. D. *Narrative of the Voyages and Services of the Nemesis from 1840 to 1843; and of the Combined Naval and Military Operations in China: Comprising a Complete Account of the Colony of Hong Kong,* and *Remarks on the Character and Habits of the Chinese*. 2 vols. London: Henry Colburn, 1844.

Bernard, W. D. *Narrative of the Voyages and Services of the* Nemesis *from 1840 to 1843; and of the Combined Naval and Military Operations in China: Comprising a Complete Account of the Colony of Hong Kong, and Remarks on the Character and Habits of the Chinese*. 2nd ed. 1 vol, Henry Colburn, London, 1845.

———. *The* Nemesis *in China, Comprising a History of the Late War in that Country; with a Complete Account of the Colony of Hong Kong*. 3rd ed. 1 vol. London: Henry Colburn, 1846.

Bird, G. W. *Wanderings in Burma*. London: Bright & Simpkin, 1897 Reprint, Bangkok: White Lotus Press, 2001.

Blackburn, T. R. *The British Humiliation of Burma*. Bangkok: Orchid Press, 2000.

Blake, C. *Charles Elliot R.N., 1801–1875*. London: Cleaver-Hume Press, 1960.

Blake, R. *Jardine Matheson. Traders of the Far East*. London: Weidenfeld & Nicolson, 1999.

Brown, D. K. "Nemesis: The First Iron Warship." *Warship*, no. 8 (October 1978): 283–5.

———. *Paddle Warships: The Earliest Steam Powered Fighting Ships*. London: Conway Maritime Press, 1993.

Cecil, D. *A Portrait of Jane Austen*. London: Constable, 1978.

Clowes, W. L. *The Royal Navy: A History*. Vol. 6. London: Sampson Low, Marsten & Co., 1901.

Cochrane, Admiral Lord. *Memoirs of a Fighting Captain*. Edited by B. Vale. London: Folio Society, 2005.

Cook, C. *Britain in the Nineteenth Century 1815–1914*. London: Longman, 1999.

Corlett, E. *The Iron Ship*. Bradford-on-Avon: Moonraker Press, 1975.

Crawfurd, J. *Journal of an Embassy from the Governor-General of India to the Courts of Siam and Cochin China; Exhibiting a View of the Actual States of those Kingdoms*. London: Henry Colburn, 1828. Reprint, New Delhi: Asian Educational Services, 2000.

Creuze, A. F. B. "On the *Nemesis* Private Armed Steamer, and on the Comparative Efficiency of Iron-Built and Timber-Built Ships." *United Service Journal*, no. 138, part 2 (May 1840): 90–100.

Crump, T. *A Brief History of the Age of Steam*. London: Constable & Robinson, 2007.

Cunynghame, A. T. *An Aide-de-camp's Recollections of Service in China.* 2 vols. London: Saunders & Otley, 1844 Reprint, London: Elibron Classics, 2005

David, S. *Victoria's Wars: The Rise of Empire.* London: Penguin Books, 2006.

Dicey, J. M. "Letter to Admiral Sir William Parker dated 19 January 1842." *Chinese Repository* 11, no. 12 (Dec. 1842): 633–43.

Duff, D. *Victoria in the Highlands.* London: Frederick Muller, 1968.

Earl, G. W. *The Eastern Seas.* London: W. H. Allen & Co., 1837. Reprint, Singapore: Oxford University Press, 1971

Farwell, B. *Queen Victoria's Little Wars.* London: Allen Lane-Penguin, 1973.

———. *Eminent Victorian Soldiers: Seekers of Glory.* New York: W. W. Norton & Co., 1985.

Fay, P. W. *The Opium War, 1840–1842.* Chapel Hill: University of North Carolina Press, 1975 (paperback edition 1997).

Flanders, J. *Consuming Passions. Leisure and Pleasure in Victorian Britain.* London: Harper Perennial, 2006.

Fogg, N. *The Voyages of the* Great Britain*: Life at Sea in the World's First Liner.* London: Chatham Publishing, 2002.

Forbes, F. E. *Five Years in China, from 1842 to 1847, with an Account of the Occupation of the Islands of Labuan and Borneo by Her Majesty's Forces.* London: Richard Bentley, 1848.

Frankfurter, O. "Sir James Brooke in Siam (1850)." *Journal of the Siam Society* 8, no. 3 (1911). Reprinted in *Sarawak Museum Journal* 10, no. 17–18 (1961): 32–42.

Freeman, M. *Railways and the Victorian Imagination.* New Haven & London: Yale University Press, 1999.

Fremont-Barnes, G. *Nelson's Sailors.* Oxford: Osprey Publishing, 2005.

Galbraith, J. "Narrative of the Storming of the Chinese Forts." *United Services Journal,* no. 151 part 2 (1841): 239–45.

Gardiner, R. and B. Greenhill, ed. *The Advent of Steam: the Merchant Steamship Before 1900.* London: Conway Maritime Press, 1993.

Gardiner, R. and A. Lambert, ed. *Steam, Steel and Shellfire: The Steam Warship, 1815–1905.* London: Conway Maritime Press, 1992.

Gascoigne, B. *A Brief History of the Dynasties of China.* Rev. ed. London: Robinson, 2003.

Gelber, H. G. *Opium, Soldiers and Evangelicals: Britain's 1840–42 War with China, and its Aftermath.* Basingstoke: Palgrave Macmillan, 2004.

Gibson-Hill, C. A. "The Steamers Employed in Asian Waters, 1819–39." *Journal of the Malayan Branch of the Royal Asiatic Society* 27, part 1, (1954):120–62.

Gill, A. *Ruling Passions: Sex, Race and Empire.* London: BBC Books, 1995.

Goodman, J. *The Rattlesnake: A Voyage of Discovery to the Coral Sea.* London: Faber & Faber, 2005.

Greenhill, B. and A. Giffard. *Travelling by Sea in the Nineteenth Century: Interior Design in Victorian Passenger Ships.* London: A. & C. Black, 2005.

———. *Steam, Politics and Patronage: The Transformation of the Royal Navy 1815–1854.* London: Conway Maritime Press, 1994.

Gregory, J. S. *The West and China since 1500.* London: Palgrave Macmillan, 2003.

Griffiths, D. *Steam at Sea: Two Centuries of Steam-Powered Ships.* London: Conway Maritime Press, 1997.

Grigsby, J. E. *Annals of our Royal Yachts 1604–1953.* London: Adland Coles Ltd/G.G.Harrap & Co Ltd, 1953

Guest, J. S. *The Euphrates Expedition.* London & New York: Kegan Paul International, 1992.

Hall, B. *Account of a Voyage of Discovery to the West Coast of Corea & the Great Loo-Choo Island.* London: John Murray, 1818. Reprint, Uckfield: Rediscovery Books, 2006.

Hall, D. G. E. *A History of South-East Asia.* 4th ed. London:Palgrave Macmillan, 1981.

Hall, M. *Labuan Story.* Jesselton: Chung Nam Printing Company, 1958. Reprint Kuala Lumpur: Synergy Media, 2007.

Hall, W. H. Diary and assorted papers. Manuscript ref JOD/124. National Maritime Museum, London.

Hanes, W. T. and F. Sanello. *The Opium Wars.* Naperville: Sourcebooks, 2002.

Haw, S. G. *A Traveller's History of China.* 4th ed. London: Phoenix Paperbacks, 2005.

Helms, L.V. *Pioneering in the Far East.* London: W. H. Allen & Co., 1882.

Hernon, I. *Britain's Forgotten Wars: Colonial Campaigns of the 19th Century.* Stroud: Sutton Publishing, 2003.

Hollett, D. *Men of Iron: The Story of Cammel Laird Shipbuilders, 1828–1991.* Birkenhead: Countyvise Ltd. 1992.

———. *The Conquest of the Niger by Land and Sea.* Abergavenny: P. M. Heaton Publishing, 1995.

Holmes, R. *Sahib: The British Soldier in India, 1750–1914*. London: Harper Collins, 2005.

Hope, R. *Poor Jack: The Perilous History of the Merchant Seaman*. London: Chatham Publishing, 2001.

Howarth, D. and S. Howarth. *The Story of P & O*. London: Weidenfelt & Nicholson, 1986.

India Office Marine Records. Papers. IOR/L/MAR. British Library, London.

India Office Records. Private papers. IOR/L/PS. British Library, London.

Jacobs, E. M. *In Pursuit of Pepper and Tea: The Story of the Dutch East India Company*. Amsterdam: Netherlands Maritime Museum, 1991.

Keay, J. *The Honourable Company: A History of the English East India Company*. London: Harper Collins, 1991.

———. *India: A History*. London: Harper Perennial, 2000.

———. *The Spice Route*. London: John Murray, 2005.

Kemp, P., ed. *The Oxford Companion to Ships and the Sea*. Oxford: Oxford University Press, 1976.

Keppel, H. *The Expedition to Borneo of HMS* Dido *for the Suppression of Piracy: with Extracts from the Journal of James Brooke, Esq*. 2 vols. London: Chapman & Hall, 1846. Reprinted in one vol., Singapore: Oxford University Press, 1991.

———. *A Visit to the Indian Archipelago, in HM Ship* Maeander *with Portions of the Private Journal of Sir James Brooke, K.C.B.* 2 vols. London: Richard Bentley, 1853. Reprint, London: Elibron Classics, 2003.

———. *A Sailor's Life under Four Sovereigns*. 3 vols. London: Macmillan & Co., 1899.

Kerr, J. *Queen Victoria's Scottish Diaries…her Dream Days*. London: Brockhampton Press, 1992.

Laurie, W. F. B. *The Second Burmese War: a Narrative of Operations at Rangoon, in 1852*. London: Smith, Elder & Co., 1853. Reprint, Bangkok: Orchid Press, 2002.

Lavery, B. *Life in Nelson's Navy*. Stroud: Sutton Publishing, 2007.

Levien, M., ed. *The Cree Journals. The Voyages of Edward H. Cree, Surgeon R. N., as Related in his Private Journals, 1837–1856*. Exeter: Webb & Bower, 1981.

Low, C. C., ed. *The Opium War*. Singapore: Canfonian Pte Ltd, 1994.

Low, C. R. *History of the Indian Navy (1613–1863)*. 2 vols. London: Richard Bentley & Son, 1877. Reprint, Portsmouth: Royal Naval Museum, and 1990; London: London Stamp Exchange, 1990.

Lyon, D. and R. Winfield. *The Sail and Steam Navy List: All the Ships of the Royal Navy 1815–1889*. London: Chatham House Publishing, 2004.

Macartney, Lord. *An Embassy to China; Being the Journal kept by Lord Macartney during his Embassy to the Emperor Ch'ien-lung 1793–1794*. Edited by J. L. Cranmer-Byng. London: Folio Society, 2004.

Makepeace, W., G. E. Brooke and R. St J. Braddell. *One Hundred Years of Singapore*. London: John Murray, 1921. Reprint, Singapore: Oxford University Press, 1991.

Manich Jumsai, M. L. *King Mongkut of Thailand and the British*. 4th ed. Bangkok: Chalermnit, 1999.

———. *History of Anglo-Thai Relations*. 6th ed. Bangkok: Chalermnit, 2000.

McDougall, H. *Sketches of our Life at Sarawak*. London: SPCK, 1882. Reprint, Singapore: Oxford University Press, 1992.

McMurray, H. C. *Old Order, New Thing*. London: HMSO, 1972.

Moore, Joseph. *Eighteen Views Taken At Or Near Rangoon*. London: Thomas Clay, 1825.

Moxham, R. *Tea: Addiction, Exploitation and Empire*. London: Robinson, 2003.

Mundy, R. *Narrative of Events in Borneo and Celebes down to the Occupation of Labuan, from the Journals of James Brooke Esq., Rajah of Sarawak and Governor of Labuan, together with a Narrative of the Operations of HMS* Iris. 2 vols. London: John Murray, 1848.

Myint-U, Thant. *The River of Lost Footsteps: A Personal History of Burma*. London: Faber & Faber, 2007.

O'Byrne, W. R. *A Naval Biographical Dictionary*. London: John Murray, 1849. Third edition, Suffolk: J. B. Hayward & Son, 1990.

Ouchterlony, J. *The Chinese War: an Account of all the Operations of the British Forces from the Commencement to the Treaty of Nanking*. London: Saunders & Otley, 1844. Reprint, Uckfield: Naval & Military Press, 2004.

Payne, R. *The White Rajahs of Sarawak*. London: Robert Hale Ltd., 1960. Reprint, Oxford University Press, 1986.

Pool, D. *What Jane Austen Ate and Charles Dickens Knew*. New York: Touchstone, 1993.

Rabson, S. and K. O'Donoghue. *P & O: A Fleet History*. Kendal: World Ship Society, 1988.

Reece, B. *The White Rajahs of Sarawak: A Borneo Dynasty*. Singapore: Archipelago Press, 2004.

Roff, W. J. "Mr T. Wallace, Commanding H. C. Str. *Nemesis*." *Sarawak Museum Journal* 6, no. 4, 1–8.

Rowland, K. T. *Steam at Sea: A History of Steam Navigation*. Newton Abbot: David & Charles, 1970.

Runciman, S. *The White Rajahs*. Cambridge: Cambridge University Press, 1960.

Rutter, O. *The Pirate Wind: Tales of the Sea-Robbers of Malaya*. London: Hutchinson, 1930. Reprint, Singapore: Oxford University Press, 1986.

Saint, M. *Twenty Years in Sarawak 1848–68: A Flourish for the Bishop and Brooke's Friend Grant*. Devon: Merlin Books, 1985.

Saunders, G. *Bishops and Brookes: The Anglican Mission and the Brooke Raj in Sarawak 1848–1941*. Singapore: Oxford University Press, 1992.

SFP. *Singapore Free Press & Mercantile Advertiser*. Published in Singapore from 1 October 1835 to 1869. Edited by William Napier 1835–46, then by Abraham Logan until at least 1866.

Smith, E. C. *A Short History of Naval and Marine Engineering*. Cambridge: Babcock & Wilcox Ltd.; Cambridge University Press, 1937.

ST. *Straits Times*. Published in Singapore from 15 July 1845 to present day. Edited by Robert Carr Woods 1845–60.

St John, S. *The Life of Sir James Brooke, Rajah of Sarawak*. London: Blackwood, 1879. Reprint, Kuala Lumpur: Oxford University Press, 1994.

Stuart, V. *The Beloved Little Admiral: The Life and Times of Admiral of the Fleet the Hon. Sir Henry Keppel, G.C.B., O.M., D.C.L., 1809–1904*. London: Robert Hale, 1967.

Sun Tzu. *The Art of War*. Translated by T. Cleary. Boston: Shambhala Publishing, 1988.

Sutton, J. *Lords of the East: The East India Company and its Ships (1600–1874)*. Rev. ed. London: Conway Maritime Press, 2000.

Tarling, N. *Piracy and Politics in the Malay World*. Melbourne: F. W. Cheshire, 1963.

———.*Imperial Britain in South-East Asia*. Kuala Lumpur: Oxford University Press, 1975.

———.*The Fall of Imperial Britain in South-East Asia*. Singapore: Oxford University Press, 1993.

Tate, D. J. M. *Rajah Brooke's Borneo*. Hong Kong: John Nicholson Ltd., 1988.

Templer. J. C.,ed. *The Private Letters of Sir James Brooke K. C. B. Rajah of Sarawak, Narrating the Events of his Life from 1838 to the Present Time*. 3 vols. London: Richard Bentley, 1853. Reprinted vol. 1, Montana: Kessinger Publishing, 2007.

Thomson, J. T. *Glimpses into Life in Malayan Lands*. London: Richardson & Co., 1864. Reprint, Singapore: Oxford University Press, 1984.

Trocki, C. A. *Prince of Pirates: The Temenggongs and the Development of Johor and Singapore 1784–1885*. 2nd ed. Singapore: National University of Singapore Press, 2007.

Troubetzkoy. A. *A Brief History of the Crimean War.* London: Robinson, 2006.

Vigors, B. U. "Letter to the Editor". *Illustrated London News*, 10 November 1849. Reprinted in *Tate,* 1988.

Wakeman, F. *Strangers at the Gate: Social Disorder in South China, 1839–1861*. Berkeley: University of California Press, 1966.

Waley, A. *The Opium War through Chinese Eyes*. London: George Allen & Unwin, 1958.

Walker, C. F. *Young Gentlemen: The Story of Midshipmen from the 17th Century to the Present Day*. London: Longmans, Green & Co., 1938.

Walker, J. H. *Power and Prowess: The origins of Brooke Kingship in Sarawak*. Crows Nest: Allen & Unwin, 2002.

Wang Gungwu. *Anglo-Chinese Encounters since 1800: War, Trade, Science and Governance*. Cambridge: Cambridge University Press, 2003.

West, A. *Memoir of Sir Henry Keppel, GCB, Admiral of the Fleet*. London: Smith, Elder & Co., 1905.

Wills, C. *High Society: The Life and Art of Sir Francis Grant, 1803–1878*. Edinburgh: National Galleries of Scotland, 2003.

Wilson, D. *The Circumnavigators: a History*. Rev. ed. New York: Carroll & Graf Publishers, 2003.

Winter, F. H. *The First Golden Age of Rocketry*. Washington: Smithsonian Institution Press, 1990.

Wolmar, C. *Fire & Steam: A New History of the Railways in Britain*. London: Atlantic Books, 2007.